U0224528

优质无籽西瓜育种
与高效生态栽培 彩图本

周 泉◎编著

中国农业出版社

图书在版编目（CIP）数据

优质无籽西瓜育种与高效生态栽培：彩图本 / 周泉
编著 .—北京：中国农业出版社，2014.6
ISBN 978-7-109-19112-9

Ⅰ . ①优… Ⅱ . ①周… Ⅲ . ①无籽西瓜 – 瓜果园艺
Ⅳ .①S651

中国版本图书馆CIP数据核字（2014）第081457号

中国农业出版社出版
（北京市朝阳区麦子店街18号楼）
（邮政编码 100125）
责任编辑 石飞华

北京通州皇家印刷厂印刷 新华书店北京发行所发行
2014年6月第1版 2014年6月北京第1次印刷

开本：700mm×1000mm 1/16 印张：18.75
字数：390千字 印数：1~2 000册
定价：158.00元
（凡本版图书出现印刷、装订错误，请向出版社发行部调换）

西瓜堪称"瓜中之王",我国西瓜栽培面积和产量均居世界首位。近年来,我国广大科技工作者,通过遗传改良和引进等途径,丰富了品种类型;通过改进栽培技术,包括利用设施和我国的气候多样性,使西瓜供应时间大大延长,基本达到周年供应。三倍体无籽西瓜是世界近代园艺科技的一大成果。三倍体西瓜集多倍体的优势和杂交优势于一体,植株表现出抗逆性增强,果实品质优、耐贮运、商品性好,以及食用方便等特性,备受广大生产者和消费者青睐。因此,三倍体无籽西瓜在我国得以迅速推广,栽培面积逐年扩大。据有关部门统计,目前我国三倍体无籽西瓜栽培面积已发展到25万hm^2,年产值约100亿元,经济与社会效益显著。

周泉致力于西瓜科学研究三十余载,在西瓜育种方面取得骄人成绩。他带领团队培育出了具有自主知识产权的优良四倍体西瓜品种20余个和以洞庭1号、洞庭3号等国内知名的无籽西瓜品种30余个,其中3个品种通过国家审定,20余个品种通过省级审定,为我国的西瓜遗传改良与品种创新作出了突出贡献。

他编写的《优质无籽西瓜育种与高效生态栽培》,阐述了三倍体无籽西瓜育种的基本原理、方法和高效生态栽培技术,收录了我国育种专家培育的上百个三倍体和其他多倍体西瓜品种,图文并茂,值得广大同行和园艺专业的学生学习参考。

这本书是我国三倍体(以及其他多倍体)西瓜育种成果的展

示，更是周泉及其团队几十年西瓜科学研究与品种开发的心得体会。一个人一生工作的时间和精力有限。作为育种者，能培育出1～2个好品种已属不易，他带领团队能培育出一批优良西瓜品种并在生产中大面积推广应用，造福人们，可以想象他们所付出的艰辛。我想支撑他们的是勇于创新、不断探索和百折不挠的精神；成果背后是他们南繁北育、披星戴月的感人故事。本书的付梓，圆了作者"做一个有贡献的人，育一个有价值的品种，出一本有意义的书"的梦。

　　为表对他们工作精神和成绩的敬佩，我欣然作序。

华中农业大学园艺林学学院教授　邓秀新

中　国　工　程　院　院　士

2013年8月28日　于北京

FOREWORD / 前 言

　　三倍体无籽西瓜的培育成功，被认为是科学的奇迹，是近代园艺作物多倍体育种的典范，是西瓜之中的新秀。三倍体无籽西瓜以其品质优、抗逆性强、丰产稳产性好、耐贮运、货架期长、经济效益高等优点，备受广大生产者和消费者的喜爱。

　　本人倾注三十余载的精力于三倍体无籽西瓜育种研究之事业中，一分耕耘，一分收获，得到了上百万个有价值的科研数据，培育出50多个优良的四倍体和三倍体无籽西瓜品种，积累了大量的成功经验。为了将自己的收获与广大科技工作者的经验有机地融合，遂编写《优质无籽西瓜育种与高效生态栽培》一书，以共享较新的理论知识与实践经验，满足广大科研、推广人员与生产者的需要。

　　本书编写过程中参阅了国内外200余篇（部）相关文献资料，广泛调研了国内外大量三倍体无籽西瓜育种与栽培的成功实例，内容力求准确、新颖、通俗，重点突出，能科学、全面、系统地阐述我国无籽西瓜育种研究与栽培的历史沿革、发展现状、研究成果和育种手段与生态栽培等。全书共分九章，分别介绍了无籽西瓜的来源与发展概况，无籽西瓜的生物学基础，多倍体西瓜育种，三倍体无籽西瓜育种，名特优新无籽西瓜品种，三倍体无籽西瓜制种技术，无籽西瓜高效生态栽培技术，以及西瓜的病、虫、草、鼠害防治技术。

　　本书尽吾所能，使其具有一定的学术和实用价值，可作为农学、园艺学和生物学类专业大学师生和有关科技工作者教学与科研的参考书，也可作为农技人员、生产者、行业管理及营销人员的技术指南。

本书的编写得到中国工程院邓秀新院士、华中农业大学叶志彪教授和别之龙教授等的悉心指导；得到了中国农业出版社、湖南省岳阳市农业局、湖南博达隆科技发展有限公司、湖南金叶众望科技股份有限公司等单位的大力支持；中国农业科学研究院郑州果树研究所、北京市农林科学院蔬菜研究中心、北京市农业技术推广站、天津市农业科学院蔬菜研究所、广西壮族自治区农业科学院园艺研究所、河南省开封市农林科学研究院、湖南省瓜类研究所、湖北省农业科学院经济作物研究所、河南豫艺种业科技发展有限公司、合肥丰乐种业股份有限公司、安徽省无籽西瓜研究所、河南省农业科学院园艺研究所、河南省西瓜育种工程技术研究中心、湖南省农业科学院园艺研究所、新疆农人种子科技责任有限公司、先正达（中国）投资有限公司、湖北省武汉市农业科学研究所、广东省农业科学院蔬菜研究所、江苏省农业科学院蔬菜所等单位和同仁提供了宝贵的图片和资料。特别是在编校过程中，得到了湖南省农业科学院情报所肖光辉研究员和西甜瓜研究所梁志怀所长的大力支持；湖南省岳阳市西甜瓜科学研究所马陆平、朱别房、张永红、刘利、郭建新、易学赛等同志，湖南省汨罗市农业局霍稳根同志，以及北京名人书法院副秘书长邓清泉老师、湖南岳阳市职业技术学院昌正兴教授等为编校工作付出了辛勤劳动。在此，一并表示诚挚谢意。

由于本人经验与水平有限，书中疏漏和不当之处在所难免，恳请专家学者不吝赐教，以便再版时修改。

2013年9月1日

CONTENTS／目 录

第一章

无籽西瓜的来源与发展概况

第一节　无籽西瓜的来源

无籽西瓜就是指无种子的西瓜。根据导致无籽的原理和机制的不同，可将无籽西瓜分为三大类：激素无籽西瓜、染色体易位无籽（或少籽）西瓜及三倍体无籽西瓜。现在生产上采用的无籽西瓜绝大多数是三倍体无籽西瓜。以四倍体少籽西瓜为母本、普通二倍体西瓜为父本杂交，配制的三倍体种子即无籽西瓜种子，经栽培而获得的果实就是无籽西瓜。

一、激素处理诱导单性结实

黄昌贤先生1938年留学美国期间，首次用萘肼乙烷和萘乙酸混合羊毛脂膏涂抹切伤的西瓜柱头，获得7.21%的无籽西瓜。日本寺田甚七使用萘乙酸、吲哚乙酸处理雌花柱头也获得无籽西瓜。后来科学实践，用赤霉素、2,4-D等或混合使用，均获得过无籽西瓜。但经过几十年的努力，激素无籽西瓜至今仍未能大面积应用于生产。

二、染色体易位少（无）籽西瓜

染色体易位少（无）籽西瓜，是指利用射线诱发西瓜染色体易位而引起不育，它是西瓜育种中的一个新领域，是通过在二倍体西瓜水平上由于染色体结构的改变而引起的不育，在栽培上与普通二倍体西瓜一样。染色体易位少（无）籽西瓜产生过程如下：X或γ射线照射二倍体西瓜种子，诱发体细胞染色体易位，得到纯合易位系。

纯合易位系（母本）× 二倍体（父本）

↓（自交）　　　　↓（易位染色体对数多少）

正常结籽结实　　种子半不育，高度不育及完全不育（无籽）

↓

少籽或无籽（二倍体授粉）

采用染色体易位选育无籽西瓜的研究始于1960年日本的西村和坂口。中国台湾于1965年开始研究。1978—1991年，西北农业大学王鸣教授与甘肃农业大学马克奇教授合作，用γ射线诱导染色体易位，获得了重要的实验结果。1978—1988年，广东省农业科学院吴进义先生成功培育出易红1号、易红3号，并在生产上进行了少量试种。但生产上应用的均为少籽西瓜，尚未能得到无籽西瓜。

三、三倍体无籽西瓜的获得

三倍体无籽西瓜的获得，通常是采用人工诱导多倍体的方法，即用秋水仙素处理二倍体西瓜的种子或幼苗，使其在细胞分裂的中期，阻碍纺锤丝和初生壁的生成，使已经复制的染色体组不能分向两极，并在中间形成次生壁，结果就形成了染色体组加倍的细胞，使普通二倍体西瓜染色体组加倍而得到四倍体西瓜。然后以四倍体西瓜作母本、普通二倍体西瓜为父本杂交，产生三倍体西瓜种子。三倍体西瓜具有三套染色体（2n = 3x = 33），其染色体组是奇数，不能形成正常的配子，因而高度不孕，但三倍体雌花（子房）在普通二倍体西瓜成熟花粉的刺激下，可以形成三倍体无籽果实（图1-1）。因三倍体西瓜的胚珠没有正常功能，不能受精发育成正常的成熟种子，只能形成衰败的白色秕籽，小的像芝麻粒大，大的像嫩黄瓜籽一样，这种具有白色秕籽的西瓜，被称为三倍体无籽西瓜。

图1-1　三倍体无籽西瓜的培育过程

西瓜杂种一代的利用可以表现不同倍性水平，有二倍体水平上的杂种一代，也有四倍体水平上的杂种一代。三倍体无籽西瓜则是三倍体水平上的杂种一代。从这个意义上说，三倍体西瓜具有杂种优势和多倍体优势。

四、三倍体西瓜的高度不孕性

三倍体西瓜具有高度不孕性，其主要原因是：三倍体西瓜在染色体配对时，每3条同源染色体配对形成1个三价体，总共可形成11个三价体，每个三价体在第一次成熟分裂时，都分为3个染色体，1个走向一极，而另外2个走向另一极。染色体组的结合完全是随机的，即发生了独立的分配，这就形成了从11个到22个染色体的各种配子，其中含有11个和22个染色体(即有1个或2个完整的染色体组)的配子是可孕的，带有中间数目的配子如12，13，14，…，21都是不孕的。木原均对于各种配子的出现频率用$(1+1)^{11}$的方程式计算，得出可孕配子(含有11或22个染色体)的出现频率为2/2048(0.1%)，不孕配子出现的频率则为99.9%。根据这样的计算结果，认为应该可以达到完全无籽。但由于生物学、细胞学的实际情况要复杂得多，在三倍体无籽西瓜中，偶尔会出现可孕的种子。

三倍体的雌、雄配子，在总体上大多数都是不孕的。三倍体花粉没有生命力。三倍体无籽西瓜的单性结实，是由不孕的胚和正常可育花粉所产生的激素引起的。

第二节　无籽西瓜的营养与经济价值

一、无籽西瓜的营养价值

无籽西瓜与普通二倍体西瓜一样，不仅含有93%～95%的水分，所含热量较低，是消夏解渴的佳品，而且还具有丰富的营养，富含蛋白质、葡萄糖、果糖、蔗糖、膳食纤维、钙、磷、铁、钾、维生素A、维生素C、番茄红素、谷氨酸、瓜氨酸等几乎所有人体所需的各种营养成分，尤其是维生素A的含量较高（表1-1）。同时，不含脂肪和胆固醇。

表1-1　无籽西瓜营养成分含量表（每100g）

热量（kJ）105	碳水化合物（g）5.8	蛋白质（g）0.6
膳食纤维（g）0.3	脂肪（g）0.1	钾（mg）87
磷（mg）9	镁（mg）8	钙（mg）8
维生素C（mg）6	钠（mg）3.2	铁（mg）0.3
烟酸（mg）0.2	锌（mg）0.1	维生素E（mg）0.1
铜（mg）0.05	锰（mg）0.05	维生素B$_2$（mg）0.03

（续）

维生素B$_1$（mg）0.02	胡萝卜素（μg）450	维生素A（μg）75
硒（μg）0.17	胆固醇（mg）–	维生素B$_6$（mg）–
维生素B$_{12}$（mg）–	叶酸（μg）–	碘（μg）–

二、无籽西瓜的经济价值与作用

1. 无籽西瓜的药用价值 无籽西瓜与普通二倍体西瓜一样，性寒，味甘，归心、胃、膀胱经，具有生津止渴、清热解暑、利尿除烦、清肺胃、助消化、解酒毒、促代谢的功能，是一种可以滋身补体的食物和饮料，适宜于高血压、肝炎、肾炎、黄疸、胆囊炎、水肿浮肿以及中暑发热、汗多口渴之人食用。果实中含有的糖、盐、酸等物质，有治疗肾炎和降血压的作用。这是因为有适量的糖能利尿，有适量的钾盐能消除肾脏的炎症，其中的酶能把不溶性蛋白质转化为可溶性蛋白质，以增加肾炎病人的营养，瓜中的糖苷则有降低血压的作用。同时，西瓜也是天然的美容圣果。其汁含瓜氨酸、丙氨酸、谷氨酸、精氨酸、苹果酸、磷酸等，以及腺嘌呤等重要代谢成分，糖类、维生素、矿物质等营养物质，最容易被皮肤吸收，滋润面部皮肤、防晒、增白。新鲜的西瓜汁和鲜嫩的瓜皮能增加皮肤弹性，减少皱纹，增添光泽，使人变得更年轻，起到抗衰老的作用。

2. 无籽西瓜的经济价值 据联合国粮农组织（FAO）统计，西瓜在世界十大果品中位居第四位。而我国西瓜的栽培面积和总产量均居世界之首，无籽西瓜生产则居世界第一。无籽西瓜因其品质优、商品性好、档次高、耐贮运、经济效益高和适应性强等突出优势，备受广大生产者和消费者的青睐。为此，无籽西瓜在全国得以迅速推广，栽培面积逐年扩大，产量稳步增加。据初步统计，目前我国无籽西瓜栽培面积约为25万hm^2，产生的直接经济效益达100亿元左右。无籽西瓜的种植在农业产业结构调整和农村经济发展等多方面发挥了重要作用，创造出了显著的经济效益和良好的社会效益。

第三节 无籽西瓜发展沿革

一、早期无籽西瓜研究与应用（1937—1979年）

无籽西瓜育种始于20世纪30年代末。1937年Blakeslee和Avery发现秋水仙素诱导染色体加倍后，掀起了用秋水仙素进行多倍体育种的高潮。1938年美国密歇根大学中国留学生黄昌贤用萘肼乙烷和萘乙酸（NAA）混合羊毛软脂，涂抹西瓜切伤的柱头，在世界上首先得到了外源激素无籽西瓜。同时，通过人工诱变，获得了四倍体，并用它配制了三倍体组合。1939年日本木原均、山下考介获得了四倍体西瓜，1942年筱原舍喜发表了"多倍性新大和西瓜"一文；1947年木原均、西山市三发表"利用三倍体的无籽西瓜之研究"一文，正式宣告了三倍体无籽西瓜的育成。至1950年日本已育成四倍体品种新大和、旭大和、富研等，以及三倍体品种旭都、无籽旭大和、无籽华凉等。此后美国、意大利等许多国家先后开展了无籽西瓜育种的研究。以色列获得四倍体Alena，20世纪80年代大量出口欧洲，受到欢迎，开辟了四倍体西瓜直接生产出口的先例。而美国、前苏联等因劳力、传播手段受到制约等原因，未能发展起来。

我国台湾1957年开始无籽西瓜育种，台湾园艺学家郁宗雄培育出四倍体的无籽西瓜，挫败了日本的三倍体西瓜，使台湾西瓜称雄世界。1959年凤山热带园艺研究所育成一系列三倍体无籽西瓜品种。其中凤山1号于1961年进入全面生产阶段。台湾主栽品种是凤山1号、农友新1号、农友新奇等。

我国大陆从20世纪50年代开始多倍体西瓜育种研究。江苏省农业科学院最早开展无籽西瓜的育种工作，1957年首次诱变出第一个四倍体西瓜品种，以华东24做父本育成无籽西瓜——新秋3号。中国农业科学院郑州果树研究所1960年开始无籽西瓜的育种研究，1963年育成的无籽西瓜3号成为我国60~70年代的主栽品种。70年代，金伟共先生培育出优良无籽西瓜广西1号及广西2号。1972年，山东省副食品公司育成了蜜宝无籽西瓜，1974年在南宁召开了全国第一次无籽西瓜科研协作会，掀起了无籽西瓜育种和生产的热潮。20世纪70~80年代，在无籽西瓜生产发展的第一次高潮中，形成了以湖南邵阳、广西藤县、河南中牟等主产区为代表的无籽西瓜商品生产基地，全国无籽西瓜面积达1万多hm^2。在品种选育方面，中国农业科学院郑州果树研究所、湖南省邵阳市柑橘研究所（原湖南邵阳地区农科所）、广东省白沙良种场、中国农业科学院品种资源研究所、山东省昌乐县副食品公司和乌鲁木齐市农业科学研究所等单位诱变成功旭东4x、兴城红4x、新青4x、蜜宝4x、邵选72404、郑果401、北京1号等具有实用价值的四倍体西瓜品种，育成蜜宝无籽、郑果301、昌乐无籽和红花无籽等三倍体无籽西瓜品种。

二、20世纪后期无籽西瓜研究与应用（1980—1999年）

1981—1982年组织了全国第一批无籽、少籽西瓜区域试验。在郑州和乌鲁木齐召开了两次全国性品种评比会，选出郑引401、黄枚和杂育401等四倍体西瓜品种和广西1号、广西2号、郑引301等三倍体无籽西瓜品种。1985—1987年组织了全国第二批无籽、少籽西瓜品种区域试验，选出了邵阳304等3个优良的无籽西瓜品种。

1989年9月，在湖南省邵阳市召开了第一次全国无籽、少籽西瓜育种和开发研讨会，同时成立了全国多倍体科研协作组，主要成员单位有中国农业科学院郑州果树研究所、湖南省邵阳市农业科学研究所、湖南省园艺研究所、广西壮族自治区园艺研究所、深圳市农科中心、广州市果树研究所、广东省农业科学院、湖南省岳阳市农业科学研究所、湖南农业大学、湖北省荆州市农业科学研究所、中国科学院新疆生态与地理研究所、厦门市农业科学研究所、河南省孟津县科协、河北省唐山市农业科学研究所、江西省抚州市农业科学研究所等。邵阳会议后，邵阳率先在新疆开展无籽西瓜制种研究，为解决无籽西瓜"三低"问题提供了宝贵的经验，使该问题基本得以解决。

20世纪90年代，无籽西瓜生产发展达到第二次高潮，在湖北荆州、河南孟津、湖南岳阳、江西抚州、广西北海、安徽宿州、海南等建立了一批新的无籽西瓜商品生产基地，无籽西瓜生产面积发展到10万hm^2。

1991年10月，在江西省九江市召开了第二次全国多倍体西瓜科研和生产研讨会，经协作组酝酿推选谭素英任全国多倍体西瓜科研与生产协作组组长，孙小武任副组长。并确定由协作组组织全国无籽西瓜品种区域试验。

1992年10月，在湖北省荆州市召开了第三次全国多倍体西瓜科研和生产研讨会，会议主要内容是对1992年全国多倍体西瓜各区试点的结果进行了交流和总结，通过区试，优选并推出洞庭1号、洞庭2号、新疆无籽1号、新疆无籽2号、粤蜜1号、粤蜜2号、粤蜜3号、粤蜜4号、花皮无籽1号、花皮无籽4号、雪峰无籽304、广西无籽3号、广西无籽4号、广西无籽5号。

1993年9月，在北京市召开了第四次全国多倍体西瓜科研和生产研讨会，会议主要在西瓜科研、新技术推广、种子开发等方面进行广泛探讨与交流。

1995年9月，在广西南宁市召开了第五次全国多倍体西瓜科研和生产研讨会，会上讨论了当前我国的无籽西瓜生产、销售形势，交流了科技成果和经验；通过5年的全国区试，其中洞庭1号、广西5号和广蜜2号3个无籽西瓜品种通过国家品种审定。

1997年12月，在河南省洛阳市召开了第六次全国多倍体西瓜科研和生产研讨会，会议总结了1996年、1997年的全国无籽少籽西瓜区域试验，表彰了协作活动中的先进个人和单位。1999年9月，王坚编著出版了《无籽西瓜栽培技术》一书。

1999年9月，在江苏省南京市召开了第七次全国多倍体西瓜科研和生产研讨会，会议主要研讨通过向农业部建议"制定三倍体西瓜种子质量标准"等问题；同年12月在湖南省岳阳市农业科学研究所进行了《无籽西瓜育种与栽培》的审稿，该书成为当时国内无籽西瓜研究与生产领域一本重要的权威专业书。

三、21世纪初期无籽西瓜研究与应用（2000—2013年）

2000年12月，在海南省三亚市召开了第八次全国无籽西瓜科研和生产研讨会，会议决定：首先要加强新品种开发和栽培技术规范化的研究协作，其次要注意无籽西瓜的生态育种，重点解决北方主产区果实皮厚、空心、着色秕籽问题和南方的耐湿、抗病栽培问题。多个无籽西瓜品种通过了最后一轮的国家西瓜品种审定。

2003年10月，在湖南省张家界市召开了第九次全国多倍体西瓜科研和生产研讨会，会议重点讨论以下问题：①无籽西瓜育种应与抗病育种结合起来。②无籽西瓜也可以通过南北气候差异、保护地等措施周年栽培和供应，延长无籽西瓜货架期。③无籽西瓜的无公害栽培问题。④无籽西瓜生产与销售关系。⑤无籽西瓜种子质量标准问题。⑥无籽西瓜科研与生产中存在的一些问题。⑦怎样重塑无籽西瓜的高档形象。

2005年5月，在安徽省合肥市召开了第十次全国无籽西瓜科研和生产研讨会，会议组织了"美国西瓜育种及广东西瓜生产情况""西瓜多倍体研究与利用""西瓜多倍体回复突变"等专题报告，并确定以后协作内容：①增强信心，做强无籽西瓜产业，维持全国无籽西瓜面积在20.0万hm²左右。②科研创新，加强中小果型无籽西瓜品种的选育。③无籽西瓜的标准化栽培。④无籽西瓜推广要突破老瓜区，走进新区。⑤发挥各基层无籽西瓜协会的优势，推广无籽西瓜。⑥利用中国无籽西瓜科技网的交流平台，使无籽西瓜育种家、种子公司、种植者能通过网络互动起来，做强无籽西瓜产业。

2007年8月，在北京市召开了第十一次全国无籽西瓜科研和生产协作研讨会，大会主题为"加强国内外市场与科技信息交流，促进无籽西瓜产业协调发展"。会议就"核心四倍体西瓜种质的突破""小果型无籽西瓜品种选育""病毒病和细菌性果腐病（BFB）等病害预防"等问题展开了讨论。

2009年4月，在河南省开封市召开了第十二次全国无籽西瓜科研和生产研讨会，同时纪念全国西瓜甜瓜科研生产协作50周年。会议回顾和纪念50年来我国西瓜甜瓜科研与生产协作历程，编印了《第十二次全国西瓜甜瓜学术研讨会论文摘要集》。大会确定了以后的协作内容：①加强小果型无籽西瓜品种选育。②应加强四倍体种质创新。③大果型无籽西瓜需要改进。④1茬多果、1株多茬栽培，提高效益。⑤无籽西瓜种子加工与处理，特别是细菌性果腐病问题。⑥无籽西瓜新区栽培技术的攻关与推广。⑦设施无籽西瓜栽培及品种选育。

2009年无籽西瓜在全国迅速得到推广，栽培面积不断扩大，全国无籽西瓜栽培面积达23万hm²左右，遍及全国20多个省（自治区、直辖市），其中种植面积最大的依次为河南、湖北、湖南、江西和安徽5省。

2010年5月，在湖北省襄樊市召开了第十三次全国无籽西瓜科研和生产研讨会，大会安排周泉等7位专家作"我国无籽西瓜产业现状、存在问题与对策""无籽西瓜工厂化育苗""关于多倍体西瓜研究的几点思考"等专题报告。大会确定了以后的协作内容：①中小果型无籽西瓜新品种的选育与异地试验。②无籽西瓜工厂化育苗及嫁接栽培研究。③拟组建全国无籽西瓜合作社联盟。④优质无籽西瓜基地及中国无籽西瓜之乡评选。2010—2011年协作组组织专家组对贵州省黄平县、陕西省蒲城县、内蒙古奈曼旗分别申报无籽西瓜基地进行了现场考察和评审，同意授予黄平县"全国优质无籽西瓜基地"称号、蒲城县"全国设施优质无籽西瓜基地"称号、奈曼旗"全国沙地优质无籽西瓜基地"称号。

2011年11月14日，国家发布了三倍体无籽西瓜质量标准（GB16715.1—2010），2012年1月1日起实施。质量指标：种子发芽率不低于75%，三倍体无籽西瓜杂交种发芽试验通常需要进行预先处理；品种纯度不低于95%；水分含量不高于8%；净度不低于99%。

2011年12月30日，国家发布了三倍体无籽西瓜分等分级质量标准（GB/T 27659—2011），2012年4月1日起实施。该标准规定了三倍体无籽西瓜术语要求、分等分级要求、检测方法、检验规则以及包装、标志，适用于无籽西瓜的生产和流通。标准对各类型各等级果实进行了强化，必须符合感观指标和果实理化指标的要求。

2012年9月，在湖南省岳阳市召开了第十四次全国无籽西瓜科研和生产研讨会，会议主题"人类健康营养与无籽西瓜产业的持续发展"。会议由湖南省岳阳市西甜瓜科学研究所承办，来自全国25个省（自治区、直辖市）63个单位的123位代表出席了会议。中国工程院院士邓秀新教授作了"瓜、果产业发展趋势与遗传改良技术"的报告。会上还分别为黄平县"全国优质无籽西瓜基地"、蒲城县"全国设施优质无籽西瓜基地"、奈曼旗"全国沙地优质无籽西瓜基地"举行授牌仪式，热烈研讨了西瓜与营养等问题。会议确定了以后科研与生产的协作主要内容：①四倍体种质创新，各育种单位相互交流，协作攻关。②继续进行中小果型无籽西瓜品种异地试验。③继续举行全国优质无籽西瓜基地的评选活动。④加强无籽西瓜简约化栽培研究。⑤加强三倍体无籽西瓜品种DNA指纹图谱的建立等。

自成立全国西瓜甜瓜科研生产协作50多年来，通过各单位及科研人员艰辛的努力与研究，成功培育出无籽3号、蜜宝无籽、郑果301、昌乐无籽、黑蜜2号、黑蜜5号、广西2号、广西3号、广西5号、广西6号、台湾新1号、雪峰304、雪峰花皮、小玉红无籽、蜜枚无籽1号、广州301无籽、广州302无籽、厦门B01无籽、红宝石无籽、黄宝石无籽、蜜枚2号无籽、郑抗无籽1号、郑抗无籽3号、郑抗无籽4号、郑抗无籽5号、郑抗863无籽、中农1号无籽、中农2号无籽、金太阳无籽1号、金太阳无籽2号、莱卡红无籽2号、黄金无籽、流星雨无籽、金宝无籽、绿野无籽、湘西瓜11号（洞庭1号）、洞庭2号、湘西瓜19号（洞庭3号）、洞庭4号、洞庭5号、洞庭6号、洞庭7号、洞庭8号、洞庭9号、黑马王子、全新花皮、黑牛无籽、金福无籽、大玉4号、蜜都、蜜红、蜜黄无籽、博达隆1号、博达隆2号、黑神98、金丽黄、神玉、博帅、黑童宝、红富帅无籽、小圣女、绿琪、绿玲珑、绿蜜、绿虎、夏兰、青秀、金玺无籽、津蜜1号、津蜜2号、津蜜3号、津蜜4号、津蜜5号（津蜜20）、津蜜30、丰乐无籽1号、丰乐无籽2号、丰乐无籽3号、鄂西瓜8号、鄂西瓜9号、鄂西瓜12号、国蜜1号无籽、京欣无籽1号、暑宝、暑宝6号、暑宝8号、丰田无籽1号、兴科无籽1号、菊城无籽3号、菊城无籽6号、新优22号、新优35号、新优40号、黑帝、黑玉、美龙无籽、唐山2号无籽、菠萝蜜无籽、豫园翠玉无籽、豫艺甘甜无籽、晶瑞无籽、湘科3号、湘西瓜71号、墨童、蜜童、帅童、金蜜1号、小爱、小妃、丽兰、小秀小华、无籽黄玉、京玲、小神童、华晶7号、小玉无籽、桂系2号小无籽、粤蜜1号、新秀2号无籽等。据第十四次全国无籽西瓜科研育种与生产协作会上统计，迄今全国无籽西瓜育成品种已达几百个，无籽西瓜育种与推广取得了空前的发展，创造了显著的社会效益与经济效益。

第四节　无籽西瓜种植面积与分布

一、无籽西瓜主要种植区域与面积

据初步统计，迄今我国无籽西瓜栽培面积已发展到25万hm²左右，遍及全国20多个省（自治区、直辖市），其中种植面积最大的依次为河南（4万hm²）、湖北（3.5万hm²）、湖南（3.0万hm²）、江西（2.3万hm²）、海南（2.3万hm²）、广西（2.2万hm²）和安徽（1.8万hm²），种植面积约占全国无籽西瓜栽培面积的75%左右；另外，内蒙古（0.6万hm²）、陕西（0.5万hm²）、山东（0.4万hm²）、广东（0.35万hm²）、贵州（0.35万hm²）等占9%左右；其他地区（3.7万hm²）占15%左右。而湖南、广西、海南的无籽西瓜面积约占当地西瓜生产总面积的50%～70%，其中海南占70%以上，是我国冬春季西瓜生产供应的主要产区，其单位面积的产值和效益是全国最高的。从无籽西瓜生产布局可以看出，全国60%以上的无籽西瓜生产面积分布在长江以南地区，90%以上的无籽西瓜生产基地在黄河以南地区。

二、无籽西瓜主要生产基地与分布

我国无籽西瓜生产基地及其分布见图1-2，比较大的无籽西瓜生产基地如下。

1. 河南省　开封、周口、洛阳（孟津县）、郑州、商丘等。

2. 湖北省　荆州市松滋、公安、江陵、潜江、石首、监利、洪湖、沙市，襄阳市宜城、仙桃市、武汉市周边等。

3. 湖南省　岳阳、邵阳、怀化、常德、衡阳、娄底、株洲、永州、长沙市周边等。

4. 江西省　抚州、赣州、宜春、新余等。

5. 海南省　三亚、陵水、琼海、文昌、万宁、乐东、东方等。

6. 广西壮族自治区　北海、梧州、柳州、桂林、南宁市周边等。

7. 安徽省　宿州、淮北、阜阳、六安、滁州、芜湖、合肥市周边等。

8. 其他基地　陕西渭南市蒲城县，内蒙古赤峰市奈曼旗，山东潍坊市昌乐县、菏泽市，江苏盐城市、南京市周边，广东省粤北地区，贵州省黄平县、凯里市、贵阳市周边，北京市大兴区、顺义区，甘肃徽县、兰州市周边，黑龙江大庆市、牡丹江宁安市，山西运城市，宁夏银川市，四川绵阳市、成都市周边，河北唐山市，天津市等。

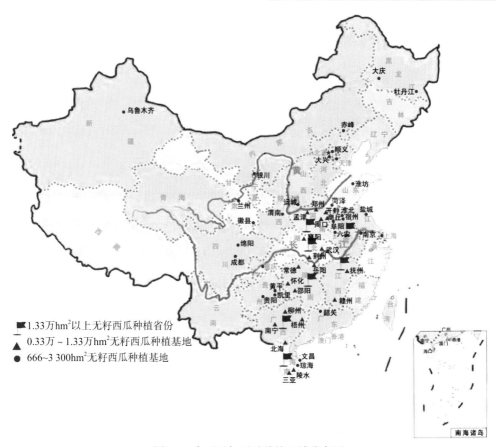

图1-2 全国无籽西瓜种植区域分布图

第二章

无籽西瓜的生物学基础

第一节 无籽西瓜的特征特性

三倍体无籽西瓜与普通二倍体西瓜同属葫芦科、西瓜属、西瓜种的一年生草本植物。无籽西瓜的生长发育、开花、结果具有一系列特有的形态特征和生理特性。这些特性是在长时间的环境和人工栽培条件下形成的。

三倍体无籽西瓜的生长发育规律基本上与普通二倍体西瓜相同。但是无籽西瓜在形态和生理上具有其自身的一些特点，因此在栽培上除了参照普通二倍体西瓜的栽培技术外，还要针对其生理特点，采取相应的措施，以期得到更好的栽培效果。

三倍体无籽西瓜的生育过程、形态特征、生理特点大致可以归纳为：种皮较厚，种胚发育不完全，贮存的营养物质较少，种子发芽、出土和成苗较困难，幼苗生长较慢，需要较高的温度等优良环境条件；大田定植的初期生长较慢，中后期生长旺盛；雌花、雄花高度不育；后期生长旺盛，抗逆性强，增产潜力大；果实无籽，品质优良，贮运性好。

一、种子

三倍体西瓜种子是指种皮内具有三倍体胚的西瓜种子，而不是三倍体无籽西瓜所生产的种子。

1. 种子的外形 三倍体西瓜种子的外形与四倍体近似，种子肥大，种脐部加宽，有的种子有裂纹。三倍体种子由种皮和种仁构成，种仁又由种胚和子叶构成，胚乳在种子发育过程中退化，子叶是种子贮藏营养的部分。但其种皮比四倍体的厚，胚较小，种子边沿厚、中部薄，有表面凹陷较瘪的感觉；种仁发育不良是三倍体种子的主要特点，种仁的绝对重较低，仅占种子总重的38.5%，体积占种壳内腔的60%～70%，种仁与种子的比率比二倍体及四倍体小（表2-1）。

表2-1　三倍体西瓜种子、种皮和种仁重量比较

（周泉，1999）

项　目		正常种子			浮种子	
		种皮重量（mg）	种仁重量（mg）	$\dfrac{种仁重}{种子重}$（%）	种仁重量（mg）	$\dfrac{种仁重}{种子重}$（%）
二倍体	D89-4	21.6	29.6	57.3	0	0
	糖婴	22.0	24.0	52.2	0	0
	蜜枚	21.6	23.5	52.1	0	0
三倍体	黑蜜2号	34.6	24.3	41.3	12.5	29.0
	洞庭1号	32.9	22.5	40.6	9.7	23.6
	雪峰304	36.6	26.1	41.6	11.4	27.5
四倍体	四倍1号	36.2	30.6	45.8	8.3	19.5
	泉育9041	32.5	23.2	41.7	8.6	21.3
	邵选404	35.1	28.8	45.1	6.7	15.3

2. 种皮的构造　三倍体种子的种皮由栅栏细胞组织、皮下组织、厚壁细胞组织和薄壁细胞组织几部分组成（图2-1）。

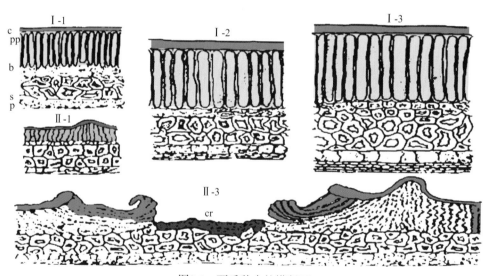

图2-1　西瓜种皮的横断面

Ⅰ.干燥前的种皮　Ⅱ.干燥后的种皮　1.2x　2.3x　3.4x

c.角质层　pp.栅栏细胞组织　b.皮下组织　s.厚壁细胞　p.薄壁组织　cr.龟裂部

种皮的最外一层为栅栏细胞组织，外被一层角质层，干燥时容易收缩成波状。这是三倍西瓜种子的又一大特点，此层细胞中含有色素。

栅栏细胞组织下为皮下组织，它由2～3层小细胞和数行大细胞组成，形成坚固的保护层。

第三层组织为厚壁细胞组织，它由一层细胞壁很厚的细胞组成。

第四层组织为薄壁细胞组织，由数层薄壁细胞组成，细胞中具有和果肉颜色同系的色素。

对二倍体、三倍体和四倍体西瓜种子的种皮进行观察比较，发现种皮各层的厚度随染色体倍数的增加而变厚，特别是皮下组织。

3. 种子的大小　从表面看三倍体种子的大小和四倍体种子差不多，这是指种子表面面积而言，衡量种子大小通常是用重量或由种子的纵径、横径和厚度的乘积来表示。

三倍体西瓜的单粒种子重52～75mg（即千粒重52～75g）。种子厚度约2.2mm，与二倍体和四倍体西瓜种子有差别，也就是说三倍体种子比二倍体种子大，比四倍体种子小（表2-2）。

表2-2　多倍体与二倍体西瓜种子大小的比较

项　　目	2x	3x	4x
重量（mg）	37～47	52～62	62～77
厚度（mm）	2.0左右	2.2左右	3.0左右

4. 种子的发芽　由于三倍体西瓜种子的结构和子叶的折叠状况，及子叶贮存营养物质较少，致使种子发芽困难，发芽率低，直接播种入土发芽率在10%以下。按一般的方法催芽，发芽率只有20%～30%；采用浸种破壳催芽，发芽率一般可提高到70%～80%（高的达80%以上）。对发芽温度和湿度的要求也比较严格，发芽适温为33～35℃；湿度不能过大或过小，湿度过大，供氧不足会延迟发芽，甚至烂种，尤其是在高温或低温条件下。

西瓜汁对种子发芽有抑制作用，越是未成熟果的果汁，这种作用越大。种子周围的黏质物有生长素的作用，浓度高则抑制发芽，三倍体西瓜种子亦然。所以，浸种催芽时必须很好地搓洗干净种子表皮上的黏质物。

三倍体西瓜种子发芽出土时，子叶通常会带种皮出土（俗称带帽）。其原因主要有：①种芽（胚根）不健壮。②播种时种子放置方向不当。③播种时盖土太薄。④营养钵中土壤湿度太小。⑤出苗期间地温低。

二、根

三倍体无籽西瓜与普通二倍体有籽西瓜一样，其根系为主根系。主根向下生长，侧根向水平方向延伸。侧根发生较其他作物早，木质化程度低、纤细，容易损伤。根系的分布与土壤和地下水位关系密切，土质疏松、土层深厚、地下水位低的地块，根系深入土层深，分布范围广，根系发达。反之，土质黏重板结、土层浅、地下水位高的地块，根系入土浅，分布范围窄，根系不发达。无籽西瓜的根系比普通西瓜发达，粗壮，侧根分枝多，分布范围深而广。在适宜的土壤条件下，无籽西瓜可分5~6级侧根，根伸长深度可达2.5m，分布范围可达4.5m²，而普通西瓜在同样的土壤条件下，只形成3~5级侧根，根伸长深度仅2m，分布范围为3m²。无籽西瓜耐湿性与其发达的根系有密切关系。

三、茎和叶

三倍体无籽西瓜的茎与普通二倍体有籽西瓜一样，在伸蔓期以前生长速度缓慢，节间短缩，呈直立状。以后节间伸长，因其机械组织不发达，茎匍匐生长，因而称为蔓生。蔓上着生叶处叫茎节，每个茎节处发生侧芽、花器、包叶和卷须，卷须多为2叉分枝，茎与叶柄被茸毛。茎叶在条件适宜时生不定根。普通有籽西瓜4~5片叶开始伸蔓。无籽西瓜伸蔓稍晚，一般5~6叶时开始伸蔓，但伸蔓速度快，侧蔓发生的数量多，在结果以前主蔓和侧蔓均较普通西瓜长，下胚轴也较粗。无籽西瓜叶形和普通西瓜一样，第一片叶为心脏形，第二片叶以后的叶为掌状羽裂，缺刻深，叶缘有细锯齿，表面被蜡质和茸毛。但无籽西瓜与二倍体有籽西瓜比，叶形指数较小，先端和裂片较圆钝，裂片较大，缺刻较浅，叶色较深，叶片较厚，叶面较粗糙，功能叶较多。

四、花

三倍体无籽西瓜的花朵比普通二倍体有籽西瓜肥大，花柄粗短，颜色鲜黄。花的构造是萼片5枚，基部呈筒状。雌雄异花同株。雄花花药3枚，背裂。雌花子房下位，花柱粗短，柱头先端3裂。有蜜腺3枚，个别4~5枚，但雄花高度不育，花粉粒极不规则，绝大部分皱裂、空秕，无生活力。雌花外表正常，但高度不育。所以三倍体无籽西瓜彼此授粉不能结实，必须用普通二倍体有籽西瓜的雄花花粉刺激其雌花子房膨大，并发育成无籽果实。雌花着生节位依品种不同而异。雌花清晨开放，午后关闭，正常授粉受精的雌花一般不再开放，没有受精的雌花次日清晨可重新开放，但失去受精能力。雌花的形态与坐果和果实的发育快慢密切相关，若雌花子房小，花柄与花成直线，这样的雌花质量差，不易坐果，或坐果后果实发育慢；若雌花子房大，花柄弯曲呈"钓鱼钩"式，这样的雌花质量好，易坐果，坐果后果实发育快。

五、果实

三倍体无籽西瓜果实由子房发育而成，为瓠果。其形状、大小、果皮和果肉的颜色等因品种不同而异。开花结果习性亦因品种和外界条件而不同。

果实的增长特点：开始膨大较普通西瓜迟，授粉后4~6d进入快速膨大期，生长速度超出普通西瓜，而后增长比较平稳。

三倍体无籽西瓜果实的坐果节位对其品质、产量影响较大，低节位（第一、二雌花）果易出现畸形、空心和着色秕籽，果个小，品质差。适宜节位（第三、四雌花）的果较圆整，易膨大，品质佳。过高节位的果虽个较大，但容易出现畸形果。

第二节　无籽西瓜对环境的要求

一、温度

三倍体无籽西瓜苗期对温度要求比普通二倍体西瓜高，从苗期到采收，正常生育适温范围18～36℃。低于5℃或长时间低于8℃就会产生冻害，12℃为生长温度的最低限度。低温对种子萌发、植株的生长发育、开花结果、果实膨大和果实内糖分积累及转化等过程都有不良影响。因此，低温时间长，植株生长缓慢，生育期推迟；相反则生育期缩短。

三倍体无籽西瓜不同的生育时期对温度的要求不同。幼苗期适温范围为28～35℃，伸蔓期为28～32℃，结果期为30～35℃。无籽西瓜的种子发芽要求较高的温度，温度下限为28℃，上限为42℃，最适为33～35℃。幼苗期根的发育最低温度是10℃，根毛发生的最低温度是13～14℃，发育适温是28～32℃。温度对花开放的迟早有很大的影响，温度高则开花早，温度低则开花迟。春季栽培一般早晨6：00左右、气温18℃时花开放，20℃时花药开裂散花粉，若气温低于20℃，即使雌花能开放，但由于普通西瓜的雄花不散粉，雌花柱头不分泌活性物质，难以完成授粉过程。无籽西瓜一般从开花授粉坐果到果实充分发育成熟，平均积温在800～1 000℃，整个生育期的平均积温在2 500～3 000℃。积温不够，其果实的发育、膨大及品质均受到影响。在满足基本积温及一定的温度范围内，昼夜温差大，有利于茎叶生长健壮和品质的提高。因为日间温度高，光合作用强，制造的同化产物多；而夜间温度低，可以减少呼吸作用对养分的消耗，有利于同化产物的积累。

二、水分

三倍体无籽西瓜与普通西瓜一样，是比较耐旱、忌湿怕涝，而又需水量大的作物，具有强大的根系，能充分吸收土壤中水分。按西瓜果实重量计算，其含水量达93%～95%，1株西瓜整个生育期的消耗水量高达1 000kg。西瓜不同的生育期对水分的要求不同。发芽期只需少量水分，供种子吸水膨胀；幼苗期土壤水分少可以促进发根；伸蔓期增加土壤水分，可使瓜蔓健壮生长，迅速扩大叶面积；开花坐果期控制水分过多，可防止植株徒长，有利于坐果；果实膨大期充足的水分供应可以促进生长；果实成熟期控制水分，有利于品质提高。无籽西瓜有3个时期对水分最敏感：一是团棵期。此时正是主蔓坐果节位雌花形成时期，若水分过大，会影响雌花的数量和质量。二是开花坐果期。若此时水分过多，营养生长过旺，坐不住果。三是果实膨大期。此期需要大量水分。如果水分充足，则果实发育膨大迅速，瓜形端正，产量高、品质优；若水分不足，果实发育不良，畸形瓜多，瓜瓤中常出现纤维块，品质差，产量低。

空气湿度往往是易被人们忽略的因素。开花坐果期保持一定的空气湿度，有利于花粉萌发及坐果。在其他时间以空气湿度较小为宜，以防病害蔓延。

不耐涝是西瓜的共同特性。这是由于西瓜根系好气性强，淹水根缺乏氧气，易窒息而死。但对土壤湿度的忍耐力，不同西瓜不一样。三倍体无籽西瓜耐湿性比普通二倍体西瓜强，在较大的空气和土壤湿度条件下仍能正常生长，这也是我国东南部多雨地区无籽西瓜能迅速发展，大面积栽培的重要原因。

三、光照

三倍体无籽西瓜是属喜光的作物，生长期间需充足的日照时数和较强的光照强度，无籽西瓜一般要求每天应有10～12h的日照，幼苗期光饱和点为8万lx，光补偿点为4 000lx；结果期光饱和点则达10万lx以上。在此范围内，光合作用效能随光照强度的增加而提高。光照充足，植株生长健壮，茎蔓粗壮，叶片肥大，叶色浓绿，组织结构紧密，节间短，花芽分化早，坐果率高；而在连续阴雨、光照不足的条件下，植株细弱，叶柄和节间伸长，叶薄色淡，生长发育不良，机械组织不发达，易感病。在结果期光照不足影响坐果，易落花及化瓜，影响养分的积累和果实可溶性固形物含量的增高。

因此，无籽西瓜在与其他作物间套作时，应尽量减少二者的共生时间，以免影响瓜蔓的光照。同时，6～7月日照过强，应注意避免裸露果实受强光暴晒，防止形成坏死斑即所谓"日灼果"的发生。在果实生长中、后期，应及时盖瓜或在留瓜节上保留一条侧蔓遮挡强光直射果面。此外，光质对植株幼苗生长也有明显的影响，其中红光、橙光可促使茎蔓伸长，而蓝光、紫光则抑制节间伸长。苗期充分利用蓝、紫光照射对培育壮苗具有一定的作用。

四、土壤

三倍体无籽西瓜对土壤的适应范围较广，可以在沙土、黏土等各种土壤上生长。由于其根系好氧，要求土壤通气性良好，最适宜的土壤是排水良好、土层深厚的壤土或沙壤土。在通气性好，降雨或灌溉后水分下渗快，早春地温回升快，夜间散热迅速，昼夜温差大的沙壤土条件下种植，幼苗生长健壮，果实糖分积累多，品质好。但沙土地一般比较瘠薄，肥料分解和养分消耗流失较快，植株生长后期常产生脱肥现象，生长势变弱，易于衰老、发病。

无籽西瓜最适宜中性偏酸土壤栽培，但对土壤酸碱度适应性较广，在pH5～7范围内均可正常生长；可以忍耐的土壤最低pH为4.0，最高含盐量为0.2%。若土壤pH太低，易造成植株缺钙，并引起的小叶病和枯萎病。在酸性土壤中施可溶性钙(生石灰)可以提高土壤pH，但不能防止由于重茬而引起的枯萎病。栽培无籽西瓜的土壤最好进行轮作，水旱轮作3年以上，旱地轮作5～7年为宜。

五、养分

三倍体无籽西瓜正常生长发育总的需肥量比普通二倍体西瓜多10%~20%，所必需的矿质营养元素与二倍体西瓜一样，主要也是氮、磷、钾。各生育期对氮、磷、钾的吸收量有所不同。幼苗期占总吸收量的0.06%，伸蔓期占10.2%，幼果期占2.75%，果实膨大期占66%~75%，果实成熟期占20%~25%。各生育期氮(N)、磷(P_2O_5)、钾(K_2O)的吸收比例分别为：伸蔓期1:0.18:0.87，果实膨大期1:0.30:1.13，果实成熟期1:0.36:1.22，表现出前期吸收氮多、钾少、磷更少，中后期吸收钾多的吸肥特点。各生育期养分的分配特点是：前期以叶片为中心，后期以果实为中心。氮、磷、钾在西瓜体内有很高的运转率，氮的运转率为66.5%，磷为81%，钾为72.3%。

氮素供应适当时，植株生长正常，叶片葱绿，瓜蔓健壮；当氮素供应过量时，植株生长过旺，植物体内形成的碳水化合物多用于营养器官，特别是叶片内蛋白质的合成，以致造成蔓叶徒长，坐果率降低，坐果晚，成熟期延长，品质降低；当氮素不足时，叶绿素含量减少，叶色变淡，蛋白质的合成受阻，因而叶片较小，侧蔓也少，产量降低。

磷能促进碳水化合物的运输，有利于果实糖分的积累，能改善果实的风味和促进果实成熟等。同时，可以促进西瓜幼苗根系的发育，提高幼苗耐寒能力。但无籽西瓜应少施磷肥，以免促进着色秕籽的产生。

钾能促进茎蔓生长健壮和提高茎蔓的韧性，增强植株防风、抗寒、抗病虫害的能力。钾元素是植株体内多种酶的活化剂，能够增进输导组织的生理机能，提高其吸收水肥的能力，有利于光合作用的进行，并能加速光合作用产物向果实和种子中输送。同时，钾是植株内各种糖的合成及转移必不可少的重要营养元素，它还能够加速蛋白质的合成，提高氮肥的吸收利用率。缺钾会使西瓜植株生长缓慢，植株矮弱，叶缘干枯，抗虫耐病能力降低，抗旱能力减弱，特别是在西瓜膨大期，会引起输导组织衰弱，养分的合成和输送受阻，进而影响到果实糖分的积累，使其产量和品质下降。

六、二氧化碳

二氧化碳是植物进行光合作用的重要原料，能促进植物根系与幼苗的生长发育，使其叶片增厚，降低气孔密度、气孔导度及蒸腾速率，增加水分利用效率，增加作物的产量及生物量，促进乙烯生物合成，增强植物的抗氧化能力。植株周围二氧化碳气体浓度的大小，能直接影响光合作用。要维持无籽西瓜较高的光合作用，应使二氧化碳浓度保持在250~300mg/L。增施有机肥料和碳素化肥，可以提高二氧化碳的浓度。改良土壤，排水防涝及加强中耕松土等，都有利于无籽西瓜对二氧化碳的吸收利用。在塑料大棚及温室中栽培时，应特别注意二氧化碳的浓度问题，以确保无籽西瓜优质丰产。

第三章

多倍体西瓜育种

第一节　西瓜的遗传学基础

遗传学是育种学的基础。在育种实践中，遗传学对于农作物育种起着直接的指导作用。为了提高育种工作的预见性，有效地控制作物的遗传变异，加速育种进程，多快好省地获得育种成果，就必须在遗传学理论的指导下，开展品种选育和良种繁育工作。要想获得一个优良的三倍体无籽西瓜，优良的二倍体和四倍体西瓜是前提和基础。而要想获得优良的四倍体西瓜，二倍体西瓜是关键。也就是说，多倍体西瓜的遗传性是建立在二倍体西瓜的基础上的。因此，在进行多倍体西瓜育种研究与实践之前，有必要先了解二倍体西瓜和多倍体西瓜的遗传学基础知识。

一、二倍体西瓜的遗传学基础

(一) 细胞

西瓜和任何高等植物一样，是由细胞组成的。细胞由细胞壁、细胞质和细胞核组成（图3-1）。

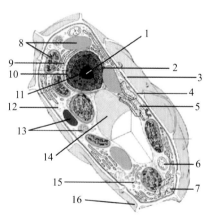

图3-1　植物细胞模式图

1.核仁　2.细胞核　3.细胞壁　4.细胞膜　5.染色质　6.质体　7.内质膜　8.叶绿体　9.高尔基体
10.核膜　11.核液　12.核糖体　13.线粒体　14.液泡　15.溶酶体　16.胞间连丝

在细胞质里有很多细胞器（如叶绿体、线粒体、微粒体和高尔基体等），透明体（如内质网、胞基质、核蛋白体等）和同含物（如淀粉粒、油滴等）。细胞核由核膜、核液和核仁组成。在核液中也有很多物质，其中最重要的是染色质。当细胞处于静止状态时，染色质均匀地分布在核液中；而当细胞处于分裂状态时，染色质则与蛋白质、核酸等物质一起形成具有一定形态和结构的染色体。

(二) 染色体

染色体是生物细胞内遗传信息和基因的载体，其本质为双股螺旋的脱氧核糖核酸。染色体能被洋红、苏木精等碱性染料染上颜色。细胞分裂期在普通光学显微镜下可清楚地看到其形态和大小，在电子显微镜下能看见其内部结构。染色体由染色体臂、着丝点、缢痕和随体组成。由于染色体臂的长短、着丝点位置和随体有无的不同，每条染色体有自己独特的形态，有的呈棒状，有的呈V形，有的呈L形。不同的染色体大小不同，有的差别还很大，小的只有0.5μm，大的25μm。基因位于染色体上。高等生物通过细胞生长、分裂和分化而生长、发育和繁衍后代。在此过程中染色体进行复制和分裂，实现遗传物质控制性状的表达和性状在后代的遗传与变异。染色体是相对稳定的，这就保证了遗传的相对稳定性和连续性。子细胞具有母细胞的全套遗传物质，包括染色体，因而子代像亲代。"种瓜得瓜，种豆得豆"就是这个道理，这就是遗传的保守性的一面。然而染色体的行为和其上的基因在一定的条件下是可以发生改变的，这就造成了生物的变异与进化。

(三) 西瓜的染色体组型

染色体组型是描述一个生物体内所有染色体的大小、形状和数量信息的图像。即以染色体的数目和形态来表示染色体组的特性，称为染色体组型。染色体组型分析又叫核型分析，是对生物某一个体或某一分类单位(亚种、种、属等)的体细胞染色体按一定特征排列起来的图像(染色体组型)的分析。是根据染色体的长度、着丝点位置、臂比、随体的有无等特征，并借助染色体分带技术对某一生物的染色体进行分析、比较、排序、编号。核型分析广泛地应用于动植物染色体倍性、数目、结构变异的研究和染色体来源的鉴定，以及基因定位中单个染色体的识别。

福尔萨(1982)对西瓜属的4个种即普通西瓜(*Citrllus lanatus*)、药西瓜(*C. colocynthis*)、缺须西瓜(*C. ecirrhosus*)、诺丹西瓜(*C. naudianianus*)的核型分析结果表明，西瓜属中的4个种的体细胞染色体数(2n)都是22条，所以西瓜属植物的细胞中含有11对染色体。具有完整的一套11条染色体，称为西瓜植物的染色体组。西瓜植物的配子体(花粉或胚囊)细胞中只有一个染色体组的11条染色体，由这样细胞组成的个体称为单倍体(n)，例如花粉培养的西瓜苗。西瓜植物的体细胞具有2个染色体组的22条染色体，由这样细胞组成的个体叫二倍体(2n)，例如普通西瓜的营养体。

西瓜属内4个种的体细胞单个染色体的长度为1.7～2.7μm，体细胞染色体的总长度为44.6～49.8μm。4个种的着丝点类型各不相同。

普通西瓜：体细胞染色体数2n = 22，单个染色体长1.8～2.7μm，体细胞中染色体总长度为（49.8±0.9）μm。染色体有两种着丝点类型，No.1～7和No.9～11为中部着丝点(M)、No.8为近中着丝点(SM)。

药西瓜：体细胞染色体数2n=22，单个染色体长1.8～2.7μm，体细胞中染色体总长度为（48.4±0.3）μm。染色体有两种着丝点类型，No.3、6、8～11为中部着丝点(M)，No.1、2、4、5、7为近中着丝点(SM)。

缺须西瓜：体细胞染色体数2n=22，单个染色体长1.8～2.5μm，体细胞中染色体总长度为（46.5±0.6）μm。染色体有两种着丝点类型，No.2～11为中部着丝点(M)，No.1为近中着丝点(SM)。

诺丹西瓜：体细胞染色体数2n=22，单个染色体长1.7～2.3μm，体细胞中染色体总长度为（44.6±0.4）μm。染色体只有中部着丝点(M)一种类型。

(四) 西瓜的基因型构成——遗传平衡

西瓜是异花授粉植物，在西瓜植物的授粉过程中，由于异花授粉产生异交，所以容易发生基因重组，从而形成新的基因型。但是，也不能排除本品种、本株、甚至本花授粉(在两性雌花上)产生的自交所形成的保守性遗传。即使全部异交，也还有染色体数目固定、基因连锁、交换频率等限制着变异产生。因此，西瓜作为异花授粉植物，在其生殖过程中，从群体而言，遗传和变异均发生作用并维持着一种微妙的平衡(表3-1)。

表3-1　基因重组与基因遗传对照

基因重组(变异性)	基因遗传(保守性)
1.异花授粉，使不同品种间的雌配子和雄配子染色体基因自由重组	1.本品种、本株、本花(两性雌花)上的花粉自交
2.染色体配对时由于基因交换，打破了连锁，使变异增多	2.同一染色体上基因连锁，特别是双线期，交换只在4条染色单体的2条上发生，其中2条仍保持连锁
3.物理、化学、人为因素影响下的突变	3.交换频率、染色体数目等的限制

由此可见，西瓜植物的基因重组和交换以及突变提供了变异来源，使新品种的出现成为可能；同时，通过有性生殖发生的变异又使优良品种的保纯工作呈现出极其困难的局面。稳定的遗传是维持西瓜品种特性所必需的，但它又给创造新类型带来了不便和麻烦。因此，根据人们的需要，正确认识西瓜植物的遗传变异规律，对西瓜育种工作非常必要。

任何一个西瓜植株群体只要符合群体无限大、随机交配、不发生突变、无迁移、无任何形式的自然选择条件，那么这个群体中各基因型的频率保持一定，代代保持不变。这就是群体遗传学最基本的定律——遗传平衡定律。遗传平衡理论是群体遗传学的基本概念，现举例如下。

设A和a是等位基因，又设基因型AA的个体和基因型aa的个体各占群体的一半，那么群体中各基因型的频率是：

	AA	Aa	aa
	0.5	0	0.5

它们所产生的配子的频率是：

	A	a
	0.5	0.5

在一个完全随机交配的群体内，由于个体间的交配是随机的，配子间的结合也是随机的，于是所得的子代基因型频率如表3-2。

表3-2　随机交配所得子代基因型频率表

雄配子　　　雌配子	0.5A	0.5a
0.5A	0.25AA	0.25Aa
0.5a	0.25Aa	0.25aa

所以子代的三种基因型频率是：

	AA	Aa	aa
	0.25	0.50	0.25

子代所产生的配子频率为：

$$A=0.25+\frac{1}{2}\times 0.50=0.50 \qquad a=\frac{1}{2}\times 0.50+0.25=0.50$$

这个频率和亲代的配子频率完全一样。从而可以推论出，孙代的三种基因型频率仍是：

	AA	Aa	aa
	0.25	0.50	0.25

以上例子可以说明，就基因而言，群体已经达到了平衡。群体中的基因频率和基因型频率保持一定，就可这样一代代保持平衡。由此可以估计遗传学参数(估算遗传力)，检查遗传学假设和研究各种进化现象。

(五) 西瓜群体的选择原理

生物界遗传性状的变异有连续的和不连续的两种：表现不连续变异的性状，称为质量性状；表现连续变异的性状，称为数量性状。

1. 质量性状的选择　质量性状有显隐性，不易受环境影响，在群体中呈不连续分布，如瓤色、皮色、叶片有无缺刻等。同一质量性状是由一个或少数效应显著并控制着质量性状的主基因所控制。质量性状在杂种后代的分离群体中可以明确分组，求出不同组之间的比例，研究它们的遗传动态比较容易。

淘汰显性性状能够迅速改变基因频率。淘汰显性主基因是十分容易的，因为显性主基因在F$_2$代的分离中，只需凭借对表现型的观察，就能鉴定出显性主基因的携带者，予以淘汰。例如，在西瓜矮生型育种中，当用矮生亲本(dwdw)与正常长蔓(DwDw)亲本杂交后，F$_1$代的表现型均为长蔓，说明长蔓是显性主基因。在F$_2$代会出现分离，长蔓∶矮生 = 3∶1，如果淘汰掉长蔓显性主基因，则保留下来的都是矮生隐性基因控制的短蔓植株。

淘汰隐性性状改变基因频率的速度就比较慢了。因为隐性基因在杂交后代中往往不能从表现型中辨认，因此对它的淘汰比较困难。通常只有隐性基因的纯合体才能表现出其隐性性状。例如，在全缘叶西瓜品种的杂交优势利用中，使用隐性基因全缘叶品种作母本与正常缺刻叶品种(显性基因)作父本杂交，所得F$_1$代均为缺刻叶植株。因此，在西瓜的育种中，只有把群体中携带的隐性基因通过多代强制自交，变成纯合型使之表现出来后才能加以淘汰。

2. 数量性状的选择　在育种工作中大多数目标性状，如产量、品质(含糖量等)、成熟期、株高等都是数量性状。由于数量性状在生物全部性状中占有很大比重，而且多数极为重要的经济性状都是数量性状，因此育种中，对数量性状的遗传、变异及其选择原理必须进行深入了解和研究。

数量性状在杂交后代中都不具有明显的显隐性，在群体中的分布表现出连续变异。产生这种现象的机制是，同一数量性状是由若干对微效、等位、累加、没有明显显隐性的多基因所控制。数量性状还容易受环境的影响而发生变化。数量性状在杂交后代中很难进行明确的分组，求出不同组之间的比例，所以不能应用分析质量性状的方法分析数量性状，而要用统计学方法对这些性状进行测量，才能分析研究它的遗传动态。

(1) **方差和标准差**　方差是一变数与平均数的偏差的平方平均值。当观察值(某一数量性状的实际测定值，又称变数)用与平均值的偏差来表示时，方差就是这种偏差的平方的平均值。使方差开方即得标准差。方差和标准差是用以表示一组资料的分散程度或离中性。方差或标准差越大，表示这个资料的变异程度越大，也说明平均数的代表性越小。它们是全部观察数偏离平均数的重要参数。在数量遗传学中方差表示某数量性状在一定遗传背景和环境条件下的变异幅度。

例如：从一个西瓜自交系A中选取6个单瓜(实际上应选更多)，称其单瓜重得如下观察值：3.4kg、3.5kg、3.3kg、3.6kg、3.5kg、3.7kg。这个西瓜自交系单瓜重的方差计算方法如下：

x（测定值）：3.4、3.5、3.3、3.6、3.5、3.7

$\bar{x}$（平均值）= 3.5

$x - \bar{x}$（偏差）：−0.1、0、−0.2、+0.1、0、+0.2

$(x - \bar{x})^2$（偏差平方）：0.01、0、0.04、0.01、0、0.04

$\sum (x - \bar{x})^2$（平方和）= 0.1

代入公式：$V = \dfrac{\sum (x-\bar{x})^2}{N-1}$；$\sigma = \sqrt{\dfrac{\sum (x-\bar{x})^2}{N-1}}$（$V$为方差，$N$为样本数，$\sigma$为标准差）

上述纯系A的单瓜重方差V_A=0.02。

作为纯系A各植株的基因型是一致的，产生这种方差的原因是环境条件所致。如果在同样环境下，B纯系的方差也应为0.02。与此同时，再从生长在同样条件下的A×B的杂交二代（F_2）群体中，取6个单瓜称重（实际应更多），得到另一组观察值：3.3kg、3.8kg、3.4kg、3.3kg、3.5kg、3.7kg，再计算其群体方差：

x（测量值）：3.3、3.8、3.4、3.3、3.5、3.7

$\bar{x}$（平均值）= 3.5

$x-\bar{x}$（偏差）：-0.2、+0.3、-0.1、-0.2、0、+0.2

$(x-\bar{x})^2$（偏差平方）：0.04、0.09、0.01、0.04、0、0.04

$\sum (x-\bar{x})^2$（平方和）= 0.22

方差V_{F_2}=0.044

F_2的方差比纯系大（$V_{F_2} > V_A$或V_B），其原因是除了环境条件相同外，还有不同基因型杂交所产生的方差。这说明方差是可以相加或分割的。由于F_2方差（表现型方差V_P或总方差V_T）是基因型方差V_G和环境方差V_E的和，故可得到公式：$V_P = V_G + V_E$（假定二者之间没有相互作用）。

在上述例中，V_P=0.044，环境方差V_E=纯系V_A或V_B的值，即0.02，则$V_G=V_T-V_E$=0.024。

（2）遗传力　遗传力又称遗传传递力或遗传率，是指亲代传递其遗传特性的能力，分为广义遗传力和狭义遗传力。

广义遗传力是指一个群体内某种由遗传原因（相对于环境影响而言）引起的变异（V_G）在表现型变异（V_P）中所占的比例。也就是遗传方差占总方差的比值称为广义遗传力，通常用百分数来表示。即：

$$h^2_B = \frac{V_G}{V_P} \times 100\% \qquad h^2_B 为广义遗传力$$

上述西瓜群体单瓜重这个性状的广义遗传力为：

$$h^2_B = \frac{V_G}{V_P} \times 100\% = \frac{0.024}{0.044} \times 100\% = 54.5\%$$

广义遗传力越大，也就是遗传方差占总方差的比值越大，说明这个性状传递给子代的传递能力就越强，受环境的影响也就越小。上述计算结果说明，在单瓜重这个性状中，其变异值有一半稍多的部分是由基因决定而能够遗传的，另一半稍少的部分是由环境引起的，不能遗传。

遗传力的大小可以作为衡量亲代和子代之间遗传关系的标准。例如，按估测遗传力公式：

$h^2_B = \dfrac{V_{F_2}-V_{F_1}}{V_{F_2}} = \times 100\%$，测得西瓜6个性状的广义遗传力见表3-3。从表3-3可以看出，西瓜6个性状的广义遗传力大小顺序为：果形指数>生育期>瓜皮厚>单瓜重>果实可溶性固形物含量>单瓜种子数。从而说明果形指数(纵径/横径)性状的遗传传递力最大，以后代果形指数的表现型数据作根据选择理想的目标最有把握。

表3-3 西瓜6个性状的广义遗传力测定结果

性 状	生育期	单瓜重	果形指数	瓜皮厚	单瓜种子数	果实可溶性固形物含量
h^2_B（%）	85.32	81.10	94.56	81.99	27.05	57.40

实际上遗传型变量V_G通常还包括两部分：一是杂合的显性效应，即随着自交代数增加不断减少的那部分不稳定方差，叫做显性方差(V_H)；二是纯合的加性效应，即上下代可以固定遗传的那部分稳定方差，叫做加性方差(V_D)。用公式来表达即：

$$V_G = V_D + V_H$$

狭义遗传力(h^2_N)就是加性方差(V_D)在表型方差(V_P)中所占的比例，即：

$$h^2_N = \dfrac{V_D}{V_P} \times 100\%$$

如果不存在基因重组(营养繁殖、纯系的自交等)，狭义遗传力等于广义遗传力，即$h^2_N = h^2_B$；相反，如果有基因重组(杂交和杂合体自交)，则狭义遗传力比广义遗传力小，即$h^2_N < h^2_B$。

(3) 遗传进度 狭义遗传力比广义遗传力更为精确。在数量性状变异表现为正态分布的群体中(图3-2)，当人为地规定出选择界限值Xo以后，选出的个体数对总个数的比(q)称为选择率。原有总的个体平均值(M)和选出个体的平均值（M'）之差(i)，叫选择差。在同样条件下，继续在选择出的个体后代中观察，这时选择界限值以上的个体出现率为Q，经过选择后群体的平均值（M''）和原来群体的平均值(M)之差，即为遗传进度ΔG(图3-2)。

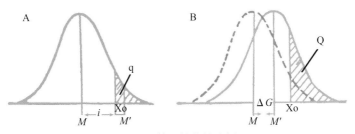

图3-2 数量性状的选择
A.选择世代的变异 B.后代的变异 Xo.界限值 q.选择率
i.选择差 Q.选择类型的比例 ΔG.遗传进度

遗传进度 ΔG 与选择差 i 之比叫现实遗传力，实际上就是狭义遗传力。即：

$$h^2 = \frac{\Delta G}{i} \qquad \Delta G = ih^2$$

在应用上述遗传进度 ΔG 的计算公式时，必须除去环境因素的干扰，即在等式两边同时除以标准差 σ（表型变量 V_P 的平方根值），使遗传进度 ΔG 和选择差 i 标准化，如下式：

$$\frac{\Delta G}{\sigma_P} = \frac{i}{\sigma_P} h^2$$

$$设 \frac{i}{\sigma_P} = K，则 \frac{\Delta G}{\sigma_P} = K h^2$$

K 可以称为标准化的选择差，又叫选择强度。K 值的含义是指在某一选择百分数（留种率）下，中选个体的平均数将超过原群体平均数多少个 σ_P（标准差）单位。当选择在较大样本中进行时，可以从正态分布表推出不同留种率(q)下的值 K（表3-4）。

表3-4 选择率与选择强度的关系

q (%)	1	2	3	4	5	10	20	30	40	50
K	2.67	2.42	2.27	2.15	2.06	1.75	1.40	1.16	0.97	0.80

$$因 \qquad h^2 = \frac{V_G}{V_P} = \left(\frac{\sigma_g}{\sigma_P}\right)^2 \qquad 又 \frac{\Delta G}{\sigma_P} = K h^2$$

$$故 \qquad \Delta G = K\sigma_P h^2 = K\sigma_P \left(\frac{\sigma_g}{\sigma_P}\right) h = K\sigma_g h$$

如将此式转换，用其亲代群体平均数(M)的百分数来表示，则可改写为：

$$\frac{\Delta G}{M} \times 100\% = \frac{K\sigma_g h}{M} \times 100\% = K\left(\frac{\sigma_g}{M}\right) h \times 100\%$$

$$因 \qquad \frac{\sigma_g}{M} \times 100\% = GCV \qquad GCV 为遗传变异系数$$

$$\Delta G(\%) = K \cdot GCV \cdot h$$

由此可知，育种工作者如果要提高遗传进度，增加有利目标性状（产量、品质、含糖量等）的选择效果，应从以下三方面着手：

第一，增加试验材料或群体遗传变异程度，即遗传变异系数 GCV 的值要大。为此，应首先在亲本选择上下工夫，应更广泛地搜集远地域不同生态型的地方品种和外地、外国的引进品种，包括野生和栽培类型的原始材料，利用杂交等多种手段，人工创造变异幅度大的（超亲范围大的）杂交群体和引变群体，以提高遗传进度。

第二，准确选择并提高群体性状的遗传力 h^2。通常采用的办法是加强试验设计和田间管理技术的控制，使环境高度一致，从而降低环境方差，减少环境对表现型方差的影响，从而达到提高遗传力传递值的效果。

第三，加大选择强度。办法是加大育种群体和减少留种值(选择百分数)，从而达到增大K的效果来提高选种的遗传进度。对西瓜来说，由于繁殖系数大，在育种实践中常可把中选率降低到5%或更低，从而加大K值，提高遗传进度。

(4) 遗传漂变　在育种的选择进程中，经常会出现由于群体包含的个体数太少，而错误地把有希望的类型遗失或淘汰的情形。因为个体数受到限制，某个基因和基因型被偶然丢失，结果使群体的基因和基因频率产生偏离，这种现象叫遗传漂变。

假设在某个育种计划中，有希望类型的出现概率是1%(p=0.01)，而育种家要求有99%的把握最少得到一个这样的类型(频率$a = 0.99$)，那么所需要种植的群体最小个体数n应满足$(1 - p)^n \leqslant 1 - a$的要求，即需要栽植的个体数$n \geqslant \dfrac{\lg(1-a)}{\lg(1-p)}$，上述$p$=0.01，$a$=0.99时，必须栽植的个体数n=460。在这样大的群体下才有把握防止有望类型的遗传漂变。

（六）主要性状的遗传规律及其利用

了解西瓜主要性状的遗传规律对培育新品种和利用杂种优势具有重要的指导意义。下面就已经研究过的西瓜的几个主要性状的遗传规律及其利用予以叙述。

1. **西瓜种子性状的遗传与利用**　控制西瓜种子性状的基因共有10个，其中控制种皮颜色的有3个，即r、t和w，它们分别为控制红色、棕褐色和白色种皮的基因。这3个基因的交互作用产生6种表现型：黑色($RR\ TT\ WW$)、土色($RR\ TT\ ww$)、棕褐色($RR\ tt\ WW$)、白色带棕褐色种尖($RR\ tt\ ww$)、红色($rr\ tt\ WW$)和白色带粉红色种尖($rr\ tt\ ww$)。控制种皮颜色的第4个基因d是一个修饰基因，当r、t和w为显性时产生黑色或黑色带斑点种皮，即$RR\ TT\ WW\ DD$是黑色种子、$RR\ TT\ WW\ dd$是黑色带斑点种子，但该基因对其他种皮颜色基因型没有影响。这4个基因对在一些野生种质中找到的绿色种皮颜色没有作用。

控制种子大小的基因有4个，基因s和l分别为短(小)种子和长(大)种子基因，l与s互作，s对l呈上位，长种子对中等长或短种子呈隐性。基因型$LL\ SS$为中等大小种子，$ll\ SS$为长种子，$LL\ ss$或$ll\ ss$为短种子。微小种子基因Ti是与s和l基因不同的基因，该基因对中等大小种子呈显性，由单一的显性基因控制。番茄样种子比短种子(基因型$ll\ ss$)更短更窄，其宽度和长度分别为2.6mm和4.2mm，这一特性由ts基因控制，其基因型为$LL\ ss\ tsts$。

基因cr控制裂皮种壳性状。瓜子种子特性由eg基因控制，其种子有肉质果皮覆盖种子，但经过清洗和干燥后，这种种子很难与普通类型的光皮种壳(非裂皮种壳)种子区别开来。

掌握控制西瓜种子性状的有关基因的遗传规律，可为杂种一代育种(包括三倍体无籽西瓜育种)的亲本选配提供指导。例如，西瓜品种一般要求种子(或无籽西瓜的秕籽)较小，由于短(小)种子s对长(大)种子l上位，小种子品种与大种子品种杂交，其F_1

代为小种子，所以一般选择小种子亲本作F₁代的父本。

2. **西瓜叶片性状的遗传与利用** 控制西瓜叶片特性的基因有9个。全缘叶缺少裂刻，是一种波状叶，由基因*nl*控制，全缘叶呈不完全显性。绝大多数西瓜品种的叶片都有深缺刻，植物学上称之为羽状或二回羽状裂，但也有少数叶片无缺刻或稍有浅裂的全缘叶(甜瓜叶)西瓜品种。幼苗叶片斑驳与病毒侵染幼苗引起的斑驳相似，其控制基因*slv*是单隐性基因，与抗冷凉伤害的显性等位基因*Ctr*连锁或具有多效性。黄叶基因*Yl*导致叶片黄色，黄叶对绿叶是不完全显性。苍白叶基因*pl*是早在子叶期能够观察到的浅绿色子叶的叶绿素自发突变基因。叶片延迟变绿基因*dg*导致子叶和前几节的叶片为淡绿色，后来生长的叶片为正常的绿色，*dg*对*I–dg*呈下位。叶片延迟变绿的抑制基因*i–dg*使叶片为正常绿色，甚至当基因型为*dgdg*时叶片也为正常绿色，基因型*I–dg I–dg dgdg*的植株为淡绿色，*i–dg i–dg dgdg*植株正常。当西瓜植株生长在短日照条件下时，白化苗基因*ja*导致幼动组织、叶缘和果皮的叶绿素减少。金黄色突变由单隐性基因*go*控制，茎和老叶都是金黄色，当果实成熟后也是金黄色。*go*基因的典型株系是Royal Golden。显性基因*Sp*导致在子叶、叶片和果实上形成圆形黄色斑点，在果实上出现被称为"星星"和"月亮"的图案。

全缘叶、苍白叶、叶片延迟变绿等分别控制西瓜叶片性状的基因*nl*、*pl*和*dg*，在杂交种子生产上可作为苗期标志性状进行F₁代种子的纯度鉴定。例如，用全缘叶母本与非全缘叶父本杂交，F₁代苗期可根据全缘叶标志基因进行种子纯度鉴定，还可在苗期淘汰非杂种苗(全缘叶母本)。前苏联早在1964年就将全缘叶型西瓜品种甜瓜叶与普通缺刻叶西瓜品种杂交，采用自然授粉方法获得F₁品种哈尔科夫少先队员，他们从全缘叶母本上采种，苗期根据全缘叶标志基因淘汰非杂种苗(全缘叶母本的纯系)的办法，大面积制种F₁，从而为西瓜杂交制种开辟了简化途径，实现了杂种一代种子的简化制种。

3. **西瓜藤蔓性状的遗传与利用** 控制西瓜藤蔓性状的基因有5个，包括影响西瓜茎长和植物习性的4个矮化基因和1个无卷须基因。对于西瓜蔓长的遗传，长蔓对短蔓显优势，一般认为长蔓对短蔓为不完全显性，长蔓与短蔓杂交，F₁表现为中间型偏长。矮化基因*dw–1*和*dw–1s*是等位基因；*dw–1*、*dw–2*和*dw–3*是非等位基因。*dw–1*植株的细胞由于比正常植株类型的少而短，所以其植株的节间短。具有*dw–1s*基因的植株蔓长介于正常植株和矮化植株之间，其下胚轴比正常植株的稍长，但比矮化植株的长很多。*dw–1s*基因对正常植株呈隐性。具有*dw–2*基因植株的细胞比正常植株的少，所以其植株的节间短。具有*dw–3*基因植株的叶片比正常叶片的裂刻小，为正常叶与全缘叶的中间类型。马国斌等(2004)通过2份矮生西瓜材料的生物学特性和矮生基因遗传特点的分析研究表明，短蔓西瓜P1的蔓型是由2对独立遗传的隐性基因控制的，其基因型为*dw-1dw-1dw-2dw-2*，属双隐性矮生类型，表现为短蔓；中蔓西瓜P2的蔓型是由1对隐性基因控制的，其基因型为*Dw-1Dw-1dw-2dw-2*，属单隐性矮生类型，表现为中蔓；普通的长蔓西瓜P3则不含有该隐性纯合基因，基因型为*Dw-1Dw-*

$1Dw$-$2Dw$-2。

从现代育种的观点来看，长蔓是不利的性状，最好的西瓜品种应为紧凑丛状形，这样才便于机械操作和田间管理。随着设施栽培的普及，客观上为矮生西瓜品种的开发提供了良好的机遇。矮生西瓜最大的优点是其矮生性，栽培管理方便，宜于进行简易覆盖设施栽培，可以成倍提高种植密度，提高产量，且不需搭架和吊绳。因此，矮生类型的西瓜品种因其特殊的优势，在生产中具有广阔的应用前景。

少侧蔓突变(无权西瓜)的特点是分枝集中在植株基部的1~5片真叶的叶腋，在主蔓的中、上部绝少出现分枝，由1对隐性单基因bl(branchless)所控制。由于该基因导致第5或第6节之后分枝无卷须，所以后来将无分枝基因bl改为了无卷须基因tl。由于这种植株只有正常植株类型一半的分枝，其营养分生组织逐渐变成花，卷须和营养芽被花取代(大部分是完全花)，所以这种植株类似于有限生长类型。该突变的主蔓分枝少，减轻了大面积西瓜田间管理中的打权作业强度，利用无卷须基因tl可以选育出不需要整枝的、分枝少的西瓜品种，实现简约化栽培。

4. 西瓜花性状的遗传与利用　控制西瓜花性状的基因共有8个，其中控制性别的基因2个，控制花颜色的基因1个，控制雄性不育的基因5个。

基因a控制西瓜雌雄异花同株(AA)与雄花两性花同株(aa)性别的表达，雄花两性花同株植物既有雄花又有完全花，类似于野生类型。全雌株突变由单隐性基因gy控制。淡绿色的花由单隐性基因gf控制。

西瓜的雄性不育是由1对核雄性不育隐性基因所控制，已报道的雄性不育基因有5个：基因gms是唯一与无茸毛叶相联系的基因，其雄性不育由染色体不联会引起；基因ms-1产生小的、收缩的花药和败育的花粉；基因ms-dw出现矮化现象，并且这个矮化基因与3个已知的矮化基因不同，它被称为短蔓雄性不育；基因ms-2是一个具有正常的高结实率的雄性不育自发突变基因；基因ms-3是一个具有独特叶片特性的雄性不育突变基因。

全雌株类型对杂交种子生产和栽培品种的集中坐果都很有用。雄性不育已被用于杂交种子生产，但雄性不育基因gms、ms-1和ms-dw也降低雌花的育性，制种时往往导致种子产量低，所以这些雄性不育用于杂交种子生产并不很成功。具有高结实率的雄性不育基因ms-2的发现，将使雄性不育在杂交种子生产上得到更广泛的应用。

5. 西瓜瓤色和果实形状等的遗传与利用　控制西瓜瓤色和果实形状等的基因共有11个，其中控制西瓜瓤色的基因有7个，控制果实形状、果皮特性和果肉苦味的基因共有4个。

影响西瓜果型的基因非常受关注，果实形状由单一的不完全显性基因O控制，使西瓜果实呈长形(OO)、椭圆形(Oo)或圆球形(oo)。果实表面沟痕由单一基因f控制，该基因对果实表面光滑(F)呈隐性。基因e导致切瓜时果皮容易破裂，其等位基因E则表现为韧皮。韧皮是衡量栽培品种具有贮运能力的一个重要果实特性。果皮的坚韧性似乎与果皮厚度关系不大。单隐性基因*su*可以消除普通西瓜(*Citrullus lanatus*)果实中的苦味，*su*与药西瓜(*C.colocynthis*)果实中的苦味显性基因*Su*是等位基因。药西瓜中的苦味由基因型*Su Su*控制。

西瓜果肉颜色由7个基因控制，可以产生大红、红色、橙色、橙黄色、金丝雀黄色或白色的果肉，调节果肉颜色的基因有*B*、*C*、*i–C*、*Wf*、*y*和*y–o*。黄色果肉(*B*)对红色果肉是显性，白色果肉基因*Wf*对*B*是上位，所以基因型*WfWf BB*或*WfWf bb*的表现型都是白色果肉，*wfwf BB*是黄色果肉，而*wfwf bb*是红色果肉。金丝雀黄色果肉基因*C*对其他颜色果肉基因*c*呈显性，金丝雀黄色果肉对红色果肉呈显性。*i–C*对*C*起抑制作用，导致红色果肉。如果没有*i–C*，*C*对*Y*是上位。红色果肉基因*Y*对橙黄色果肉基因*y*呈显性。橙色果肉基因*y–o*是同一位点多个等位基因系中的一员，其中*Y*(红色果肉)对*y–o*(橙色果肉)和*y*(橙黄色果肉)呈显性，并且*y–o*(橙色果肉)对*y*(橙黄色果肉)呈显性。单显性基因*Scr*产生大红色果肉，而不是浅颜色的红色果肉(*scr*)。

利用控制西瓜果实形状和瓤色的基因及其遗传规律进行育种，采用常规育种方法可以选育出不同形状和瓤色的西瓜品种。另外，由于易裂果皮基因(*e*)是隐性性状，所以在组合选配时，具有易裂果皮的亲本一般需要与具有韧皮性状的亲本进行杂交。

6. 西瓜果皮颜色与花纹性状的遗传与利用　　控制西瓜果皮颜色与花纹性状的基因共有8个，其中*go*和*Sp* 2个基因既控制西瓜的皮色又控制叶片颜色。果实金黄色是由单隐性基因*go*控制的，果实未成熟时为深绿色果皮，成熟后变为金黄色，其茎与较老的叶片也变成金黄色，但大量试验表明，西瓜的黄皮性状为显性或不完全显性遗传。黄皮西瓜不论作母本或父本，与果实呈绿皮或花皮的品系杂交，杂交一代成熟果实的皮色表现型均是黄色，仅黄色的深浅或花纹随另一亲本皮色的深浅或花纹而异，凡是另一亲本其果皮绿色深者，其F₁代果实的黄色也深。非黄色果皮上的深色及花纹(黑色、深绿色条带)均能使黄色加深，而不能覆盖黄色。西瓜果皮黄色性状的显现，还随果实发育而发生转换，并受外界环境影响。一般幼果期和膨瓜期果实黄色不明显，进入结瓜后期果皮上的叶绿素才逐渐消失，呈现黄色。当外界环境使果实光照不足，如长期接触地面的果实背阳部位，常出现绿晕或绿色斑点。果皮黄色和叶脉、叶柄黄色是受同一基因控制，是同一种花青素在不同器官的表现。这一特征可用作杂种一代的指示性状。*Sp*基因的典型株系是Moon and Stars。*Sp*的特性在淡绿色果实上很难识别，但在中绿色、深绿色、灰色或有条纹的果实上很容易观察到。这个产生斑点的基因*Sp*在像Moon and Stars这样的栽培品种上可以产生特殊的效果。

基因*g*、*G*和*g–s*分别产生浅绿色、深绿色和有条纹的果皮。浅绿色果皮(*g*)对深绿色(*G*) 和绿条带(*g–s*)呈隐性，绿条带果皮对深绿色呈隐性，但对浅绿色皮呈显性，同一位点的3个等位基因*g*、*G*和*g–s*决定果皮的花纹。

斑驳果皮基因*m*产生具有独特绿白色斑点的中–深绿色果皮，通常在深绿色果皮上随机分布不规则的淡绿色斑点，一般认为由单隐性基因遗传。基因*p*控制本色果皮上很窄的线条，其典型株系Japan 6的果皮上有不显眼的淡绿色条纹，对网纹果实呈隐性，所以其等位基因P产生有网状的类型。由调节西瓜果皮颜色和花纹的已知基因产生的纯合基因型有以下表现型：$GG\ MM\ PP$或$GG\ MM\ pp$为深绿色；$GG\ mm$为有斑点的深绿色；$gg\ MM$为淡绿色；$gg\ MM\ pp$为果皮上有细线条；$gg\ PP$为黄绿色或灰色；$gsgs\ PP$为有网纹的中等条纹。

间歇条纹基因ins的隐性基因型在果肩部位产生窄暗条纹，在果实中部条纹变得不规则，在靠近果脐的部位几乎没有条纹，这与西瓜品种Crimson Sweet不同。西瓜Crimson Sweet果实上的条纹从果肩到果脐都是相当一致的。黄肚或黄色地面斑由单一的显性基因Yb控制，其隐性基因型(如西瓜品种Black Diamond)的地面斑是白色的。

研究控制果皮颜色与花纹的g、g–s、m、p和其他基因，以确定交互作用和选育具有多种花纹的自交系，不仅可以丰富西瓜的基因库，而且有望选育出适合各种消费需求的丰富多彩的西瓜品种。

7. 西瓜的抗性遗传与利用　已报道的西瓜抗性基因共有11个，其中抗病基因8个，抗虫基因2个，抗冷凉性基因1个。

关于西瓜抗枯萎病(*Fusarium oxysporum* f. sp.*niveum*)遗传规律的研究，国内外学者的试验结果不尽相同，但大量研究结果都表明，西瓜枯萎病抗性的遗传是受单基因控制的显性遗传。对西瓜枯萎病生理小种1的抗性由单显性基因Fo–1控制，具有Fo–1的抗源有Calhoun Gray和Summit。

西瓜炭疽病(*Colletotrichum lagenarium*)抗性由1对显性基因控制。对炭疽病生理小种1和3的抗性由单显性基因Ar–1控制，具有Ar–1的抗源有Africa 8、Africa 9、Africa 13和Charleston Gray；对炭疽病生理小种2的抗性由单显性基因Ar–2–1控制，具有抗性等位基因Ar–2–1的抗源有香橼W695和PI 189225、PI 271775、PI 271779、PI 299379。

西瓜蔓枯病［*Didymella bryoniae* (Auersw.) Rehm］抗性由单一的隐性基因db控制。基因db来源于PI 189225；Db来源于Charleston Gray。西瓜抗白粉病(*Sphaerotheca fuliginea*)种质PI 482246的抗性由1对不完全隐性单基因控制，但一个高感白粉病的单隐性基因pm在引进品种PI 269677上已经被发现，PI 269677对白粉病生理小种1W和2W高度感病，Pm来源于Sugar Baby和大多数栽培品种。

西瓜资源PI 244017、PI 244019和PI 485583抗番木瓜环斑病毒西瓜菌株，由单隐性基因prv控制。中抗小西葫芦黄花叶病毒基因已在西瓜的4个地方品种中被发现，但仅抗这个病毒的佛罗里达菌株，抗性由单隐性基因zym–FL控制；高抗小西葫芦黄花叶病毒佛罗里达菌株的品种(PI 595203)已被发现，它由单隐性基因zym–FL–2控制。PI 595203为抗小西葫芦黄花叶病毒中国菌株，并由单隐性基因zym–CH控制。

瓜实蝇(*Dacus cucurbitae*)抗性由单显性基因Fwr控制。南瓜红守瓜(*Aulacophora faveicollis*)由单显性基因Af控制。西瓜的抗逆性也被发现，幼苗在温度低于20℃的条件下生长时，经常出现叶面斑驳和正常生长受阻，持续低温导致更明显的叶面症状、畸形和生长迟缓。单显性基因Ctr提供了西瓜的抗冷凉性。

研究西瓜的抗病基因及其遗传规律是抗病育种的基础。利用抗病基因的遗传规律充分挖掘西瓜的抗病资源可以选育出抗枯萎病、抗炭疽病等病害的品种。抗冷凉性基因Ctr是一个非常有用的抗逆基因，利用这个基因有望选育出生产上需要的适合早春设施栽培的耐低温特早熟品种。

8. **数量性状的遗传与利用**　在西瓜的生育期、单瓜重、果形指数、瓜皮厚、单瓜种子粒数、果实中心含糖量等数量性状中，以单瓜种子粒数和单瓜重变异系数最大，其次是瓜皮厚度；变异系数最小的是生育期，其次是果形指数、果实含糖量。即西瓜单瓜种子数和单瓜重变异程度较大，而生育期、果形指数和果实含糖量变异程度较小。说明单瓜种子数和单瓜重的遗传力较低，而生育期和果形指数的遗传力较高。在西瓜的育种过程中，生育期、果形指数等性状可以在早世代进行选择，并能够在后代中固定下来；而单瓜种子粒数受环境条件影响很大，很难在早期世代稳定。单瓜重和瓜皮厚度的广义遗传力虽然较高，但因为这些性状由环境引起的变异也较大，而基因相加效应变量(V_D)较小，所以在早期世代进行个体选择的效果往往不够理想。果实含糖量虽然广义遗传力较小，但由于基因相加效应变量较大，环境变量又较小，所以选择效果不明显，应先混种几年后，待显性效应减少，而遗传力随世代的增加而提高后，再进行单株选择，效果会更好。

西瓜不同经济性状的选择效果不同。在西瓜果实的5个主要经济性状中，以单瓜种子粒数的选择效果最好，其次是单瓜重，而果形指数、瓜皮厚度和果实含糖量的选择效果较差。这表明西瓜的单瓜重、单瓜种子粒数在早期世代不易稳定，但选择效果较好，因而可适当地增加入选率，以防漏选最优良单株。而对于果形、瓜皮厚薄和甜度等性状，则应提高选择强度，即适当提高入选标准，减少入选率，以压缩选种圃面积，减少人力物力，降低育种成本。

生育期、果形指数和果实含糖量等性状主要决定于基因相加效应，两个纯合亲本杂交后，F_1的这类数量性状等于中亲值，不出现显著的杂种优势。所以，如果要想改良上述性状时，必须采用两个基因型完全不同的纯合亲本先杂交，再使F_1自交，然后在F_2或F_3中选择超亲分离出来的优良单株。

单瓜重和瓜皮厚度等性状的遗传力较高，环境变量也较大，显性作用变量也较大，而基因相加效应变量较小。因此，当基因型不同的两个纯合亲本杂交后，F_1的这类性状将会出现不同程度的杂种优势，有的单株甚至会超过其高亲值。

单瓜种子粒数的遗传力较低，而环境变量、显性作用变量和基因相加效应变量都很大，所以只有在严格控制环境条件，增加选择世代的情况下，才会育成稳定的优良单系。

张帆(2004)对西瓜品质性状的遗传研究结果认为，各品质性状的遗传力差异较大，中心部位、边缘部位可溶性固形物含量、总糖含量、果糖含量、葡萄糖含量、蔗糖含量、纤维含量、果胶含量和茄红素含量等品质性状的广义遗传力和狭义遗传力均较高，说明环境对这些性状影响较小，基因加性效应起主要作用，早期直接选择比较好。

一般认为，西瓜F_1代的可溶性固形物含量表现超中优势普遍，但优势强度不大，双亲可溶性固形物含量相近，其大都超亲。西瓜杂种一代在单株产量方面出现超中优势也比较普遍。梁耀平等(2011)的研究结果表明，西瓜杂种优势最强的是坐果指数，其次为单瓜重、小区产量、中心糖含量；超亲优势最强的为坐果指数，其次为中心糖含量、单瓜重、小区产量。

二、四倍体西瓜的遗传学基础

四倍体西瓜由于其细胞中的染色体数比原二倍体增加了1倍，因而它的遗传规律比二倍体复杂得多，而且具有自身的规律。四倍体西瓜的每个染色体组包括4个同源染色体。在减数分裂的中期Ⅰ同源染色体必须配对(联会)。每条染色体与其他3条同源染色体联会时，由于在染色体的任何区段内只能是2条染色体间的联会，因此4条同源染色体中，每2条染色体间的联会只能是局部的，联会很松弛，还会发生联会提早解离或不联会现象。于是在中期Ⅰ便会出现几种不同的情况：一种是形成1个四价体（Ⅳ）；另一种是形成1个三价体和1个单价体（Ⅲ＋Ⅰ）；第三种是形成2个二价体（Ⅱ＋Ⅱ）；第四种是形成1个二价体和2个不联会的单价体（Ⅱ＋Ⅰ＋Ⅰ）等多样性的变化(图3-3)。

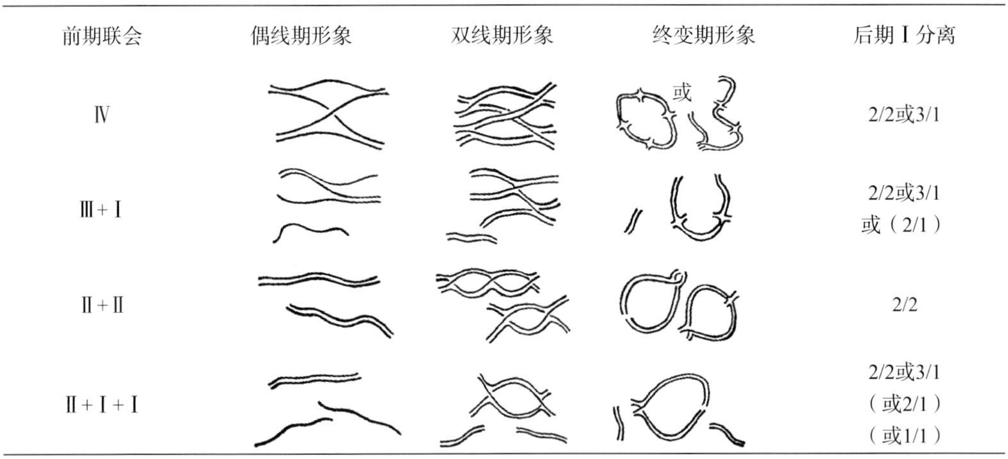

前期联会	偶线期形象	双线期形象	终变期形象	后期Ⅰ分离
Ⅳ			或	2/2或3/1
Ⅲ＋Ⅰ				2/2或3/1 或（2/1）
Ⅱ＋Ⅱ				2/2
Ⅱ＋Ⅰ＋Ⅰ				2/2或3/1 （或2/1） （或1/1）

图3-3　同源四倍体每个同源组染色体的联会与分离

也就是说，联会时因每条同源染色体配对起始点的数目、距离远近、染色单体是否发生交换的不同，可以形成二价体(Ⅱ)、四价体(Ⅳ)、三价体(Ⅲ)和单价体(Ⅰ)及早解离等情况。当同源染色体只有1个配对起始点而不发生染色单体间交换时，形成2个二价体(Ⅱ＋Ⅱ)；当2个同源染色体有2个以上配对起始点和染色单体间可能发生交换时，2个同源染色体的4条染色单体可以形成1个四价体，或者1个三价体和1个单价体，或1个二价体和2个单价体等多样性变化。到了减数分裂后期，染色体分向两极时，就会出现2/2或3/1等分离方式，前者是均衡分离，后者则是不均衡分离。后期Ⅰ除了Ⅱ+Ⅱ的联会只产生2/2式的均衡分离外，其余3种联会可能形成2/2式均衡分离或3/1式不均衡的分离(图3-3)。不均衡分离势必造成同源四倍体配子内的染色体数和组合成分的不平衡，从而造成同源四倍体的部分配子不育及其子代染色体数的多样性变化，即产生非整倍体。因此，四倍体西瓜同普通二倍体西瓜相比较，其育性要低得多。同源四倍体的育性低，除了染色体行为不规则外，基因型的不平衡和生殖生理上受到干扰也是一个重要原因。尽管如此，同源四倍体的染色体分离主要还是2/2式的均衡分离，大多数配子是正常可育配子，子代基本上都是四倍体。

(一) 基因的分离与组合

西瓜同源四倍体的基因分离规律远比二倍体的复杂。因为同源四倍体的染色体分离虽然主要是2/2式的均衡分离，但这种分离依其基因距离着丝点的远近有很大影响，因而产生3种基因分离方式。当基因 (如A-a) 在某一同源组的四个染色体上距离着丝点较近，染色体在基因和着丝点之间不发生非姊妹染色单体的交换时，该基因表现为染色体随机分离；当基因距离着丝点的距离较远时，基因与着丝点之间发生非姊妹染色单体的交换时，该基因就可能表现为完全均衡分离；还有一种虽不发生非姊妹染色单体间的交换，但也不随染色体随机分离，而是以染色单体为单位随机分离，叫做染色单体随机分离。同源四倍体的基因分离主要是染色体随机分离和完全均衡分离两种方式，染色单体随机分离方式很少。

就1对基因来讲，二倍体只有1种杂合体形成，如Aa。而四倍体的遗传比较复杂，有3种杂合体，即：AAAa (三显体，也称"三式")；AAaa (二显体，也称"复式"或"双式")；Aaaa (单显体，也称"单式")。下面以1对同源等位基因A和a的同源四倍体的基因分离和自由组合为例，分析3种杂合基因型：三式AAAa (简写为A^3a)、双式AAaa (简写为A^2a^2) 和单式Aaaa (简写为Aa^3)的基因分离形式的配子种类及其比例，配子自由组合形成的基因型及其比例，以及自交和测交的显隐关系。

在染色体随机分离方式下，三式杂合体A^3a由于基因距着丝粒很近，基因与着丝粒之间很难发生非姊妹染色单体之间的交换，这个基因的分离方式表现为染色体以2/2式随机分离到配子、回交和自交后代中，在这种分离方式下产生AA和Aa两种配子，其比例为1：1(图3-4)，A对a为显性，自交子代看不到分离现象，即使用aaaa (简写为a^4) 回交也不会出现a^4个体，F_2 (即S_1)产生A^4、A^3a和A^2a^2三种基因型个体，其比例为1：2：1，全部表现为显性。同理，双式杂合体A^2a^2产生AA、Aa和aa三种配子，其比例为1：4：1。也就是说，有1/6的aa配子，用a^4测交，产生1/6的a^4个体，显性个体与隐性个体的比为5：1。F_2 (即S_1) 产生A^4、A^3a、A^2a^2、Aa^3和a^4五种基因型的个体，其比例为1：8：18：8：1，其中a^4个体占1/36，即显性个体和隐性个体的比为35：1。单式杂合体Aa^3产生Aa和aa两种配子，其比例为1：1，用a^4测交，显性个体与隐性个体的比为1：1。F_2(即S_1)出现A^2a^2、A^3a和a^4三种基因型，其比例为1：2：1，其

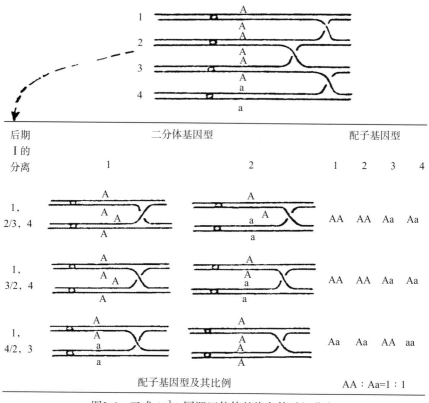

图3-4 三式 (A³a) 同源四倍体的染色体随机分离

中a⁴个体占1/4，即显性个体和隐性个体的比为3：1。Aa³的染色体随机分离的显隐关系很像二倍体的分离(表3-5)。

表3-5 染色体随机分离方式下杂合同源四倍体的基因分离组合比较

亲代基因型	配子种类及其比例 AA：Aa：aa	测交后代中		F₂代基因型种类及其比例 A⁴：A³a：A²a²：Aa³：a⁴	F₂表型 显：隐
		显：隐	隐%		
A³a	1：1：0	全显	0	1：2：1：0：0	全显
A²a²	1：4：1	5：1	16.67	1：8：18：8：1	35：1
Aa³	0：1：1	1：1	50.00	0：0：1：2：1	3：1

在完全均衡分离方式下，因为基因距离着丝点的距离很远，非姊妹染色单体在基因与着丝点之间发生交换，于是出现完全均衡分离。发生交换的这两条染色体发生邻近式分离，这两条染色体同往一极，然后在后期Ⅱ两条染色体的染色单体随机分离，这样使来自不同染色体的相同等位基因有机会组合在1个子细胞里。换句话说，原来在同一染色体的两条染色单体上的相同等位基因因交换而分开到

两条同源染色体上，由于邻近式分离和后期Ⅱ染色单体的随机组合，这2个相同的等位基因又组合在一起。A^3a在完全均衡分离方式下产生AA、Aa和aa三种配子，其比例为13：10：1。用a^4测交所得后代中显性与隐性个体的比为23：1。F_2代中出现A^4、A^3a、A^2a^2、Aa^3和a^4五种基因型，其比例为169：260：126：20：1，其显隐个体比为575：1。这样在三式同源四倍体A^3a的测交后代和F_2代中都出现了隐性个体a^4(图3-5)。同理，双式杂合体A^2a^2产生AA、Aa和aa三种配子，其比例为2：5：2，用a^4测交的后代中显隐个体的比为7：2。F_2代自交产生A^4、A^3a、A^2a^2、Aa^3和a^4五种个体，其比例为4：20：33：20：4，它们的显隐比为77：4。单式杂合体Aa^3产生AA、Aa和aa三种配子，其比例为1：10：13，测交后代出现显性个体与隐性个体的比为11：13。F_2代自交出现A^4、A^3a、A^2a^2、Aa^3和a^4五种个体，其基因型比例为1：20：126：260：169，其显性个体与隐性个体比为407：169(表3-6)。在完全均衡分离方式下三种杂合同源四倍体所产生的配子中，隐性配子的百分率比染色体随机分离的隐性配子的百分率要高一些，同样，在测交后代中和F_2代中隐性个体的百分率也比染色体随机分离的高。

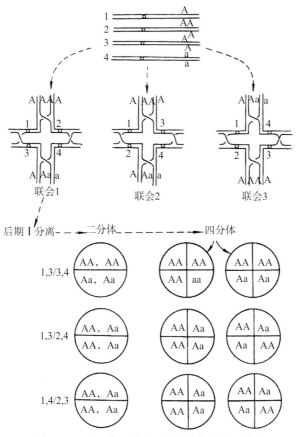

图3-5　三式(A^3a)同源四倍体的完全均衡分离

表3-6 全均衡分离方式下杂合同源四倍体的基因分离组合比较

亲 代基因型	配子种类及其比例 AA : Aa : aa	回交后代		F_2代基因型种类及其比例 A^4 : A^3a : A^2a^2 : Aa^3 : a^4	F_2表型显 : 隐
		显 : 隐	隐%		
A^3a	13 : 10 : 1	23 : 1	4.167	169 : 260 : 126 : 20 : 1	575 : 1
A^2a^2	2 : 5 : 2	7 : 2	22.22	4 : 20 : 33 : 20 : 4	77 : 4
Aa^3	1 : 10 : 13	11 : 13	54.17	1 : 20 : 126 : 260 : 169	407 : 169

在染色单体随机分离方式下，A^3a杂合体产生AA : Aa : aa三种配子，其比例为15 : 12 : 1，用a^4回交后代的显隐个体比为27 : 1。F_2代自交个体中的基因型有A^4、A^3a、A^2a^2、Aa^3和a^4五种，其比例为225 : 360 : 174 : 24 : 1，显隐个体比为783 : 1。同理可得A^2a^2和Aa^3两种杂合体的配子种类和比例，测交后代和F_2代自交个体的显隐比可见表3-7。

表3-7 染色单体随机分离下杂合同源四倍体基因分离组合比较

亲 代基因型	配子种类及其比例 AA : Aa : aa	回交后代中		F_2代基因型种类及其比例 A^4 : A^3a : A^2a^2 : Aa^3 : a^4	F_2表型显 : 隐
		显 : 隐	隐%		
A^3a	15 : 12 : 1	27 : 1	3.57	225 : 360 : 174 : 24 : 1	783 : 1
A^2a^2	3 : 8 : 3	11 : 3	21.43	9 : 48 : 82 : 48 : 9	187 : 9
Aa^3	1 : 12 : 15	13 : 15	53.57	1 : 24 : 174 : 360 : 225	559:225

多对等位基因的同源四倍体的双式杂合体AAaaBBbbCCcc……的基因分离组合是上述各对应组合、表型比例的r次幂二项式的展开式或它们之间的乘积 (r表示基因对数)。以表型比为例，染色体随机分离方式为$(35+1)^r$，完全均衡分离方式为 $(77+4)^r$，染色单体随机分离方式为 $(187+9)^r$。

(二) 杂交后代的分离

以控制1对相对性状的2个同源四倍体A^4和a^4杂交产生双式杂合体A^2a^2为例，分析杂交后代采用多代自交方式进行纯合的基因分离规律如图3-6。

双式杂合体A^2a^2的S_1代产生五种基因型A^4、A^3a、A^2a^2、Aa^3和a^4，其基因比例为1 : 8 : 18 : 8 : 1。表型比为35A : 1a。杂合个体占$\frac{34}{36}=\frac{17}{18}=0.9444$，即杂合率为94.44%。这五种基因型中除$A^4$和$a^4$已经纯合不再分离以外，其余三种杂合个体 ($A^3a$、$A^2a^2$和$Aa^3$) 自交继续分离。在$S_2$代中又产生$A^4$、$A^3a$、$A^2a^2$、$Aa^3$和$a^4$五种基因型，其比例为7 : 16 : 26 : 16 : 7，杂合个体占$\frac{58}{72}=\frac{29}{36}=0.8056$，杂合率为80.56%，$S_2$比$S_1$杂

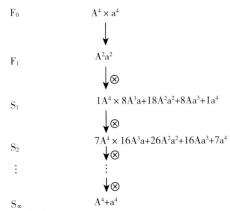

图3-6　同源四倍体A^4和a^4杂交后代A^2a^2多代自交进行基因纯合示意

合率降低13.88%。全部杂合型在n代群体中的比率可由公式$H_n = \dfrac{7}{5} \times \left(\dfrac{5}{6}\right)^{n+1} - \left(\dfrac{1}{6}\right)^{n+1}$

求得。相邻世代间的杂合率的递减关系可由公式$H_n = H_{n-1} - \dfrac{5}{36}H_{n-2}$求得。例如在第四代

的杂合率：$H_4 = \dfrac{7}{5}\left(\dfrac{5}{6}\right)^{4+1} - \left(\dfrac{1}{6}\right)^{4+1} = 0.5625 = 56.25\%$；同样可计算出在第三代的杂合

率：$H_3 = 0.6744 = 67.44\%$。S_4的相邻世代S_5的杂合率：$H_5 = 0.5625 - \dfrac{5}{36} \times 0.6744 =$

$0.4688 = 46.88\%$。

　　同源四倍体的三种分离方式下杂合率递减速率不一样，以染色单体随机分离杂合率递减速率最快，其次是完全均衡分离，以染色体随机分离杂合率递减速率最慢。但同源四倍体杂交后代自交各世代的杂合率下降速率，不管哪种分离方式，都比二倍体自交过程中杂合率的下降速率慢。这对于得到纯合的四倍体品种虽然不利，但这种四倍体类型的多样性有助于一个品种适应性的提高。而且在同源四倍体中，由于保存杂合性的能力更强，基因组合的形式也更多，因此有可能比二倍体提供更大的选择余地和获得更强的适应潜能。

　　（三）回交后代的纯合化速率

　　同源四倍体的杂合体，如果与任一纯合亲本回交，可以大大加快其纯合速率，也就是说可以大大加快杂合率的降低速度。杂合同源四倍体回交某一代(n)的杂合率HB_n可由公式$HB_n = \left(\dfrac{1}{2}\right)^{n-1} - \left(\dfrac{1}{6}\right)^n$求得。例如，利用此公式可以求得，回交一代杂合

化率：$HB_1 = \left(\dfrac{1}{2}\right)^{1-1} - \left(\dfrac{1}{6}\right)^1 = 83.33\%$，同样可求得$HB_2 = 47.22\%$，$HB_3 = 24.54\%$，

$HB_4 = 12.24\%$，$HB_5 = 6.24\%$，$HB_6 = 3.123\%$，$\cdots$，$HB_{10} = 0.195\%$，$\cdots$。由以上数据不

难看出，杂合同源四倍体的回交比自交杂合率的下降速率快，而且随着世代的增加下降速率更快。在第一代 HB_1 只比 HS_1 低11.11%，而到第二代就低33.34%，到第五代就要低40.64%，到回交6代基本纯合了，而自交则要到第二十代才达到回交6代的纯合水平。

与二倍体的回交相比，杂合同源四倍体回交后代的纯合化速率，即杂合率的降低速率一开始下降较慢，在第一代比二倍体杂合率高33.33%，但随着世代的增加下降速率加快，到第四代只比二倍体高5.99%，到第六代达到二倍体第五代的水平，即基本纯合了。可见，采用回交的方法可以大大加快杂合同源四倍体的纯合化速率。

（四）同源四倍体随机交配群体的平衡

当群体内某一位点上基因A的频率为p，基因a的频率为 1 − p = q 时，二倍体随机交配群体的遗传平衡是按照Hardy-Weinberg规律建立的。群体基因型的平衡状态为：$p^2A^2 : 2pqAa : q^2a^2$。

同源四倍体群体的遗传平衡状态，根据基因位点分离方式的不同有三种情况：

在染色体随机分离方式进行分配的情况下，群体的配子频率将是：$p^2A^2 : 2pqAa : q^2a^2$；群体的基因型频率则为：$p^4A^4 : 4p^3qA^3a : 6p^2q^2A^2a^2 : 4pq^3Aa^3 : q^4a^4$。

在完全均衡分离方式进行分配的情况下，群体的配子频率将是：
$p(10p+3)A^2 : 20pqAa : q(10q+3)a^2$；而群体的基因型频率则为：

A^4	A^3a	A^2a^2	Aa^3	a^4
$[p(3+10p)]^2$	$40p^2q(3+10p)$	$6pq(100pq+13)$	$40pq^2(3+10q)$	$[q(3+10q)]^2$

在染色单体分离方式的情况下，群体的配子频率将是：
$p(4p+1)A^2 : 8pqAa : q(4q+1)a^2$；而基因型的频率则为：

A^4	A^3a	A^2a^2	Aa^3	a^4
$[p(1+4p)]^2$	$16p^2q(1+4p)$	$2pq(48pq+5)$	$16pq^2(1+4q)$	$[q(1+4q)]^2$

由于基因位点的分离方式不同，在1个相同的随机交配同源四倍体群体内，将可存在多种不同的平衡状态。例如，在1个 p = q = 0.5 的群体内，按三种分离方式就可以得到三种不同的平衡状态(表3-8)。

表3-8　1个 p = q=0.5 的同源四倍体随机交配群体的不同平衡状态

分离方式	配子频率	基因型频率
	AA：Aa：aa	$A^4 : A^3a : A^2a^2 : Aa^3 : a^4$
1	1：2：1	1：4：6：4：1
2	4：5：4	16：40：57：40：16
3	3：4：3	9：24：34：24：9

三、三倍体西瓜的遗传学基础

(一) 三倍体西瓜的遗传特性

二倍体西瓜的体细胞内有2个完备的染色体组，进行减数分裂时形成具有1个完备染色体组的配子，这种雌、雄配子结合便形成正常的二倍体种子。四倍体西瓜在减数分裂时，形成的雌、雄配子各具有22条染色体的2个完整染色体组，雌、雄配子均是可育的，因此能正常进行繁殖。三倍体西瓜的体细胞内有3个完备的染色体组，从理论上讲经减数分裂应该形成2个具有16.5条染色体的配子，但事实上是不可能的。因为在染色体配对时，每3条同源染色体配对形成1个三价体，总共可形成11个三价体。同源三倍体的联会特点是每个同源组的3条染色体，在任何区段内只有2条染色体联会，而将第3条染色体的同源区段排斥在联会之外。因此，三价体内每2条染色体之间的联会区段少于二价体，即每2条染色体之间只是局部联会。既然三价体的每2条染色体之间只是局部联会的，交叉较少，联会松弛，就有可能发生提早解离。即三价体往中期Ⅰ的纺锤体赤道面转移之前，就已经松解为1个二价体和1个单价体。再则，在一个同源组的3条染色体中，如果有2条已经先联会成二价体了，第3条染色体势必成为单价体，即"不联会"。所以每个同源组的3条染色体或者联会成三价体，或者联会成1个二价体和1个单价体。三价体在后期Ⅰ只能是2/1不均衡分离。1个二价体和1个单价体就有2种可能：一是2/1不均衡分离；二是单价体被遗弃在胞质之内，二价体1/1均衡分离。但不管是哪一种情况，都不免造成同源三倍体的配子染色体组合成分的不平衡。

三倍体西瓜的33条同源染色体形成11个三价体时，在分配给子细胞时只能是三价体中的任意1条同源染色体(称单价体，用Ⅰ表示)到1个子细胞，另外2条同源染色体(称二价体，用Ⅱ表示)到另1个子细胞。这样三组染色体便会出现各种不同的分配情况：例如，11个单价体到1个子细胞，11个二价体到另1个子细胞，前者形成具有11条染色体的配子，后者形成具有22条染色体的配子；也可能10个单价体加1个二价体到1个子细胞，10个二价体加1个单价体到另1个子细胞，前者形成12条染色体的配子，后者形成21条染色体的配子；还可能9个单价体加2个二价体到1个子细胞，9个二价体加2个单价体到另1个子细胞，前者形成13条染色体的配子，后者形成20条染色体的配子；或者8个单价体加3个二价体到1个子细胞，8个二价体加3个单价体到另1个子细胞，前者形成14条染色体的配子，后者形成19条染色体的配子；依此类推就形成具有11～22条染色体的配子。在上述配子中只有11条染色体和22条染色体两种配子是具有完备染色体组，所形成的配子是可育的；其余有12，13，14，…，19，20和21条染色体的配子都是具不完备染色体组的配子或者说是不具完备染色体组的配子，是不育配子。根据排列组合原理，11个三价体的3条同源染色体随机分配到2个子细胞中可以有$(1+1)^{11}=2048$种组合。各种配子出现的概率可以用$(1+1)^{11}$的方程式计算出来。以上这个二项式展开以后，共有12项，第1项代表11条染色体配子的出现频数，第2项代表12条染色体配子的出现频数，依此类推。其中第1项和最后1项是有11条染色体的组合和22条染色体的组合，具有完备的染色体组，是有生活力的可育配子，这2种可育配子出现的概率可由$2 \times \frac{1}{2^{11}}$公式计算，为2/2048 = 1/1024≈0.1%，即2种可育配子出现的概率约为0.1%，或者说可育配子出现的机会只有千分之一。其余配子都是不具备完备染色体组的无生活力的不育配子，其出现的概率为$1 - 2 \times \frac{1}{2^{11}}$≈99.9%。

这种不育雌配子无论是用可育还是不育雄花授粉都不能形成正常种子，所以说三倍体西瓜是无籽西瓜。因为三倍体西瓜在减数分裂过程中产生约0.1%的具11条和22条染色体的正常配子，用可育的二倍体或四倍体雄花给三倍体无籽西瓜授粉可产生正常种子，所以在无籽西瓜中偶尔也会产生几粒具种胚的正常种子。

(二) 三倍体西瓜主要性状的遗传表现

三倍体西瓜主要性状的遗传规律或性状的显隐关系与二倍体等位基因所呈现的遗传规律基本一致，但三倍体西瓜是以四倍体为母本、二倍体为父本的杂种一代，其遗传物质(染色体)母本提供了2/3，父本提供了1/3，三倍体杂种一代的性状表现会有所不同，比二倍体水平上杂种一代更复杂一些。现将三倍体无籽西瓜主要性状的遗传表现分述如下：

1. 叶片的形状、颜色与叶柄

♀全缘叶 × ♂缺刻叶→F_1裂片少而大，缺刻浅

♀缺刻叶 × ♂全缘叶→F_1裂片较少较大，缺刻较浅

♀叶片绿色 × ♂叶片黄色→F_1叶片基本绿色，叶柄黄或浅黄

♀叶片黄色 × ♂叶片绿色→F_1叶肉绿，叶脉黄，叶柄黄色

♀叶柄长 × ♂叶柄短→F_1叶柄较长

♀叶柄短 × ♂叶柄长→F_1叶柄较短

2. 茎蔓长度

♀长蔓 × ♂短蔓→F_1长蔓

♀短蔓 × ♂短蔓→F_1短蔓

3. 果实形状

♀圆球形 × ♂长椭圆形→F_1为短椭圆形或椭圆形

♀圆球形 × ♂高圆形→F_1为正圆形

♀圆球形 × ♂圆球形→F_1为圆球形

4. 果皮的花纹、颜色与硬度等

♀浅绿 × ♂浅绿→F_1浅绿色

♀浅绿 × ♂绿色→F_1浅绿色稍深

♀浅绿 × ♂黑色→F_1深绿色

♀绿色 × ♂浅绿→F_1绿色稍浅

♀绿色×♂绿色→F_1绿色

♀绿色×♂墨绿色→F_1绿色偏深

♀绿色×♂黑色→F_1深绿色

♀黑色×♂浅绿色→F_1墨绿色

♀黑色×♂绿色→F_1墨绿色

♀黑色×♂墨绿色→F_1黑色

♀黑色×♂黑色→F_1黑色

♀黑色×♂黄色→F_1金黄色易生绿斑(正反交相同)

♀花皮×♂黑皮→F_1黑皮有隐约条纹(正反交相同)

♀网条×♂网条→F_1网条(正反交相同)

♀网条×♂齿条→F_1齿条(正反交相同)

♀网条×♂条带→F_1条带(正反交相同)

♀齿条×♂条带→F_1显花条宽的一方的花条，且花条颜色变深(正反交相同)

♀网条×♂放射条→F_1放射条(正反交相同)

♀网纹×♂齿条或条带→F_1齿条或条带间显网纹(正反交相同)

♀无花纹×♂有花纹→F_1有花纹(正反交相同)

♀网状花纹×♂黑色→F_1青黑色

♀网状花纹×♂黄色→F_1浅黄色偶有绿斑

♀硬皮×♂脆皮→F_1硬皮

♀皮厚×♂皮薄→F_1中间性状

5. 果肉的颜色、质地与糖度

♀粉红×♂红色→F_1粉色稍深

♀红色×♂粉红→F_1红色稍浅

♀粉红×♂粉红→F_1粉红

♀红色×♂红色→F_1红色

♀红色×♂黄色→F_1以红色为主，红、黄相融或相嵌

♀大红×♂粉红→F_1鲜红

♀大红×♂红色→F_1大红色

♀大红×♂大红→F_1大红色

♀大红×♂黄色→F_1以大红为主，红、黄相融或相嵌

♀黄色×♂红色→F_1以黄为主，黄、红相融或相嵌

♀黄色×♂大红色→F_1以黄为主，黄、大红相融或相嵌

♀黄色×♂黄色→F_1黄色

♀黄色×♂白色→F_1黄色偏浅

♀白色×♂黄色→F_1浅黄或白色

♀沙松肉×♂沙松肉→F_1肉特沙松(正反交相同)

♀沙松肉×♂脆肉→F_1沙松肉

♀沙松肉×♂硬肉→F_1果肉松脆

♀脆肉×♂沙松肉→F_1沙松肉

♀脆肉×♂脆肉→F_1脆肉

♀脆肉×♂硬肉→F_1肉脆而致密

♀硬肉×♂沙松肉→F_1肉脆偏松

♀硬肉×♂脆肉→F_1肉硬脆

♀硬肉×♂硬肉→F_1肉硬或特硬

♀糖度低×♂糖度低→F_1糖度低或更低

♀糖度低×♂糖度高→F_1糖度中高

♀糖度高×♂糖度低→F_1糖度中间偏高

♀糖度高×♂糖度高→F_1糖度高或更高

无籽西瓜果肉的颜色、质地和含糖量的遗传比较复杂，但大体上可以看出是母本、父本共同作用的结果，母本的作用似乎更强些，有时有超亲现象。

6. 熟性

♀早熟×♂早熟→F_1早熟或极早熟

♀早熟×♂中熟→F_1早熟或中熟

♀早熟×♂晚熟→F_1早熟或中熟

♀中熟×♂早熟→F_1早中熟或中熟

♀中熟×♂中熟→F_1中熟或早熟，有时出现晚熟

♀中熟×♂晚熟→F_1中晚熟或中熟

♀晚熟×♂早熟→F_1早熟或中晚熟

♀晚熟×♂中熟→F_1中晚熟或晚熟

♀晚熟×♂晚熟→F_1晚熟，有时出现中熟

熟性的遗传比较复杂，除观察性状遗传外，要更多地配组合，在实践中筛选。

7. 种子的大小

♀小种子×♂小种子→F_1白秕籽小，着色秕籽多而硬

♀小种子×♂中等种子→F_1白秕籽小或中，常出现着色秕籽

♀小种子×♂大种子→F_1秕籽小或中，种腔大，有时出现着色秕籽

♀中种子×♂小种子→F_1秕籽小，有时出现着色秕籽

♀中种子×♂中种子→F_1秕籽中或小

♀中种子×♂大种子→F_1秕籽中或大

♀大种子×♂小种子→F_1秕籽中或小，种腔大

♀大种子×♂中种子→F_1秕籽中或大

♀大种子×♂大种子→F_1秕籽大或中

种子大小和颜色的遗传也是非常复杂的，除总结出的这些遗传现象供参考以

外，育种者应多配组合进行选择。为了减小秕籽的大小，一般应选择种子小的材料作为亲本。

8. 抗性　单基因抗性，任何亲本提供，杂一代仍具有抗性；多基因抗性，则会随染色体加倍，使抗性得到加强。

双亲不含有抗性基因时，在染色体加倍后，并不能自动产生抗性基因而具备抗病的质量性状。但由于多倍化，有可能增强生理抗性。三倍体西瓜在抗逆性方面与二倍体西瓜有较大的差别。它的抗病性，特别是对枯萎病的抗性、耐湿性和耐贮运性比二倍体西瓜强；而它对低温和弱光的抗性，特别是发芽期和幼苗期比二倍体西瓜差。这些特性与母本四倍体的相关性状有密切关系，也受父本影响，同时还受配合力的影响。抗病性一般表现为不完全显性，抗病品种与不抗病品种杂交，F_1代一般呈中间型。因此，在进行抗性育种时要多配组合，从实践中筛选。果实大小和产量等数量性状的遗传，受配合力的影响很大。

枯萎病抗性在三倍体西瓜中有一定的杂种优势，主要是超中优势，超亲优势强度很小。三倍体西瓜枯萎病抗性的遗传受其双亲的加性和非加性遗传共同控制，且以加性遗传为主，源于四倍体母本的加性遗传明显相对重要于二倍体父本的加性遗传(徐锦华等，2006)。

亲本的枯萎病抗性与其一般配合力是一致的。表现为双亲一般配合力都高的组合抗病性较强，双亲一般配合力都低的组合抗病性弱。同源四倍体母本的一般配合力对组合的抗病性表现影响力更大。

三倍体无籽西瓜的抗病育种应重点考虑四倍体母本的抗病性，抗病四倍体×商品性好的二倍体为较合适的配组方式。但在目前缺乏四倍体抗病种质的情况下，以中抗或轻抗四倍体西瓜为母本与高抗二倍体西瓜配组也不失为一条解决途径。

9. 数量性状的遗传　陈娟(2006)对无籽西瓜19个数量性状的遗传力及遗传相关分析表明，中心可溶性固形物、边缘可溶性固形物、可溶性糖、番茄红素、干物质和有机酸等含量的广义和狭义遗传力均较高，可直接对其进行改良。由于它们之间的相关性均达显著水平，故可通过降低西瓜的有机酸含量对中心可溶性固形物、边缘可溶性固形物、可溶性糖、番茄红素、干物质含量等性状进行间接改良。维生素C含量广义遗传力较高，但其狭义遗传力为0，对其直接改良效果不好，可通过选择F_1的干物质含量、游离氨基酸含量较高的组合对其进行间接改良。游离氨基酸含量的广义和狭义遗传力均较高，可对其进行直接改良，也可通过提高杂交组合中的番茄红素含量对其进行间接改良。果实横径、果实纵径、果皮厚度和单果重的遗传力均为中等，可对其进行直接改良，也可通过提高杂交组合中番茄红素含量对单果重性状进行间接改良。果实大小和产量等数量性状的遗传非常复杂，受配合力的影响也很大，在实践中必须多配组合进行选择。

应当指出，并不是三倍体西瓜的一切问题都能通过育种来解决，育种手段不是万能的。因此，许多通过育种还不能完全解决的问题，还要通过栽培技术来加以弥补。如在尚未选育出早熟三倍体西瓜品种时，可以通过早熟栽培来实现早上市的目标；在三倍体种子采种量低的情况下，可以通过增加母本田间栽植密度、增施磷钾肥料、多蔓多果等措施来提高采种量；对于三倍体无籽西瓜皮厚、畸形、产生着色秕籽等缺陷，可通过提高坐果节位、充分授粉等措施来改善，而三倍体种子发芽率低、成苗率低的问题，则可通过在长日照、空气干燥而昼夜温差大的地区采种加以提高。

四、西瓜的遗传图谱与基因目录

(一) 西瓜的遗传图谱

国内外学者利用RAPD、SSR等技术对西瓜的重要基因进行了分子标记，应用这些标记，建立了一些不饱和遗传图谱。

西瓜的第一张遗传图谱是Navot N和Zamir D (1986)构建的，所用的群体是BC群体，包含有24个标记(22个同工酶标记和2个形态学标记)。这张图谱共构建了7个连锁群，共354cM。然后，Hashizume T等(1996，2003)用西瓜近交系(H-7)与野生西瓜品种(SA-1)获得的78个BC_1群体又构建了一张西瓜遗传图谱。这张图谱将62个标记(58个RAPD标记、1个同工酶标记、1个RFLP 标记和2个形态学标记)分成了11个连锁群，总长为524cM。之后，他们用与之前相同的亲本得到的F_2群体构建了另一张包含554个标记(477个RAPD标记、53个RFLP标记、23个ISSR标记、1个同工酶标记)，涵盖2 384cM，分为11个连锁群的遗传图谱。同年又用BC_1群体构建了总长为1 729cM的一个连锁群，这个连锁群包含240个标记。

Hawkins等(2001)用西瓜栽培种NHM (New Hampshire Midget)和野生种PI 296341杂交得到的F_2和F_3群体分别构建了涵盖112.9cM和139cM的RAPD遗传图谱。Levi A等(2001，2002，2006)用与Hawkins 等相同的亲本获得的BC_1群体构建了一张总长1 295cM、包含156个标记(155个RAPD 标记和1个SCAR标记)并且分为17个连锁群的西瓜遗传图谱；接着他们用(Griffin 14113 × NHM)与野生品种PI 386015获得的测交群体构建了第二张西瓜遗传图谱。该图谱包含25个连锁群，总长1 162.5cM，含有169标记(141个RAPD标记，27个ISSR标记和1个SCAR标记)；后来，他们又用测交群体构建了包含359个标记、总长1 976cM、含有19个连锁群的遗传图谱。

2000年以来，我国科研工作者也在西瓜遗传图谱的构建方面做了大量工作。范敏等(2000)用F_2群体构建了国内第一张西瓜遗传图谱，总长为1 203.2cM，包含96 个标记(85个RAPD标记、3个SSR标记、3个同工酶标记、4个形态标记及1个抗枯萎病生理小种1的基因标记)，有11个连锁群。之后，利用同一亲本材料杂交所得重组自交系F_8的117个单株为作图群体，用西瓜的重组自交系构建了总长1 027.5cM、包含15个连锁群、含有104个标记(87个RAPD标记、13个ISSR标记和4个SCAR标记)的遗传图谱(张仁兵等，2003)。易克等(2003)利用可溶性固形物含量高、皮薄、感枯萎病的栽培西瓜自交系97103和可溶性固形物含量低、皮厚、抗病的野生西瓜种质PI 296341为亲本，获得F_8的重组自交系群体，建立了包括38个SSR标记和10个ISSR标记组成的分子图谱。该图谱总长558.1cM，平均图距为11.9cM。翌年，他们用同样的亲本获得F_2S_7重组自交系群体，构建了总长1 240.2cM、含有150个标记和17个连锁群的西瓜遗传图谱。郭绍贵等(2006)用203个标记(79个AFLP标记、86个RAPD标记、24个SSR标记、10个ISSR标记、3个SCAR标记和1个形态标记)构建了一张总长为1 383.8cM、包含19个连锁群的遗传图谱。

从以上的研究结果可以看出，关于西瓜遗传图谱的构建已经取得了很大进展，为西瓜重要基因的定位克隆、分子标记辅助育种(MAS)，以及比较基因组学的发展提供了一定的依据和基础。然而，更深入地研究西瓜特性还需要高密度的遗传图谱。近年来，DNA测序技术的发展，为构建西瓜饱和准确的高密度遗传图谱提供了条件。Yi Ren等(2012)利用国际西瓜基因组信息，已经构建了第一张西瓜高密度遗传图谱(图3-7)。他们用西瓜自交系97103和从美国引进的野生西瓜种质PI 296341-

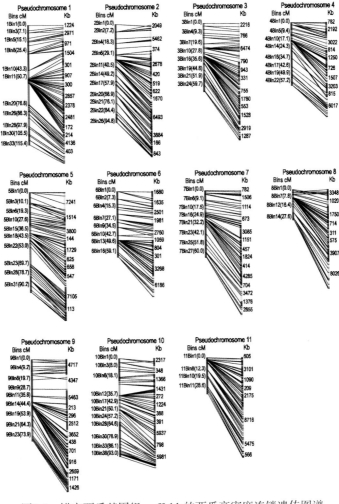

图3-7 锚定西瓜基因组scaffolds的西瓜高密度连锁遗传图谱

FR(抗西瓜枯萎病生理小种0、1和2)为亲本杂交构建重组自交系群体(RILs)，然后利用这个重组自交系F₈的103个单株为作图群体构建遗传图谱。在图谱上锚定了234个scaffolds(平均大小为1.41Mb)，覆盖基因组330Mb，占中国优良西瓜97103株系全基因组353Mb的93.5%。基于西瓜全基因组序列开发设计了SSR、InDel和SV等分子标记，构建的该图谱是包括11个连锁群与953个分子标记的高密度西瓜遗传图谱，其中包括698个SSR、219个InDel、36个SV标记，该图谱总长度为800cM，平均标记间隔0.8cM。

高密度遗传图谱的构建可以让我们从基因水平去认识西瓜和探索蕴藏在西瓜深层次的奥秘。利用高密度遗传图谱可以标记和定位西瓜的重要农艺性状基因、基因图位克隆、比较作图以及MAS育种等。

(二) 西瓜的基因目录

西瓜的基因组大小为424Mb。因为它的基因组较小，并且有许多可用的基因突变体，所以西瓜是一种进行遗传研究很有用的作物。DNA序列分析显示，西瓜基因组中有用的高保守序列可用于与其他植物品种和葫芦科植物内其他品种进行比较基因组分析。与其他栽培瓜类作物一样，西瓜的种子和果实性状存在许多基因突变体，特别是西

图3-8　果实形状与皮色花纹的遗传变异类型

瓜果实形状与皮色花纹的遗传变异类型非常丰富(图3-8)。广大科技工作者对西瓜的形态学性状，特别是种子颜色、种子大小、果实形状、果皮颜色、果皮花纹和瓜瓤颜色等性状和西瓜抗性等的遗传规律进行了大量的调查与研究，并对控制这些性状的相关基因进行了遗传学分析，已发现并报道的与西瓜形态学性状和抗性有关的基因有60个，还有同工酶和分子标记基因111个，共171个基因。

1. **西瓜的形态学和抗性基因**　目前报道的西瓜形态学性状和抗性有关的基因共有60个(*go*和*Sp* 2个基因既控制果皮颜色又控制叶片颜色，没有重复统计)，其中控制种子性状的基因10个，控制叶片和藤蔓性状的基因14个，控制花性状的基因8个，控制瓤色和果实形状的基因11个，控制果皮颜色与花纹的基因8个，控制抗性的基因11个(表3-9)。

表3-9 西瓜的形态学和抗性基因

（肖光辉等整理，2012）

基因符号	同义词	基因的描述和典型株系	照 片
a		雄花两性花同株；对雌雄异花同株呈隐性；*a* 来源于Angeleno (黑色种子)；*A*来源于栽培品种Conqueror 和Klondike。	
Af		抗南瓜红守瓜(*Alacophora faveicollis*)；对感虫性呈显性；*Af*来源于自交系Sl.72和Sl.98；*af* 来自Sugar Baby。	
Ar-1	B, Gc	抗炭疽病菌*Glomerella cingulata* var. *orbiculare* (*Colletotrichum lagenarium*)生理小种1和3；*Ar-1*来源于Africa 8、Africa 9、Africa 13和Charleston Gray；*ar-1*来源于Iowa Belle 476、Iowa Belle 487、N.C.9-2、N.C.11和New Hampshire Midget。	
Ar-2-1		抗炭疽病菌(*Colletotrichum lagenarium*)生理小种2；*Ar-2-1*来源于香橼W695、PI 189225、PI 271775、PI 271779和PI 299379；*ar-2-1*来源于Allsweet、Charleston Gray、和Florida Giant。药西瓜(*Citrullus colocynthis*)的抗性是由于其他显性因素的存在；抗病性来源于R309；感病性来源于New Hampshire Midget。	
B	Y	黄色果肉；*Wf* 对*B*是上位；F₂代果肉颜色分离成12白色、3黄色和1红色；*WfWf BB* 或*WfWf bb*白色果肉；*wfwf BB*黄色果肉；*wfwf bb*红色果肉；*B*来源于选育株系V.No.3，*b*来源于V.No.1。	
C		金丝雀(Canary)黄色果肉；对红色果肉呈显性(或者其他颜色由*y*位点控制)；*i-C*对*C*起抑制作用，导致红色果肉；如果没有*i-C*，*C*对*Y*是上位。*CC*来源于Honey Cream和NC-517，*cc*来源于Dove；*CC YY I-C I-C*来源于Yellow Baby F₁和Yellow Doll F₁；*cc y-oy-o I-C I-C*来源于Tendersweet Orange Flesh；*cc yy I-C I-C*来源于Golden Honey；*cc YY i-C i-C*来源于Sweet Princess。	

（续）

基因符号	同义词	基因的描述和典型株系	照　片
cr		裂壳种子；对 *Cr* (非裂壳种子)是隐性；*cr*来源于Leeby，*Cr*来源于Kaho和Congo。	
Ctr		抗冷凉性；*Ctr*来源于株系PP261-1 (从Zimbabwe 的PI 482261的一个单株选择)；*ctr*来源于New Hampshire Midget；当生长在气温低于20℃时，抗出现的叶面斑驳伤害。	
d		种皮上有斑点；当*r*、*t*和*w*为显性时产生黑色斑点种子；*d*是一个特殊的黑色种壳颜色修饰基因，*RR TT WW DD*是黑色，*RR TT WW dd*是黑色斑点种子；*d*来源于Klondike和Hope Giant；*D*来源于Winter Queen。	
db		抗由*Didymella bryoniae*引起的蔓枯病；*db*来源于PI 189225；*Db*来源于Charleston Gray。	
dg		延迟变绿；子叶和幼叶最初为淡绿色，但随后叶绿素增加；最先报道对*I-dg*呈下位；最近更多的事实表明是一个简单隐性；*dg*来源于选育株系Pale 90；*Dg*来源于 Allsweet。	
dw-1		矮化-1；由于节间细胞比正常的少而短形成短节间，与 *dw-1s*等位；*dw-1*来源于Bush Desert King (和Bush Charleston Gray、Bush Jubilee、Sugar Bush)；*Dw-1*来源于Sugar Baby和Vine Desert King。	

（续）

基因符号	同义词	基因的描述和典型株系	照　　　片
dw-1-s		短蔓；与*dw-1*等位；蔓长介于正常与矮化蔓之间，下胚轴比正常蔓稍长，而比矮化蔓长得多；短蔓*dw-1-s*对正常蔓是隐性；*dw-1-s*来源于Somali Local。	
dw-2		矮化-2；由于节间细胞少而形成短节间；*dw-2*来源于自交系WB-2；*Dw-2*来源于Sugar Baby和Vine Desert King。	
dw-3		矮化-3；矮化与叶子的裂刻小(正常叶与全缘叶的中间类型)；*dw-3*来源于短蔓雄性不育西瓜 (*DMSW*)；*Dw-3*来源于Changhui、Fuyandagua和America B。	
e	t	易裂果皮；果皮薄而嫩，切瓜时易破裂；*e*来源于California Klondike；*E*来源于Thurmond Gray。	
eg		瓜籽种子；没有成熟的种子有肉质果皮，但成熟后变为正常；*eg*来源于PI 490383 精选系NCG-529和PI 560006；*Eg*来源于Calhoun Gray和Charleston Gray。	
f		果实表面有沟痕；对光滑果皮呈隐性；典型的自交系没有给出；但 *f* 像Stone Mountain或Black Diamond；*F*像Mickylee。	
Fo-1		抗枯萎病生理小种1；抗尖孢镰刀菌西瓜专化型(*Fusarium oxysporum* f. sp.*niveum*)生理小种1的显性基因；*Fo-1*来源于Calhoun Gray和Summit；*fo-1*来源于New Hampshire Midget。	

（续）

基因符号	同义词	基因的描述和典型株系	照　片
Fwr		抗瓜实蝇(*Dacus cucurbitae*)；对易感虫性呈显性；*Fwr*来源于选育株系J 18-1和J 56-1；*fwr*来源于New Hampshire Midget、Bykovski、Red Nectar和选育株系J 20-1。	
g	*d*	浅绿色果皮；浅绿色果对深绿色(*G*) 和绿条带(*g-s*)呈隐性；*g*来源于Thurmond Gray，*G*来源于California Klondike。	
g-s	*ds*	绿条带果皮；对深绿色呈隐性，但对浅绿色皮呈显性；*g-s*来源于Golden Honey；*G*来源于California Klondike。	
gf		淡绿色花；*gf*来源于KW-695和Dalgona；*Gf*来源于登记入册的韩国西瓜SS-4。	
gms	*msg*	无毛雄性不育；叶片缺少茸毛；雄性不育是由染色体不联会引起；*gms*来源于Sugar Baby用γ射线辐射。	
go	*c*	老叶和成熟果皮金黄色；*go*来源于Royal Golden；*Go*来源于NC 34-9-1和NC 34-2-1。	
gy		全雌株开花习性；藤蔓上只有雌花的隐性突变；*Gy*来源于优良栽培品种。	
i-C	*i*	金丝雀黄色果肉的抑制因子，结果是红色果肉；*CC YY I-C I-C*来源于Yellow Baby F$_1$和Yellow Doll F$_1$；*cc yoyo I-C I-C*来源于Tendersweet Orange Flesh；*cc yy I-C I-C*来源于Golden Honey；*cc YY i-C i-C*来源于Sweet Princess。	

（续）

基因符号	同义词	基因的描述和典型株系	照　片
i-dg		叶片延迟变绿的抑制因子；对*dg*上位；*I-dg I-dg dgdg*植株淡绿，*i-dg i-dg dgdg*植株正常；*dg*来源于选育株系Pale 90；*Dg*来源于Allsweet；*i-dg*基因在进一步自交选育时丢失。	
ins		间歇条纹；在果肩部位产生窄暗条纹，在果实中部条纹变得不规则，而在靠近果脐的部分条纹变得几乎没有；*ins*来源于Navajo Sweet；*Ins*来源于Crimson Sweet。	
ja		幼苗白化；生长在短日照时，幼苗、叶缘和果皮中的叶绿素减少；*ja*来源于Dixielee 突变体和G17AB F_2；*Ja*来源于Sweet Princess和20J57。	
l		长(或大)种子；与*s*互作；长种子对中等长或短种子呈隐性；*LL SS*为中等长、*ll SS*为长、*LL SS*或*ll ss*为短种子；*ll SS*来源于Peerless；*LL SS*来源于Klondike；*LL ss*来源于Baby Delight。	
m		有斑点果皮；果皮上有略呈绿色的白斑点；通常是在深绿色果皮上随机分布不规则形状的淡绿色斑点；*m*来源于Long Iowa Belle和Round Iowa Belle；*M*来源于Japan 4 和China 23。	
ms-1	*ms*	雄性不育；植株产生小的、收缩的花药和败育的花粉；*ms-1*来源于Nongmei 100；*Ms*来源于大多数栽培品种，如Allsweet。	

（续）

基因符号	同义词	基因的描述和典型株系	照　　片
ms-2		具有高结实率的雄性不育；ms-2来源于 Kamyzyakskii；Ms-2来源于像Allsweet 这样的栽培品种。	
ms-3		具有独特叶片特性的雄性不育；ms-3的来源不明；Ms-3来源于像Allsweet 这样的栽培品种。	
ms-dw		短蔓雄性不育；ms-dw来源于短蔓雄性不育西瓜(DMSW)；Ms-dw来源于 Changhui、Fuyandagua和America B。	
nl		全缘叶；为波状的叶子；叶片缺少大多数栽培品种具有的典型裂刻；呈不完全显性；Nl不是波状，而是像大多数栽培品种的羽状半裂(羽状深裂)；nl来源于Black Diamond 的自发突变，也有可能来源于 Sunshade；Nl来源于Black Diamond以及像Allsweet和Calhoun Gray这样的大多数栽培品种。	
O		长形果；对圆球形果呈不完全显性，于是Oo是椭圆形；O来源于Long Iowa Belle，o来源于Round Iowa Belle、China 23、Japan 4和Japan 6。	
p		果皮上有细线条；不显眼的条纹，略呈绿色的白斑点；不明显，很窄，为通过果实长度的铅笔宽的条纹；对网纹果实呈隐性；p来源于Japan 6，P来源于China 23。	

（续）

基因符号	同义词	基因的描述和典型株系	照　片
pl		苍白叶；幼苗颜色是浅绿色；*pl*来源于选育株系HY477；*Pl*来源于Allsweet。	
pm		易感白粉病；易感白粉病(*Sphaerotheca fuliginea*)是隐性；*pm*来源于PI 269677；*Pm*来源于Sugar Baby和大多数栽培品种。	
prv		抗番木瓜环斑病毒西瓜菌株；对PRV-W的抗性是隐性；*prv*来源于PI 244017、PI 244019和PI 485583；*Prv*来源于Allsweet、Calhoun Gray和New Hampshire Midget。	
r		红色种皮；基因*r*、*t*和*w*互作产生不同颜色种子；带点的黑色来源于Klondike (*RR TT WW*)；土色来源于Sun Moon and Stars (*RR TT ww*)；棕褐色来源于Baby Delight (*RR tt WW*)；白色带棕褐色种尖来源于Pride of Muscatine (*RR tt ww*)；红色来源于香橼(*rr tt WW*)；白色带粉红色种尖来源于Peerless (*rr tt ww*)。	
s		短(小)种子；对*l*(长种子)上位；长对中等大小或短种子呈隐性；*LL SS*为中等大小种子，*ll SS*为长种子，*LL ss*或*ll ss*为短种子；*ll SS*来源于Peerless；*LL SS*来源于Klondike；*LL ss*来源于Baby Delight。	

（续）

基因符号	同义词	基因的描述和典型株系	照　　片
Scr		大红色果肉；深红色果肉(红色比Angeleno Black Seeded的*YY*红色更深)；*Scr*来源于Dixielee和Red-N-Sweet；*scr*来源于Angeleno Black Seeded。	
slv		幼苗叶片斑驳；由PI 482261中的单隐性基因控制；与抗冷凉伤害(20℃条件下的温室栽培植物)的显性等位基因连锁或具有多效性；*slv*来源于PI 482261 (抗ZYMV-FL)；*Slv*来源于New Hampshire Midget。	
Sp		子叶、叶片和果实带斑点；对叶片和果实颜色一致显性；*Sp*来源于Sun Moon and Stars和Moon and Stars；*sp*来源于Allsweet。	
su	*Bi, suBi*	苦味的抑制因子；无苦味果实。*su*来源于Hawkesbury；*Su*来源于Hawkesbury的有苦味果实突变；在药西瓜(*C. colocynthis*)中的苦味是由于*Su Su*基因型。	
t	*bt*	棕褐色种皮；基因*r*、*t*和*w*互作产生不同颜色种子；带点的黑色来源于Klondike (*RR TT WW*)；土色来源于Sun Moon and Stars (*RR TT ww*)；棕褐色来源于Baby Delight (*RR tt WW*)；白色带棕褐色种尖来源于Pride of Muscatine (*RR tt ww*)；红色来源于香橼(*rr tt WW*)；白色带粉红色种尖来源于Peerless (*rr tt ww*)。	
Ti		微小种子；对中等大小种子(*ti*)呈显性；*Ti*来源于Sweet Princess；*ti*来源于Fujihikari。	

（续）

基因符号	同义词	基因的描述和典型株系	照　片
tl	*bl*	无卷须(以前叫做无分枝branchless)，在第4节或第5节以后，营养腋芽转变成花芽，并且叶片形状发生改变；*tl*来源于Early Branchless；*Tl*来源于选育株系G17AB、ASS-1、YF91-1-2和S173。	
ts	*tss*	番茄样种子；种子比短子种子(*LLss*或*llss*)更小，几乎是番茄种子的大小；*ts*来源于Sugar Baby的番茄种子突变；*Ts*来源于Gn-1。	
w		白色种皮；基因 *r*、*t*和*w*互作产生不同颜色种子；带点的黑色来源于Klondike (*RR TT WW*)；土色来源于Sun Moon and Stars (*RR TT ww*)；棕褐色来源于Baby Delight (*RR tt WW*)；白色带棕褐色种尖来源于Pride of Muscatine (*RR tt ww*)；红色来源于香橼(*rr tt WW*)；白色带粉红色种尖来源于Peerless (*rr tt ww*)。	
Wf	*W*	白色果肉；*Wf*对*B*为上位；*WfWf BB*或*WfWf bb*是白色果肉；*wfwf BB*是黄色果肉；*wfwf bb*是红色果肉；*B*来源于选育株系V.No.3，*b*来源于V.No.1，F$_2$代果肉颜色分离比例为12白色、3黄色和1红色。	
y	*rd*	黄色果肉；对红色果肉 (*Y*)呈隐性；*y*来源于Golden Honey；*Y*来源于Angeleno (黑色种子)。	
y-o		橙色果肉；与*y*是等位基因；*Y* (红色果肉)对*y-o*(橙色果肉)和*y*(橙黄色果肉)是显性；*y-o*(橙色果肉)对*y*(黄色果肉)是显性；*cc y-oy-o I-C I-C*来源于Tendersweet Orange Flesh；*cc yy I-C I-C*来源于Golden Honey；*cc YY i-C i-C*来源于Sweet Princess。	

（续）

基因符号	同义词	基因的描述和典型株系	照　片
Yb		黄肚；果实上的黄色地面斑；*Yb*来源于Black Diamond Yellow Belly；*yb*来源于Black Diamond。	
Yl	*Y*	黄色叶片；对绿色叶片(*yl*)呈不完全显性；(*Y*被Henderson*改名为*Yl*)；*Yl*来源于Yellow Skin。	
zym-CH		抗小西葫芦黄花叶病毒(*ZYMV-CH*)；特抗小西葫芦黄花叶病毒中国菌株；*zym-CH*来源于PI 595203；*Zym-CH*来源于优良栽培品种。	
zym-FL	*zym*	抗小西葫芦黄花叶病毒(*ZYMV-FL*)；特抗小西葫芦黄花叶病毒佛罗里达菌株；*zym-FL*来源于PI 482322、PI 482299、PI 482261和PI 482308 (Provvidenti, 1991)；更高抗性存在于PI 595203 (Egun)、PI 386026、PI 386025 (Boyhan et al.)、以及PI 386019、PI 490377、PI 596662、PI 485580、PI 560016、PI 494528、PI 386016、PI 482276、PI 595201 (Guner et al.)；*Zym-FL*来源于优良栽培品种。	

　　2. 西瓜的同工酶和分子标记基因　西瓜同工酶和分子标记基因包括顺乌头酸酶2个、乙醇脱氢酶5个、酸性磷酸酶3个、酯酶11个、谷氨酸脱氢酶2个、谷草转氨酶11个、苹果酸脱氢酶5个、苹果酸酶4个、6-葡萄糖磷酸脱氢酶8个、葡萄糖磷酸异构酶9个、葡萄糖磷酸变位酶8个、过氧化物酶9个、莽草酸脱氢酶7个、超氧化物歧化酶7个、种子蛋白5个、丙糖磷酸异构酶7个，还有心肌黄酶、果糖1,6二磷酸酶、铁氧还蛋白氧化还原酶、热激蛋白70、异柠檬酸脱氢酶、亮氨酸氨肽酶、乙酰丝氨酸转移酶、尿素酶等各1个，共111个同工酶和分子标记基因(表3-10)。

表3-10 西瓜的同工酶和分子标记基因

（肖光辉等整理，2012）

基因符号	同义词	基因的描述和典型株系
Aco-1		顺乌头酸酶-1。
Aco-2		顺乌头酸酶-2。
Adh-1		乙醇脱氢酶-1；5个共显性等位基因之一，每个基因控制1条酶带。
Adh-1-1		乙醇脱氢酶-1-1；5个共显性等位基因之一，每个基因控制1条酶带；在饲用西瓜(*C. lanatus* var. *citroides*)和药西瓜(*C. colocynthis*)中发现。
Adh-1-2		乙醇脱氢酶-1-2；5个共显性等位基因之一，每个基因控制1条酶带；在饲用西瓜(*C. lanatus* var. *citroides*)和药西瓜(*C. colocynthis*)中发现。
Adh-1-3		乙醇脱氢酶-1-3；5个共显性等位基因之一，每个基因控制1条酶带；在空心西瓜(*Praecitrullus fistulosus*)中发现。
Adh-1-4		乙醇脱氢酶-1-4；5个共显性等位基因之一，每个基因控制1条酶带。在诺丹西瓜(*Acanthosicyos naudinianus*)中发现。
Aps-1		酸性磷酸酶-1。
Aps-2-1		酸性磷酸酶-2-1；2个共显性等位基因之一，每个基因控制1条酶带；在普通西瓜(*C. lanatu*)和药西瓜(*C. colocynthis*)中发现。
Aps-2-2		酸性磷酸酶-2-2；2个共显性等位基因之一，每个基因控制1条酶带；在诺丹西瓜(*Acanthosicyos naudinianus*)中发现。
Dia-1		心肌黄酶-1。
Est-1		酯酶-1；6个共显性等位基因之一，每个基因控制1条酶带；在普通西瓜(*C. lanatus*)中发现。
Est-1-1		酯酶-1-1；6个共显性等位基因之一，每个基因控制1条酶带；在饲用西瓜(*C. lanatus* var. *citroides*)和药西瓜(*C. colocynthis*)中发现。
Est-1-2		酯酶-1-2；6个共显性等位基因之一，每个基因控制1条酶带；在药西瓜(*C. colocynthis*)中发现。
Est-1-3		酯酶-1-3；6个共显性等位基因之一，每个基因控制1条酶带；在空心西瓜(*Praecitrullus fistulosus*)中发现。
Est-1-4		酯酶-1-4；6个共显性等位基因之一，每个基因控制1条酶带；在缺须西瓜(*C. ecirrhosus*)中发现。
Est-1-5		酯酶-1-5；6个共显性等位基因之一，每个基因控制1条酶带。在诺丹西瓜(*Acanthosicyos naudinianus*)中发现。
Est-2		酯酶-2；5个共显性等位基因之一，每个基因控制1条酶带；在普通西瓜(*C. lanatus*)中发现。
Est-2-1		酯酶-2-1；5个共显性等位基因之一，每个基因控制1条酶带；在药西瓜(*C. colocynthis*)中发现。
Est-2-2		酯酶-2-2；5个共显性等位基因之一，每个基因控制1条酶带；在药西瓜(*C. colocynthis*)中发现。
Est-2-3		酯酶-2-3；5个共显性等位基因之一，每个基因控制1条酶带；在空心西瓜(*Praecitrullus fistulosus*)中发现。
Est-2-4		酯酶-2-4；5个共显性等位基因之一，每个基因控制1条酶带；在诺丹西瓜(*Acanthosicyos naudinianus*)中发现。

（续）

基因符号	同义词	基因的描述和典型株系
Fdp-1		果糖1,6二磷酸酶-1。
For-1		铁氧还蛋白氧化还原酶-1。
Gdh-1		谷氨酸脱氢酶-1；位于液泡中的同工酶。
Gdh-2		谷氨酸脱氢酶-2；位于质体中的同工酶。
Got-1		谷草转氨酶(GOT)-1；4个共显性等位基因之一，每个基因控制1条酶带；在普通西瓜(*C. lanatus*)中发现。
Got-1-1		谷草转氨酶(GOT)-1-1；4个共显性等位基因之一，每个基因控制1条酶带；在药西瓜(*C. colocynthis*)和空心西瓜(*Praecitrullus fistulosus*)中发现。
Got-1-2		谷草转氨酶(GOT)-1-2；4个共显性等位基因之一，每个基因控制1条酶带；在饲用西瓜(*C. lanatus* var.*citroides*)中发现。
Got-1-3		谷草转氨酶(GOT)-1-3；4个共显性等位基因之一，每个基因控制1条酶带；在诺丹西瓜(*Acanthosicyos naudinianus*)中发现。
Got-2		谷草转氨酶(GOT)-2；5个共显性等位基因之一，每个基因控制1条酶带；在普通西瓜(*C. lanatus*)中发现。
Got-2-1		谷草转氨酶(GOT)-2-1；5个共显性等位基因之一，每个基因控制1条酶带；在药西瓜(*C. colocynthis*)中发现。
Got-2-2		谷草转氨酶(GOT)-2-2；5个共显性等位基因之一，每个基因控制1条酶带；在缺须西瓜(*C. ecirrhosus*)中发现。
Got-2-3		谷草转氨酶(GOT)-2-3；5个共显性等位基因之一，每个基因控制1条酶带；在空心西瓜(*Praecitrullus fistulosus*)中发现。
Got-2-4		谷草转氨酶(GOT)-2-4；5个共显性等位基因之一，每个基因控制1条酶带；在诺丹西瓜(*Acanthosicyos naudinianus*)中发现。
Got-3		谷草转氨酶(GOT)-3。
Got-4		谷草转氨酶(GOT)-4。
hsp-70		热激蛋白70；一个在乙醛酸循环体和质体中被不同调节的基因前序列72kU hsp70。
Idh-1		异柠檬酸脱氢酶-1。
Lap-1		亮氨酸氨肽酶-1。
Mdh-1		苹果酸脱氢酶-1；2个共显性等位基因之一，每个基因控制1条酶带；在普通西瓜(*C. lanatus*)中发现。
Mdh-1-1		苹果酸脱氢酶-1-1；2个共显性等位基因之一，每个基因控制1条酶带；在空心西瓜(*Praecitrullus fistulosus*)中发现。
Mdh-2		苹果酸脱氢酶-2；3个共显性等位基因之一，每个基因控制1条酶带；在普通西瓜(*C. lanatus*)中发现。
Mdh-2-1		苹果酸脱氢酶-2-1；3个共显性等位基因之一，每个基因控制1条酶带；在药西瓜(*C. colocynthis*)中发现。
Mdh-2-2		苹果酸脱氢酶-2-2；3个共显性等位基因之一，每基因控制1条酶带；在空心西瓜(*Praecitrullus fistulosus*)中发现。
Me-1		苹果酸酶-1；3个共显性等位基因之一，每个基因控制1条酶带；在普通西瓜(*C. lanatus*)中发现。

（续）

基因符号	同义词	基因的描述和典型株系
Me-1-1		苹果酸酶-1-1；3个共显性等位基因之一，每个基因控制1条酶带；在空心西瓜(*Praecitrullus fistulosus*)中发现。
Me-1-2		苹果酸酶-1-2；3个共显性等位基因之一，每个基因控制1条酶带；在药西瓜(*C. colocynthis*)中发现。
Me-2		苹果酸酶-2。
Pgd-1	*6 Pgdh-1*	6-葡萄糖磷酸脱氢酶-1；3个共显性等位基因之一，每个基因控制1条质体酶带；在普通西瓜(*C. lanatus*)中发现。
Pgd-1-1	*6 Pgdh-1-1*	6-葡萄糖磷酸脱氢酶-1-1；3个共显性等位基因之一，每个基因控制1条质体酶带；在空心西瓜(*Praecitrullus fistulosus*)中发现。
Pgd-1-2	*6 Pgdh-1-2*	6-葡萄糖磷酸脱氢酶-1-2；3个共显性等位基因之一，每个基因控制1条质体酶带；在诺丹西瓜(*Acanthosicyos naudinianus*)中发现。
Pgd-2	*6 Pgdh-2*	6-葡萄糖磷酸脱氢酶-2；5个共显性等位基因之一，每个基因控制1条胞质酶带；在普通西瓜(*C. lanatus*)中发现。
Pgd-2-1	*6 Pgdh-2-1*	6-葡萄糖磷酸脱氢酶-2-1；5个共显性等位基因之一，每个基因控制1条胞质酶带；在缺须西瓜(*C. ecirrhosus*)中发现。
Pgd-2-2	*6 Pgdh-2-2*	6-葡萄糖磷酸脱氢酶-2-2；5个共显性等位基因之一，每个基因控制1条胞质酶带；在空心西瓜(*Praecitrullus fistulosus*)中发现。
Pgd-2-3	*6 Pgdh-2-3*	6-葡萄糖磷酸脱氢酶-2-3；5个共显性等位基因之一，每个基因控制1条胞质酶带。在药西瓜(*C. colocynthis*)中发现。
Pgd-2-4	*6 Pgdh-2-4*	6-葡萄糖磷酸脱氢酶-2-4；5个共显性等位基因之一，每个基因控制1条胞质酶带；在诺丹西瓜(*Acanthosicyos naudinianus*)中发现。
Pgi-1		葡萄糖磷酸异构酶-1；3个共显性等位基因之一，每个基因控制1条质体酶带；在普通西瓜(*C. lanatus*)中发现。
Pgi-1-1		葡萄糖磷酸异构酶-1-1；3个共显性等位基因之一，每个基因控制1条质体酶带；在药西瓜(*C. colocynthis*)中发现。
Pgi-1-2		葡萄糖磷酸异构酶-1-2；3个共显性等位基因之一，每个基因控制1条质体酶带；在诺丹西瓜(*Acanthosicyos naudinianus*)中发现。
Pgi-2		葡萄糖磷酸异构酶-2；6个共显性等位基因之一，每个基因控制1条胞质酶带；在普通西瓜(*C. lanatus*)中发现。
Pgi-2-1		葡萄糖磷酸异构酶-2-1；6个共显性等位基因之一，每个基因控制1条胞质酶带；在普通西瓜(*C. lanatus*)和药西瓜(*C. colocynthis*)中发现。
Pgi-2-2		葡萄糖磷酸异构酶-2-2；6个共显性等位基因之一，每个基因控制1条胞质酶带；在缺须西瓜(*C. ecirrhosus*)中发现。
Pgi-2-3		葡萄糖磷酸异构酶-2-3；6个共显性等位基因之一，每个基因控制1条胞质酶带；在空心西瓜(*Praecitrullus fistulosus*)中发现。
Pgi-2-4		葡萄糖磷酸异构酶-2-4；6个共显性等位基因之一，每个基因控制1条胞质酶带；在饲用西瓜(*C. lanatus* var. *citroides*)中发现。
Pgi-2-5		葡萄糖磷酸异构酶-2-5；6个共显性等位基因之一，每个基因控制1条胞质酶带；在诺丹西瓜(*Acanthosicyos naudinianus*)中发现。
Pgm-1		葡萄糖磷酸变位酶-1；4个共显性等位基因之一，每个基因控制1条质体酶带；在普通西瓜(*C. lanatus*)中发现。

（续）

基因符号	同义词	基因的描述和典型株系
Pgm-1-1		葡萄糖磷酸变位酶-1-1；4个共显性等位基因之一，每个基因控制1条质体酶带；在药西瓜(*C. colocynthis*)中发现。
Pgm-1-2		葡萄糖磷酸变位酶-1-2；4个共显性等位基因之一，每个基因控制1条质体酶带；在诺丹西瓜(*Acanthosicyos naudinianus*)中发现。
Pgm-1-3		葡萄糖磷酸变位酶-1-3；4个共显性等位基因之一，每个基因控制1条质体酶带；在空心西瓜(*Praecitrullus fistulosus*)中发现。
Pgm-2		葡萄糖磷酸变位酶-2；4个共显性等位基因之一，每个基因控制1条胞质酶带；在普通西瓜(*C. lanatus*)中发现。
Pgm-2-1		葡萄糖磷酸变位酶-2-1；4个共显性等位基因之一，每个基因控制1条胞质酶带；在诺丹西瓜(*Acanthosicyos naudinianus*)中发现。
Pgm-2-2		葡萄糖磷酸变位酶-2-2；4个共显性等位基因之一，每个基因控制1条胞质酶带；在普通西瓜(*C. lanatus*)中发现。
Pgm-2-3	M	葡萄糖磷酸变位酶-2-3；4个共显性等位基因之一，每个基因控制1条胞质酶带；在空心西瓜(*Praecitrullus fistulosus*)中发现。
Prx-1		过氧化物酶-1；7个共显性等位基因之一，每个基因控制1条酶带；在普通西瓜(*C. lanatus*)中发现。
Prx-1-1		过氧化物酶-1-1；7个共显性等位基因之一，每个基因控制1条酶带；在药西瓜(*C. colocynthis*)中发现。
Prx-1-2		过氧化物酶-1-2；7个共显性等位基因之一，每个基因控制1条酶带；在空心西瓜(*Praecitrullus fistulosus*)中发现。
Prx-1-3		过氧化物酶-1-3；7个共显性等位基因之一，每个基因控制1条酶带；在普通西瓜(*C. lanatus*)中发现。
Prx-1-4		过氧化物酶-1-4；7个共显性等位基因之一，每个基因控制1条酶带；在缺须西瓜(*C. ecirrhosus*)中发现。
Prx-1-5		过氧化物酶-1-5；7个共显性等位基因之一，每个基因控制1条酶带；在普通西瓜(*C. lanatus*)和药西瓜(*C. colocynthis*)中发现。
Prx-1-6		过氧化物酶-1-6；7个共显性等位基因之一，每个基因控制1条酶带；在诺丹西瓜(*Acanthosicyos naudinianus*)中发现。
Prx-2		过氧化物酶-2。
Prx-3		过氧化物酶-3。
Sat		乙酰丝氨酸转移酶；从丝氨酸和乙酰辅酶A催化形成乙酰丝氨酸。
Skdh-1		莽草酸脱氢酶-1。
Skdh-2		莽草酸脱氢酶-2；6个共显性等位基因之一，每个基因控制1条酶带。
Skdh-2-1		莽草酸脱氢酶-2-1；6个共显性等位基因之一，每个基因控制1条酶带；在药西瓜(*C. colocynthis*)中发现。
Skdh-2-2		莽草酸脱氢酶-2-2；6个共显性等位基因之一，每个基因控制1条酶带；在药西瓜(*C. colocynthis*)中发现。
Skdh-2-3		莽草酸脱氢酶-2-3；6个共显性等位基因之一，每个基因控制1条酶带；在诺丹西瓜(*Acanthosicyos naudinianus*)中发现。
Skdh-2-4		莽草酸脱氢酶-2-4；6个共显性等位基因之一，每个基因控制1条酶带；在缺须西瓜(*C. ecirrhosus*)中发现。

（续）

基因符号	同义词	基因的描述和典型株系
Skdh-2-5		莽草酸脱氢酶-2-5；6个共显性等位基因之一，每个基因控制1条酶带；在空心西瓜(Praecitrullus fistulosus)中发现。
Sod-1		超氧化物歧化酶-1；3个共显性等位基因之一，每个基因控制1条酶带；在普通西瓜(C. lanatus)中发现。
Sod-1-1		超氧化物歧化酶-1-1；3个共显性等位基因之一，每个基因控制1条酶带；在药西瓜(C. colocynthis)中发现。
Sod-1-2		超氧化物歧化酶-1-2；3个共显性等位基因之一，每个基因控制1条酶带；在诺丹西瓜(Acanthosicyos naudinianus)中发现。
Sod-2		超氧化物歧化酶-2；2个共显性等位基因之一，每个基因控制1条酶带；在普通西瓜(C. lanatus)中发现。
Sod-2-1		超氧化物歧化酶-2-1；2个共显性等位基因之一，每个基因控制1条酶带；在诺丹西瓜(Acanthosicyos naudinianus)中发现。
Sod-3		超氧化物歧化酶-3；2个共显性等位基因之一，每个基因控制1条酶带；在普通西瓜(C. lanatus)中发现。
Sod-3-1		超氧化物歧化酶-3-1；2个共显性等位基因之一，每个基因控制1条酶带；在空心西瓜(Praecitrullus fistulosus)中发现。
Spr-1		种子蛋白-1。
Spr-2		种子蛋白-2。
Spr-3		种子蛋白-3。
Spr-4	Spr-4	种子蛋白-4。
Spr-5	Spr-5	种子蛋白-5。
Tpi-1		丙糖磷酸异构酶-1；4个共显性等位基因之一，每个基因控制1条酶带；在普通西瓜(C. lanatus)中发现。
Tpi-1-1		丙糖磷酸异构酶-1-1；4个共显性等位基因之一，每个基因控制1条酶带；在药西瓜(C. colocynthis)中发现。
Tpi-1-2		丙糖磷酸异构酶-1-2；4个共显性等位基因之一，每个基因控制1条酶带；在空心西瓜(Praecitrullus fistulosus)中发现。
Tpi-1-3		丙糖磷酸异构酶-1-3；4个共显性等位基因之一，每个基因控制1条酶带；在诺丹西瓜(Acanthosicyos naudinianus)中发现。
Tpi-2		丙糖磷酸异构酶-2；3个共显性等位基因之一，每个基因控制1条酶带；在普通西瓜(C. lanatus)中发现。
Tpi-2-1		丙糖磷酸异构酶-2-1；3个共显性等位基因之一，每个基因控制1条酶带；在诺丹西瓜(Acanthosicyos naudinianus)中发现。
Tpi-2-2		丙糖磷酸异构酶-2-2；3个共显性等位基因之一，每个基因控制1条酶带；在空心西瓜(Praecitrullus fistulosus)中发现。
Ure-1		尿素酶-1。

第二节 多倍体西瓜的特征特性

多倍体育种是利用人工诱变或自然变异等手段，通过细胞染色体组加倍获得多倍体育种材料，以选育符合人们需要的优良品种。最常用、最有效的多倍体育种方法是用秋水仙素或低温诱导来处理萌发的种子或幼苗。秋水仙素能抑制细胞有丝分裂时形成纺锤体，但不影响染色体的复制，使细胞不能形成两个子细胞，从而使染色体数目加倍，属于染色体组工程的研究范畴。多倍体西瓜育种时，利用普通二倍体西瓜（其染色体数目为2n=2x=22），通过人工诱变成为四倍体西瓜后，某些性状比二倍体西瓜更加优越。如植株茎增粗、节间变短、叶片增厚并维持绿色的时间更长；果皮增厚不易开裂，更耐贮运；甜度增加；果肉中营养物质含量提高等。四倍体西瓜杂交种用于经济栽培，表现抗逆性强、坐果稳定、含糖量高、品质优良、种子少等优点。四倍体西瓜的杂交种已有少量应用于生产。四倍体西瓜育种在很大程度上是为了获得三倍体无籽西瓜母本，进而进行三倍体无籽西瓜的选育。四倍体西瓜可以在二倍体西瓜中偶然出现，但自然产生的概率很低。在科研人员掌握及应用了多倍体诱变技术和生物技术手段以后，可以有效地改变西瓜染色体的倍数。

一、 多倍体、二倍体西瓜的形态学特征

1. 花器的大小　随着染色体数目的倍增而按比例增加。

2. 种子特征

二倍体：嘴部较尖，较长，珠孔小，种皮内胚完全充满。

三倍体：种内具有三倍体的胚，通常称为三倍体种子。外观和四倍体种子近似，但比四倍体种稍薄，稍凹陷，较瘪。种胚仅占种子腔的50%～82.5%。

四倍体：介于椭圆和圆形之间，近于方形，嘴部宽大，珠眼突起，种子较厚而饱满，且较重，种皮比二倍体种皮粗糙且厚，表皮由一层扩大而长的栅状细胞组成，当这层细胞层干枯裂开时，就形成几条木栓质纵裂。种胚约占种子腔的91%，甚至完全充满，种子纵切面状况见图3-9。

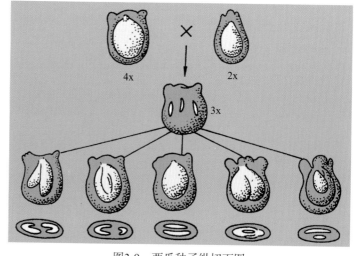

图3-9　西瓜种子纵切面图

3. 幼苗特征　四倍体和三倍体子叶较厚，色深，茸毛粗糙而长。

二倍体：子叶形态正常，椭圆形，较平展，发育较快。

三倍体：子叶大多数畸形，有的无生长点，苗期生长缓慢。但经40～50d后，生长速度迅速超过双亲。

四倍体：子叶较厚、较大，颜色较深，叶形指数近于1，少数畸形，子叶边缘略向下卷曲，发育稍差于二倍体。

4. 果实特征

外观：二倍体和四倍体果实都具有正常的外观，但多倍体可能产生较大的果脐。三倍体有时随胎座数目的不同，会出现三棱或四棱的果实。

内部：二倍体果皮较薄，果肉细密，并有大量种子，种子数300～900粒，通常400粒左右。四倍体果皮比二倍体厚，果肉稍粗，种子减少，种子数量变动在5～180粒之间，有的果实没有种子。而三倍体果皮厚度居中，无种子，只有未发育的白胚，像未熟黄瓜的幼嫩种子。但有时会出现着色秕籽或出现稀少有生命力的种子。

5. 茎和叶特征

二倍体：节间长，茎较细，叶色较浅，分枝力强。

三倍体：节间长，分枝力较差，叶片颜色较深。

四倍体：节间短，茎较粗，叶色深绿，刚毛粗硬，叶缘上翘，裂片间隙小，分枝力差。

6. 果实生育期　三倍体果实生育期比亲本短，有早熟的趋势，但在与二倍体同时播种的情况下，三倍体第一批果实采收期比二倍体西瓜晚1周。这可能是露地栽培条件下，三倍体幼苗生长缓慢的缘故。关于果实生育期的比较见表3-11。

表3-11　二倍体与多倍体西瓜的生育期及果实、种子比较

（木原均，1951）

品　　种		第一个果实收获日期（月/日）	果实生育期（d）	种子数（粒）	含糖量（%）
新大和	2x	8/28	32	290.0	9.0
	3x	8/23	30	1.0	11.0
	4x	8/7	36	92.7	8.3
旭大和	2x	8/15	33	292.0	10.0
	3x	8/11	30	2.0	11.5
	4x	8/26	31	53.6	7.4
乙女	2x	8/5	26	223.0	8.9
×	3x	8/7	27	1.5	12.2
新大和	4x	8/23	36	92.7	8.8

多倍体的"巨大性"效应，在西瓜作物上明显表现出它的优越性。由于细胞的增大，细胞中同化物质含量提高，内容物也多，因而在果实上表现附加部位的增厚，如果皮增厚变韧，不易裂果，耐贮运，果肉汁多而味甜；维生素及其他营养物质含量提高，在植株上则表现为生长强健，叶色深绿，叶片增厚，茎蔓粗壮，能较长时间维持植株绿色，对不良环境的抵抗能力增强，高产稳产等。

二、多倍体、二倍体西瓜的细胞学特征

四倍体西瓜细胞中的染色体数比二倍体西瓜增加了1倍，细胞器和内含物也随之增加，因而细胞体积增大。所以，四倍体的表现型效应首先表现在细胞的体积上。据测定，处于同一发育时期四倍体的四分体、毡绒层细胞、花粉母细胞以及其核的直径大约是二倍体的1.26倍。由于最便于观察的细胞是花粉粒、叶片保卫细胞和气孔，下面主要介绍四倍体西瓜的花粉粒、叶片保卫细胞和气孔的细胞学特征。

1. 细胞核观察

二倍体：未发现小孢子母细胞分裂时有不规则性。

三倍体：常发现11个三价体，有时会有10个三价体和一个单价体，有三价体向两极分开成为2和1的偶然分离。

四倍体：在第一次减数分裂时通常形成四价体，即11个四价体或10个四价体和2个二价体。四价体通常在后期分离成四个同源染色体，它们平均分配到每一极。

2. 花粉粒的细胞学特征　　二倍体和四倍体都具有功能正常的花粉，而三倍体花粉粒大部分皱缩、空心，或可能是非常大的、不规则的四裂花粉粒。

不同倍性的西瓜的花粉粒大小、发芽孔的数目及其孕性都有明显差异。四倍体西瓜的花粉粒大，直径一般为$70 \sim 80 \mu m$，$74.05\% \sim 95.29\%$的花粉粒具有4个发芽孔，都3号、蜜宝、蜜枣的四倍体植株具4孔以上发芽孔的花粉粒占$3.68\% \sim 6.96\%$。四倍体花粉的生活力较强，发芽率为$60\% \sim 90\%$。但四倍体花粉的孕性较原二倍体低，原因是出现畸形花粉粒，有的花粉粒无内含物，呈空囊。四倍体的不孕花粉率为$22.36\% \sim 46.63\%$。二倍体西瓜的花粉粒比较小，直径一般为$50 \sim 60 \mu m$，95%以上的花粉粒具有3个发芽孔，只有少数$(2.68\% \sim 3.66\%)$出现4孔。二倍体花粉的生活力很强，一般都能发芽。三倍体西瓜的花粉粒与二倍体、四倍体的差异较大，一般皱缩、畸形、大小不一，大花粉粒直径达$130 \mu m$以上，小花粉粒仅$10 \sim 20 \mu m$，且无生活力。据湖南农学院(1978)观察，不同倍数性西瓜花粉母细胞四分体时期所含小孢子数目不同，四分体时期小孢子的数目和小孢子中的核仁数，四倍体与二倍体也有很大差别。四倍体含有4个小孢子的四分体大约占2/3，其余是含有$5 \sim 9$个小孢子的四分体，其中四分体时含有4、5、6、7、8、9个小孢子的比例，四倍体1号分别为66.0%、10.0%、8.0%、8.0%、2.0%和6.0%，红玫四倍体分别为74.0%、4.0%、6.0%、8.0%、4.0%和4.0%。小孢子中的核仁数大多为$2 \sim 3$个，少数含4个，含1个核仁的很少；而二倍体的四分体全部含有4个小孢子，小孢子中的核仁数绝大多数是

1~2个，仅在个别品种中出现3个核仁的小孢子。

刘文革等(2003)采用扫描电子显微镜对不同倍性西瓜12个品种的花粉形态进行了系统观察，结果表明，不同染色体倍性的西瓜花粉形态差异很大，且花粉大小和形态可作为鉴定西瓜染色体倍性的参考指标，同时从孢粉学角度阐述了四倍体花粉萌发率低、三倍体花粉不育的原因(表3-12)。

表3-12　不同染色体倍性西瓜花粉的形态特征

（刘文革，2003）

品　种	倍　性	极轴（P）	赤道轴（E）	P/E
蜜　枚	2n=4x	55.99 ± 2.34	50.98 ± 3.71	1.111 ± 0.074
	2n=3x	60.12 ± 10.28	63.96 ± 7.96	0.979 ± 0.082
	2n=2x	56.41 ± 2.55	45.87 ± 3.22	1.230 ± 0.088
JM	2n=4x	60.04 ± 4.36	54.24 ± 3.61	1.175 ± 0.124
	2n=3x	70.34 ± 10.37	69.33 ± 13.37	1.031 ± 0.154
	2n=2x	58.75 ± 3.94	47.37 ± 3.18	1.227 ± 0.117
91E7	2n=4x	59.03 ± 5.42	57.26 ± 4.12	1.090 ± 0.129
	2n=2x	59.14 ± 3.16	45.59 ± 3.99	1.303 ± 0.138
SBD	2n=4x	63.21 ± 3.44	55.81 ± 2.76	1.133 ± 0.115
	2n=2x	63.84 ± 4.51	46.06 ± 3.22	1.389 ± 0.052
日ヴ66	2n=4x	57.61 ± 4.68	54.44 ± 4.42	1.044 ± 0.101
	2n=2x	54.46 ± 2.78	44.56 ± 4.00	1.184 ± 0.188

四倍体花粉为圆球形，极轴长和原二倍体一致，赤道轴比原二倍体长，极轴/赤道轴(P/E)值平均为1.111，极面观有3裂片状、4裂片状，赤道面观圆形。正常花粉约占40%，其他为异形花粉，有蘑菇状、三角形等；空瘪花粉占8%；粘连花粉约占6%，其中有2个花粉粒粘连、3个花粉粒粘连、4个花粉粒粘连，花粉粒整齐度差。四倍体西瓜91E7中有约6%的复合花粉存在，为正四面体四合花粉，组成四合花粉的花粉粒多为异形花粉。四倍体花粉正常花粉的萌发孔为孔沟类型，有3孔沟、4孔沟及多孔沟等，沟长达两极。萌发孔圆形或椭圆形，位于沟的中央、赤道面上，具孔盖，孔盖面积大于二倍体，有些特别突出，沟区内有突起小颗粒，有的有疣状突起。外壁具有清楚的网状雕纹，网眼分布不均匀，大小不等，形状不规则，网眼内可见较多乳状突起颗粒，其颗粒比二倍体大。网眼密度约0.109个/μm^2。靠近萌发沟的网眼变小。网脊表面平滑，但有间断。异形花粉和多沟花粉，沟的出现不规则，交汇点不在两极，有的在赤道面；萌发孔也不在萌发沟中央，有的在两沟交接地方，有的在网眼面。像蘑菇形的花粉只有1条萌发沟，沟内没有萌发孔，萌发孔在网眼面。空瘪花粉和三倍体花粉类似，没有明显萌发孔；粘连花粉的萌发孔数量减少，孔盖缺失和异常。四倍体花粉大小形状不同，异形花粉占35%以上，很多萌发孔异常，影响花粉的萌发和花粉管的伸长，使四倍体比二倍体花粉萌发率低。

二倍体花粉多为近长球形，不同品种间有差异，极轴/赤道轴(P/E)值平均为1.283，极面观3裂片状，赤道面观椭圆形，花粉大小、形状整齐一致，部分品种出现复合花粉。二倍体花粉萌发孔均为孔沟类型，具3孔沟，沟长达两极，沟的形状一般是向两极逐渐变窄，极区形成沟角。萌发孔圆形，具椭圆形孔盖，沟区有突起小颗粒。外壁具有清楚的网状雕纹，网眼分布较均匀，大小不等，形状不规则，网孔内可见较多乳状突起，网眼密度约0.156个/μm^2。网脊表面平滑连续。

三倍体花粉全部为空瘪花粉，极轴和赤道轴难以区分。电镜下观察比四倍体、二倍体正常花粉都大，且花粉大小不一，其中有花粉粘连现象。三倍体花粉大部分为皱缩花粉，没有明显萌发沟，少数花粉外壁具有不连续的网状雕纹，网眼分布不均匀，大小不等，形状不规则，外壁内陷。大部分花粉没有网状雕纹，外壁为瘤状突起雕纹，成脑纹状。

表3-13　不同倍性西瓜花粉粒与叶片解剖结构比较

项　　目		2x	3x	4x
花粉粒	形态	小，正常	大小不均匀，不正常，大多空瘪、相互粘连	大，正常
	直径（μm）	50~60	大粒（64.05±6.38）~（110.96±12.22） 小粒（52.07±6.83）~（77.28±5.77）	64.32±4.85
发芽孔数目（个）		3	无定数	4
叶片气孔保卫细胞长度（μm）		（22.47±1.13）~（25.39±1.89）	（26.65±1.1）~（27.12±1.1）	34.91±1.44
叶片气孔保卫细胞中叶绿体数（个）		（12.20±2.70）~（14.78±1.17）	（14.19±1.91）~（15.38±2.07）	23.42±2.03
1mm²叶片气孔数		（236.55±19.44）~（355.5640.89）	（205.55±35.56）~（247.66±11.22）	180.22±15.28

3. 叶片保卫细胞和气孔的细胞学特征　西瓜叶片保卫细胞的大小、单位面积上的气孔数及保卫细胞中叶绿体的大小和数目与倍性的关系具有高度的相关性（表3-13）。从叶片的解剖结构上可以明显地看到四倍体和三倍体西瓜叶表皮细胞气孔分布的特点是：单位面积上气孔数目减少，而气孔的体积较普通二倍体西瓜增大20%左右。气孔的保卫细胞长度及其中叶绿体数目有随倍数性提高而增加的趋势，而单位面积内气孔的数目却随倍数性而递减。四倍体西瓜的保卫细胞一般长30~40μm，1mm²面积上有130多个气孔，保卫细胞中的叶绿体大而圆整，数目多。二倍体西瓜的保卫细胞一般长20~30μm，1mm²面积上有250多个气孔，保卫细胞中的叶绿体小而数目少。三倍体西瓜的保卫细胞大小与单位面积上的气孔数介于四倍体与二倍体西

瓜之间，其保卫细胞一般长25～35μm，1mm²面积上有200多个气孔，保卫细胞中的叶绿体大小和数目也介于四倍体和二倍体西瓜之间(表3-14)。

表3-14　四倍体与原二倍体西瓜叶片保卫细胞和气孔特点比

(湖南农学院，1978)

品　　种	倍数性	保卫细胞长度（μm）	保卫细胞中的叶绿体数目	1mm²叶片气孔数
都3号	2n=2x	25.36±1.69	12.94±2.16	289.33±35.13
	2n=4x	32.73±2.28	15.96±2.34	152.00±18.16
蜜　宝	2n=2x	23.13±7.16	11.92±1.38	294.56±5.59
	2n=4x	30.75±2.21	19.80±2.22	168.44±23.36
蜜　枚	2n=2x	24.75±1.77	12.20±1.49	246.22±19.11
	2n=4x	30.05±1.53	19.38±2.62	176.22±16.94
红　玫	2n=2x	24.53±1.60	11.62±2.35	242.44±34.24
	2n=4x	31.57±2.33	17.26±1.80	162.44±16.46
解放瓜	2n=2x	24.06±1.44	12.12±1.63	239.56±16.95
	2n=4x	36.44±2.78	20.32±2.69	151.78±21.71
旭大和	2n=2x	24.97±1.91	12.50±2.10	269.56±30.84
	2n=4x	34.89±1.43	19.91±2.39	172.44±14.58

刘文革等(2003)以蜜枚和JM西瓜品种的纯合二倍体及人工诱导的同基因型的同源三倍体、四倍体植株为材料，对其植株叶片的光合色素进行了测定。结果表明，按单位鲜重测定光合色素，2个品种的叶绿素a、叶绿素b和类胡萝卜素含量总的趋势是随着染色体倍性的增加而减少，在单位重量里四倍体、三倍体的光合色素含量低于二倍体，不同染色体倍性之间差异显著。原因是不同染色体倍性西瓜之间的叶片厚度有差异，三倍体、四倍体的叶片较厚。但从总的趋势来看，单位面积的光合色素(叶绿素a、叶绿素b和类胡萝卜素)含量随着倍性的增加而增加。因此，测定多倍体西瓜植株的光合色素含量宜采用单位叶面积。

三、四倍体西瓜生理特性

四倍体西瓜由于细胞及其核的体积增大，细胞表面积与体积的比例关系也发生变化，这就影响到一些重要物质的扩散和交换。因此，对个体的生长发育可能产生不利的影响。染色体加倍后基因剂量发生变化也引起一些生化关系的改变。当植物体内对于酶的产生或活性无严格调控时，等位基因越多，酶也越多，活性增强，生化活性也随之加强。但不同的基因这种关系不同。四倍体西瓜生理特性的变化主要表现为以下几个方面。

1. 果实品质优，耐贮运

（1）果实品质优良　四倍体西瓜的肉质致密而脆，味甜，口感好，含糖量比原二倍体西瓜高1%~2%，且葡萄糖、果糖和蔗糖的比例发生变化。四倍体西瓜单瓜种子数量是有籽西瓜的10%~20%，一般单瓜种子数只有50~80粒，食用方便。

（2）内含物增加　四倍体西瓜果实糖的含量一般比原二倍体西瓜高，叶绿素和花青素的含量也增高，而生长素的含量却降低。另外，还有一些特殊的物质如引起异味的物质增加。三倍体西瓜的含糖量除与双亲有关以外，还与配合力有关。一般三倍体西瓜的含糖量比二倍体高，且糖分均匀，梯度小。

（3）耐贮运　四倍体西瓜果皮韧性好，不易破裂，且很少有过熟现象，果实耐贮运能力比原二倍体强。采收后正常温度下可贮藏30~35d(魏晓明等，2005)。

2. 抗性增强

（1）耐热　经植物生理测试，四倍体西瓜的蒸腾作用比二倍体高45%，同化强度高24%，在盛夏高温期生长表现良好(魏晓明等，2005)。但四倍体西瓜的耐冷性比二倍体西瓜差，三倍体西瓜的耐冷性介于二倍体和四倍体西瓜之间。

（2）耐湿　四倍体西瓜喜肥水，坐果稳，不易徒长。四倍体西瓜的耐湿能力强，在雨水过多的情况下仍能取得较高的产量。所以，在连续降雨数日的情况下，常导致二倍体西瓜果实停止生长乃至植株死亡，而四倍体西瓜雨过天晴后又恢复生机。四倍体西瓜在比较湿润的空气和土壤条件下生长旺盛，果实大而且外观好，产量高，品质优。但四倍体西瓜的抗旱能力较差。

（3）耐盐　刘文革(2002)用氯化钠琼脂固定法对蜜枚二倍体、三倍体、四倍体在不同浓度氯化钠胁迫下发芽种子成苗率、下胚轴长、根长、侧根数等指标的测定结果表明，在30~60mmol/L低浓度下，不同倍性西瓜所测指标都比对照(0 mmol/L)高，但倍性之间没有明显差异。在90mmol/L以上浓度时，不同倍性之间有明显差异，耐盐性为四倍体＞二倍体＞三倍体，四倍体可耐受150mmol/L浓度的盐分，二倍体可耐受120 mmol/L浓度的盐分，三倍体可耐受90mmol/L浓度的盐分。

（4）抗病性　四倍体西瓜对炭疽病、白粉病、枯萎病的抵抗能力比二倍体西瓜强，尤其对枯萎病的抵抗能力较二倍体西瓜和三倍体西瓜强。但在干旱的年份和季节四倍体西瓜易感染病毒病。

（5）抗逆性　四倍体西瓜茎节粗短，叶片肥大，容易遭风害。三倍体西瓜抗风害能力一般优于四倍体西瓜。三倍体西瓜的抗病、耐湿能力均比二倍体强，三倍体西瓜除了多倍体优势外，还与所配适宜组合产生的杂种优势有关。

3. 生育特性的变化　四倍体西瓜虽然种胚发育充实，但由于种皮较厚，种喙较紧，种子发芽比较困难。所以，四倍体西瓜种子若不进行处理，种子虽能发芽，但发芽推迟1~3d，发芽率稍降低。四倍体西瓜种子发芽率、成苗率远比三倍体无籽西瓜高，一般在95%以上，且出土幼芽带帽比三倍体西瓜少。采用浸种、嗑籽和催芽的方法可使四倍体种子像二倍体种子一样发芽，发芽率可以达到100%。

四倍体西瓜的整个生育期要求较高的温度，发芽期的最适温度为32℃，低于25℃和高于45℃发芽受阻。二倍体西瓜种子容易发芽，对温度要求不严格，在

15～40℃的温度下均能发芽，适宜温度为25～33℃。三倍体西瓜种子发芽比四倍体西瓜要求条件更严格，必须经过浸种、嗑籽和催芽。三倍体西瓜种子的催芽温度与四倍体西瓜相似，四倍体西瓜育苗期的最适温度是26℃，比三倍体无籽西瓜高1℃，比普通有籽西瓜高2℃，夜间温度不应低于19℃。

四倍体西瓜幼苗比三倍体无籽西瓜粗壮、色深。四倍体苗期生长缓慢，前期生长比普通有籽西瓜推迟10d左右，比无籽西瓜推迟2～3d。伸蔓后植株生长速度加快，茎蔓生长旺盛，根系发达，茎叶增粗加厚，但分枝力弱，节间短不易徒长。四倍体西瓜分枝力弱，侧枝少而出现晚，生长慢，枝蔓管理简单。一般情况下不必整枝，只有在肥水过多、生长过于旺盛、茎叶相互荫蔽的情况下，才适当整枝打杈。

四倍体西瓜整个生育期需肥、需水量大，比二倍体西瓜耐肥，不易因施肥过多而徒长，坐果性良好。由于其雄花孕性正常，无需配置授粉品种。开花期如遇连续阴雨天气，最好进行人工辅助授粉。施肥量应比二倍体西瓜增加20%～30%，尤其是增施磷钾肥和有机肥效果更好。四倍体西瓜的果实发育期长，成熟期晚，整个生育期延长。由于四倍体西瓜熟期较晚，不宜作早熟栽培。

四倍体西瓜的花粉粒大而重，常4个粘在一起，萌发能力和受精能力较差，自交授粉坐果比较困难，特别是在开花授粉前期。所以四倍体西瓜的孕性低，单瓜种子数少，一般单瓜种子数只有数十粒至一百多粒。

第三节　四倍体西瓜诱变与品种选育

一、四倍体西瓜的诱变与影响因子

(一) 四倍体西瓜的诱变

四倍体西瓜是通过人工诱变二倍体西瓜，使之染色体组加倍获得的。而目前最有效并被普遍采用的化学药剂是秋水仙素，其分子式为$C_{22}H_{25}O_6N$，分子量399.43。难溶于热水、乙醚和苯，易溶于冷水、酒精和氯仿，熔点142～155℃，0.5%的水溶液pH为5.8，见光易分解，应装在棕色玻璃瓶中避光密封保存。秋水仙素有剧毒，对动物中枢神经有麻痹作用，可造成呼吸困难；进入眼中，有刺痛，严重时可导致失明；误食有致命的危险，使用时应注意安全。秋水仙素作用于植物，可以通过维管束系统在植物体内运转，并可渗透入植物细胞中，通过阻止纺锤丝的形成，造成重组核，使细胞核中染色体加倍。当药剂作用消失后，染色体已经加倍的细胞，又恢复正常的有丝分裂，并通过多倍化细胞的分裂分化，发育成多倍化组织。

在利用秋水仙素对西瓜进行多倍体诱变时，并不是都能顺利地获得多倍化变异植株，常因处理时机、处理时的温度条件、药剂浓度以及供处理亲本的不同，而有不同的结果，变异频率往往也有很大差异。有时一些在形态上具有明显变异的植株，也不一定是四倍体。冯午(1962)引用细胞学家段续川曾指出的"用秋水仙素处理植物，得到多倍性的细胞是不难的，但要得到多倍体植物就不容易了"来解释这一现象。据国外报道，利用秋水仙素诱变四倍体的常规技术，成功率约在1%。Raicu和Anghel(1966)曾处理3个西瓜品种的幼苗共1 560株，获得四倍体13株(0.83%)。后者1969年又处理3个品种800株，约30%产生形态上的变异，真正的四倍体只有8株(1%)。从形态变异株中选出真正的四倍体，是细致而繁杂的工作。但在了解了影响变异的因素和掌握了诱变育种技术以后，变异频率可大幅度提高。中国西瓜育种家在同源四倍体西瓜的诱变中，一般诱变频率在1/10以上。周泉等（1990）采用0.25%秋水仙碱水溶液，进行滴苗处理4个全缘叶自交系西瓜品种，诱变率达31.9%。

（二）影响西瓜四倍体人工诱变的因子

1. 由于秋水仙素只对正在分裂的细胞有影响，而对相对静止状态的细胞没有作用，因此处理时应选植株细胞分裂最活跃的部位和正在旺盛分裂的时期。据湖南农学院园艺系的研究(1974)，西瓜细胞的分裂盛期有4个分裂高峰。在30～35℃温度条件下，西瓜茎尖和幼叶细胞的分裂高峰时间是6：00～7：00，12：00～13：00，18：00～19：00，24：00至翌日1：00。而处理生长点，应在细胞有丝分裂盛期以前进行。

2. 生长点细胞分裂的强弱与温度有关。在一定的温度范围内，温度越高，诱变成功的可能性越大。这是因为在药剂浓度适当的情况下，如果外温适宜，生长点细胞就处于活跃分裂的状态。如果在略低于植株生长适温的条件下（昼夜平均气温12～15℃），常可获得比植株生长适温时处理更好的诱变效果。

3. 处理的时间越早，获得分生组织全为四倍体细胞的数目就越多；反之，则大多数是混杂的，即混倍体或嵌合体。虽然秋水仙素在细胞分裂的每一时期都有作用，但以中期最为显著，因此即使处理刚出土的幼苗，也应注意细胞分裂周期。而处理的时间，应在幼苗出土的第一天就开始进行。

处理时间的长短，对诱变结果也有极大的影响。处理时间过短，往往只有少数细胞加倍，而大多数细胞停留在二倍体状态。由于二倍体细胞分裂比四倍体细胞快，因此刚变成的四倍体细胞易受到二倍体细胞的抑制而发育受阻，致使诱变失败。如果处理时间过长，则常因药害导致处理材料死亡，或因超过一个秋水仙素分裂周期造成染色体的再加倍。

4. 采用适当的秋水仙素溶液浓度。浓度过高将发生药害，过低则不起作用。用于西瓜的诱变浓度，从0.1%～0.4%都有效。浓度的确定与温度有关，温度高时宜采用较低的浓度，若在温度高时采用较高的浓度，毒害也重，致使细胞分裂完全停止或导致再加倍。

5. 嵌合体形成的原因是由于生长点的三层分生组织细胞加倍不全面或加倍的细胞没有达到应有的倍数造成的。茎顶端的生长组织是由几层细胞组成的，每层细胞发育成不同的器官，最外一层发育成表皮细胞，第三层通常发育成花粉粒及卵细胞。只有从第一层到第三层细胞同时都受到药剂的作用，才能使全株成为四倍体植株。

6. 不同种植物对多倍性反应不同，而且不同的品种，甚至不同的个体，对多倍性的反应也是有区别的。因此，即使对某一西瓜材料诱变成功，获得了它的同源四倍体，也不一定具有可直接利用的优良的经济性状。四倍体的诱变成功，只是产生了一个多倍化的西瓜原始材料，只有在通过筛选和选育，并具有稳定的优良经济性状后，才能成为一个可被利用的四倍体品种(系)。

7. 不同的西瓜品种对秋水仙素的反应不同，所以还不可能有一个对任何品种都适宜的浓度、时间和方法，来获得最高的变异率。在同一时间和用同一方法处理幼苗时，有的品种出现较多的变异株，而对有的品种却没有作用。育种实践表明，日本品种易诱变。木原均等也曾指出："从培育三倍体看出，日本的二倍体西瓜受秋水仙素处理容易达到染色体加倍的目的，并且获得了同源四倍体的很多种类。"

二、四倍体西瓜诱变方法与品种选育

(一) 诱变材料的选择

在进行四倍体材料诱变过程中，根据育种目标，必须选用糖分高、品质好、果皮薄、中籽或中小籽、果形高圆或短椭圆形、瓤色鲜艳、类型多样、抗性强等优良性状的二倍体固定品种或纯系进行诱变，才能获得综合性状优良的四倍体材料。

1. 选用种子颜色一致的二倍体西瓜种子　选择种子时，应选中籽或中小籽，并要求种子颜色一致（图3-10），单瓜种子数在220～300粒，千粒重为57g左右的二倍体西瓜品种进行诱变。二倍体西瓜经诱导"多倍化"以后，大种子变得更大；小种子虽然变大，但依然偏小。利用大种子的四倍体西瓜配成的三倍体无籽西瓜，种腔大，容易形成空心果，并且秕籽多而大，致使无籽西瓜"无籽性"和商品性差。采用小种子的四倍体西瓜配成的三倍体无籽西瓜，种子发芽势弱，发芽率低，导致成苗率低等。因此，一般不选用大籽或小籽的二倍体西瓜作为诱变材料。

图3-10　颜色一致的西瓜种子

2. 选用纯合的二倍体西瓜品种　获得遗传基础丰富的四倍体西瓜有两条途径：一是类型多样的二倍体固定品种或纯系进行诱变；二是选用杂合二倍体材料进行诱变。后者诱导成为四倍体西瓜以后大量分离，可以得到遗传基础十分丰富的四倍体材料，但要从这些材料中选出符合育种目标的纯合的个体，所需选择的群体和时间要比纯合二倍体西瓜大而长，难度更大。因此，在选择二倍体西瓜诱变材料时，应选择纯合的二倍体西瓜品种作为诱变材料（图3-11）。

图3-11　纯合的二倍体西瓜诱变材料

3. 选用果皮薄、韧性强的二倍体西瓜品种　二倍体品种经过诱变"多倍化"以后，果皮变厚，所以诱变四倍体西瓜所用的原始二倍体，应选用果皮薄的优良品种要求选用果皮厚度 0.8～1.0cm、果皮坚硬且韧、不易裂果的品种（图3-12）。

图3-12　果皮薄、韧性强的西瓜品种

4. 选用瓤色鲜艳、剖面好且一致的二倍体西瓜品种　在选择瓜瓤时，果实剖面要求颜色鲜艳，剖面美观，质地组织均匀一致的二倍体西瓜品种（图3-13）。

图3-13　瓤色鲜艳、剖面好且一致的西瓜品种

5. 选用内在品质优的二倍体西瓜品种　选用肉质紧密，纤维少；中心可溶性固形物含量12%左右，边部8%以上的二倍体西瓜品种（图3-14）。若选用瓜瓤质地粗松的二倍体西瓜品种进行诱变，诱变后的四倍体西瓜表现为肉质松软，易倒瓤或空心。

图3-14　肉质紧密、品质优的西瓜品种

6. 选用果形外表美观、皮色一致的二倍体西瓜品种　选择果形时，要求果皮无棱沟、外表美观、光泽好、皮色一致的二倍体西瓜品种（图3-15）。

图3-15　果形外表美观、皮色一致的西瓜品种

7. 选用果形高圆或短椭圆形的二倍体西瓜品种　稍扁圆或圆形果诱变成四倍体以后表现为纵径缩短、横径增大，容易造成空心果；长椭圆形果诱变成四倍体以后表现为横径缩短、纵径增大，果形指数更大，容易造成畸形果和空心果。因此，应尽量选用果形高圆或短椭圆形的二倍体西瓜品种进行诱变（图3-16）。

图3-16　高圆形或短椭圆形的西瓜品种

8. 选用中大果型的二倍体西瓜品种　大果型二倍体西瓜品种诱变成四倍体以后，一般表现为叶片特别肥大、茎秆粗短、枝叶繁茂、防风性能差、果实大、种子少，其所需营养面积大，占用土地面积多，而单位面积的采种量低，用作三倍体西瓜母本进行制种时不经济。因此，尽量避免选用大果型二倍体西瓜品种进行诱变，一般选用中大果型的二倍体西瓜品种（图3-17和图3-18）。

图3-17　中大果型西瓜品种

图3-18　中果型西瓜品种

9. 选用中小果型的二倍体西瓜品种　根据中小果型无籽西瓜的育种目标，选育中小果型无籽西瓜的四倍体母本时，二倍体西瓜果形应选择圆球形或短椭圆形，单瓜重1.5～4kg的二倍体西瓜品种进行诱变（图3-19）。

图3-19　中小果型的圆球形或短椭圆形西瓜品种

10. 选用特色型的中小果型二倍体西瓜品种　根据育种目标的多样性和为了丰富果品市场对奇、特、新品种的需求，可选用特色型的中小果型二倍体西瓜品种（图3-20）。

图3-20　特色型的中小果型西瓜品种

11. 选用抗性强、耐湿性强的二倍体西瓜品系或品种　南方地区阴雨寡照天气较多，应选择生长势强、抗性强和耐湿性强的二倍体西瓜品种。北方地区应选择耐日灼、耐盐碱、抗旱性强和抗病性强的二倍体西瓜品种（图3-21）。

图3-21　抗性强和耐湿性强的西瓜品种

12. 选择坐果性强的品种　南方多雨寡照的气候条件下，应选择耐弱光、坐果性强的二倍体西瓜品种（图3-22）。

图3-22　耐弱光、坐果性强的西瓜品种

13. 选择二倍体西瓜雌花数量多的品种　为了提高四倍体西瓜和三倍体无籽西瓜的坐果率，要选择雌花数量多的二倍体西瓜品种（图3-23）进行诱变。

图3-23　雌花数量多的西瓜品种

14. 选择熟性早的品种　根据中小果型无籽西瓜的育种目标，应选择早熟性好的二倍体西瓜品种（图3-24）。

图3-24　早熟性好的西瓜品种

(二) 诱变方法的确定

只要了解了影响染色体加倍的各种因素，并采用适当的诱导技术，要获得四倍体西瓜并不困难。西瓜同源四倍体的诱变，目前已成为一项成熟的技术。正如木原均等（1947）所指出，对西瓜"幼嫩的二倍体幼苗，一连4d内每天都用浓度为0.2%或0.4%的秋水仙素溶液处理，每天往幼嫩的生长点上滴1滴药剂，可以保证顺利地获得四倍体"。这一方法至今仍为各国育种家所采用。但这一方法不是唯一的，中国育种家曾对西瓜多倍体诱变技术进行了许多卓有成效的试验研究，发展和建立了许多旨在提高诱变频率的方法。这些方法虽各有利弊，但都同样有效。

1. **浸种法**　先将种子在清水中浸种6～12h，然后再在0.2%～0.4%的秋水仙素溶液中浸种24h；也可将干种子放在上述浓度药液中浸种24h或48h；还可将催芽后刚刚萌动的种子在药液中浸种24h。种子经药剂处理后用清水冲洗20～30min，洗净种子表面的药液。干种子处理完毕用清水冲洗后，最好再放在清水中浸种10～12h，然后在28～30℃温度条件下催芽，出芽后播种。这种方法简便、有效，又经过催芽和育苗2次选择淘汰，可减少大田工作量。但这种方法耗药量大，且采用浓度不易掌握，浓度稍高，种子因受药害而不发芽，或发芽后胚轴肥大，主根短，根系发育不良，变异率虽高，成活率却很低；浓度低时则变异率也低。

2. **胚芽倒置浸渍法**　温水浸种5～10h后催芽，根长1.5cm左右、刚露出子叶时，只将子叶部分浸入浓度为0.4%的秋水仙素药液中，根尖朝上，盖上湿纱布保湿，放入30℃恒温箱中，处理时间从11：00到翌晨8：00。处理后用清水冲洗1～2h，放在有胡敏酸的沙质培养基上，使其长出侧根。这种方法用药量少，可在平皿中处理，药液以没过子叶为度，而且费时少，诱变频率高，根部不受药剂的伤害，变异植株成活率高。湖南农学院（1947）用这一方法处理新大和与都3号2个品种，获得93.3%与92.5%的变异率。用这一方法处理其他品种，变异率也达到90%以上。

3. **滴苗法**　当幼苗出土、子叶刚展平时，用0.2%～0.4%秋水仙素药剂于每日5：00～6：00、17：00～18：00滴浸幼苗生长点各1次，连续4d。处理时期为子叶刚展开时立即进行，越早越好。处理时若在生长点放上小团脱脂棉，能增进诱变效果。每天处理后注意遮阴和覆盖塑料薄膜，以保持空气湿度和药液浓度，使药液能够在生长点上停留尽可能长的时间。这种方法是普遍被采用的方法，但这一方法较为费时费工。应当注意的是，每次滴药液以形成1滴水珠包住生长点为度，点滴过多药液则会顺下胚轴流下，影响处理效果。处理时若气温过高，幼苗细胞分裂迅速，药液抑制作用减弱，变异频率低。以昼夜平均气温15℃左右时，诱变频率最高。

4. **涂抹法**　将0.1g秋水仙素配成1%水溶液，置于水浴上加温，倒入20g羊毛脂，充分搅拌均匀，即成为1%秋水仙素羊毛脂膏。当西瓜子叶出土后即在生长点上细致地涂抹一层。点滴法需处理多次，而涂抹法涂抹1次即可，且幼苗受药剂伤害也较小，生存率可达70%。最好在晴天中午高温时进行处理，处理时将羊毛脂膏加热变稀，有利于药剂紧密附着在生长点上。采用在剥去生长点外幼叶后用秋水仙素药液滴苗和用羊毛脂膏涂抹的技术，取得了显著的效果。

除了利用秋水仙素诱导获得西瓜同源四倍体外，还可以利用生物技术诱导获得四倍体西瓜。美国Clemson大学B.B.Rhodes等报道，取授粉后1周左右的幼果，经消毒后在无菌条件下剥去种皮取出幼胚，接种到加有BA和2,4-D的MS培养基上，在黑暗条件下约培养40d，长出了多倍性愈伤组织。然后将多倍性愈伤组织转移到加有BA和IBA的MS培养基上，在每天光照12h和28℃温度条件下培养约30d，由愈伤组织分化出芽。选高度在3cm以上的多倍性芽苗，接种到加有IBA的1/2MS培养基上生根，经20d左右，可获得四倍体完整植株。

无论用什么方法诱导，在田间都须对具有四倍体形态的植株进行自交，以保存变异个体，并在以后的世代中进行鉴定和进一步选育，直至达到育种目标。由于可能出现嵌合体，自交授粉时应选同一植株上具有四倍体特征的较大的雌花和雄花授粉。在刚获得的四倍体植株中，可能出现自交不孕的四倍体个体，在多次自交未能坐果的情况下，可于自交时在子房周围涂抹1%萘乙酰胺(NAM)的羊毛脂(Green and Stevenson，1957；Stoner，Johnson，1965)，以促进坐果，而且果实中最大限度地含有有生活力的种子。这表明，四倍体西瓜的自交不孕性，花粉比胚珠更为重要，这也是为什么自交不孕的四倍体在用二倍体杂交时容易坐果的原因。用激素可以获得四倍体种子的实例，明显地证明自交不孕品系的花粉缺乏对坐果所必需的某种物质，附加的NAM可能代替某种物质或代替花粉中不足的某种物质。另外的可能是，不孕植株的花粉在子房脱落前不能迅速地伸长到胚珠，并在子房离层形成前达到授精。NAM的作用可以解释为阻止四倍体植株花粉管的中断。

(三) 四倍体西瓜的鉴定

二倍体西瓜经秋水仙素处理后，有的个体仍维持二倍体状态，有的个体则会发生变异。在这些变异的植株中，可根据四倍体西瓜的各项指标进行鉴定，筛选出诱变成功的四倍体植株，并自交留种，以后再进一步进行选育，以育成可被利用的稳定的四倍体系(品种)。

1. **形态学方法**　育种实践证明，利用形态学方法能够简便而有效地将变异成功的四倍体植株鉴别出来。主要特征是：苗期子叶增厚，真叶畸形；成株期叶片宽大肥厚，叶缘锯齿明显，颜色深绿，茎节间粗短，刚毛粗硬，花器变大，花瓣大而肥厚，颜色较淡。选花器明显变大的雌花雄花自交，果实成熟后果形指数(L/D值)变小，果皮增厚，种子数量变少，种子变宽，种子嘴部变宽。如果变异株具有这些形态特征，可以认为是四倍体西瓜，因为不同倍性的西瓜具有不同的形态特征。但有的变异个体，虽然具备了四倍体的形态特征，然而下代却没有形态上的变异，经镜检，对细胞染色体计数也未见染色体加倍(2n=2x=22)，这一现象被解释为"饰变"。为了确认所获得的变异株是否为真正的四倍体，可将变异株种子播种，用二倍体作父本进行杂交，杂交种子种出来若是无籽西瓜，则可确认变异株为真正的四倍体。也可将待鉴定的变异株作父本，与已知的四倍体母本杂交，杂交种子若臌胀饱满，则被鉴定株为四倍体；杂交种子若薄而中间凹陷，说明被鉴定株为二倍体。若用被鉴定株雄花给二倍体西瓜授粉，被鉴定株为四倍体时，二倍体所结果实中没有种子；若被鉴定株为二倍体时，母本果实中会有大量的正常种子。

利用形态特征鉴别四倍体西瓜不需任何器械设备，简便易行。如果进一步利用细胞学方法镜检花粉粒大小、叶片气孔保卫细胞的大小和单位面积内气孔的数量这些微观形态特征，则更有助于确认变异株的倍性属性。

2. 细胞学鉴定法 根据气孔保卫细胞长度、气孔保卫细胞中叶绿体数目、单位面积内气孔、花粉粒发芽孔数目，花粉母细胞四分体时的小孢子数及小孢子所含的核仁数进行判定。Sari N等在西瓜上发现叶片保卫细胞叶绿体个数与植物倍性呈正相关，可作为鉴定西瓜植株倍性的快速、有效的方法。刘文革、王鸣等利用扫描电子显微镜对不同倍性西瓜花粉形态进行了系统观察，结果表明：二倍体花粉多为近长球形，花粉整齐一致；四倍体花粉为圆球形，有异形花粉、粘连花粉和空瘪花粉等；三倍体花粉全部为空瘪花粉。

3. 分子生物学鉴定法 随着分子生物学技术的发展，人们开始从分子水平入手研究多倍体，对其倍性、来源进行鉴定。目前，分子技术主要应用在西瓜多倍体育种中材料的选择，植株种子、幼苗的纯度鉴定等领域。刘文革等以蜜枚和JM西瓜品种的纯合二倍体及其人工诱导的同源四倍体、二倍体为材料，对不同倍性西瓜AFLP标记的分子遗传变异进行了比较。其中，蜜枚西瓜品种具有多态性的条带有3条，四倍体、三倍体和二倍体各有一条特异带；JM西瓜具有多态性的条带有7条，3条为JM4x特有带，2条为JM3x特有带，2条为JM2x特有带。

4. 染色体计数法 这是确定变异株细胞染色体是否加倍最直接的方法。前人曾报道多种镜检和计数染色体的方法，但因西瓜染色体较小，镜检困难，实验证明以"植物染色体F-BSG法"效果较好。这一方法的步骤是：

取材：对被检种子催芽，芽长1cm左右时截取根尖作备用材料。也可用茎尖、幼叶和幼花蕾。

预处理：将准备好的材料用0.02mol/L的8-羟基喹啉在18℃下处理3h左右。也可用对二氯苯、秋水仙素或冰冻处理，然后用蒸馏水洗净。

前低渗：用0.075mol/L的氯化钾溶液在18～28℃下低渗(浸泡)20min，蒸馏水洗净。

酶解：2.5%果胶酶和纤维素酶混合液，pH5～5.5，18～25℃下酶解至根尖的分生组织接近脱落为度，一般3h左右。也可用1mol/L的盐酸和盐酸酒精处理，但必须将表面的酸洗净。

后低渗：蒸馏水浸泡20min。

固定保存：将酶解低渗后的材料用3：1的甲醇冰醋酸固定(也可用卡诺固定液)，可以当时制片。或固定12h后换70%酒精，置冰箱中保存1个月，随时取用制片。

火焰制片：截取1～2mm根尖分生组织，置于载玻片上，加少量固定液，于酒精灯上火焰烤片至干燥。

染色：用pH6.8的磷酸缓冲液稀释成5%或10%的Gimsa染色液染色，在室温下染色需10~30min，在高温下染色时间可以缩短，染色后的载玻片用蒸馏水冲洗干净其上多余的染液，再将载玻片烘干或冷干。

封片观察：干后的片子用二甲苯透明1h左右，取出晾干，用达玛胶封片，置于显微镜下观察，选择有丝分裂晚前期或早中期的分裂相，10个以上染色体分散的细胞计数和照相，并确定被检材料的倍性。

5. 流式细胞仪分析法　该方法可迅速测定细胞核内DNA含量和细胞核大小，是大范围实验中鉴定倍性的快速有效的方法。此法测定细胞DNA含量不受外部因素，如光密度、植物组织水含量的影响。

6. 条件鉴定法　郭启高等设计的增殖系数法、高温胁迫法、低温胁迫法鉴定西瓜试管苗四倍体平均符合程度分别为88%、90%、80%，是快捷高效的四倍体鉴定方法，可以省大量时间与人力。

7. 杂交鉴定法　利用反交法，以待鉴定的诱导植株为母本，已知二倍体植株为父本进行套袋隔离杂交，单瓜留种，若所结种子为具有种胚的正常种子，说明被鉴定株为未发生变异的二倍体植株。若所结种子为中央凹的三倍体种子，说明被鉴定植株是发生变异的四倍体植株。试验结果表明：采用杂交鉴定法判断四倍体变异株的准确率达到100%。而且利用此法当代即可确认四倍体并获得三倍体，可以免去工作繁琐复杂的染色体记数法。

(四) 四倍体西瓜的优选原则

四倍体西瓜的选育，旨在获得可以被利用的具有优良性状的稳定的四倍体品系。在选育过程中，除了按照育种目标进行系统选育和杂交育种外，四倍体西瓜选育应遵循如下优选原则。

1. 选择孕性较高的四倍体西瓜　同源四倍体西瓜孕性降低，种子数减少，特别是通过人工诱变刚刚获得的四倍体更是如此。许多研究者从各方面分析了同源四倍体孕性低的原因，如四倍体在减数分裂时染色体配对不正常、多价体的形成(Darlington CD，1932,1937)、形态学上的改变影响了同化异化作用的进行和营养物质运转上的障碍性因素减弱(鲍文奎、严育瑞，1956；Muntzing，1936)，但Muntzing 1956年又指出，"同源四倍体孕性不仅是多价体存在或不存在的影响，而且也受基因的控制"。育种实践证明，四倍体西瓜种子的多少，具有可遗传的特性，即生理生化环境等因素的作用，也因四倍体遗传背景的不同而存在差异。因此，对同源四倍体西瓜进行适当的连续选择，对孕性的提高是有效的。但使四倍体种子数量恢复到二倍体水平，仍未能实现，这是一个有待进一步深入研究的课题。

2. 淘汰有异味的四倍体西瓜　在用四倍体西瓜和二倍体西瓜杂交所获得的三倍体无籽西瓜中，有的果肉具有一种特殊的怪味。实践证明四倍体果实异味大，而二倍体亲本没有异味，说明异味是多倍体果实所特有的。Green及Stevenson(1962) 指出，三倍体杂种出现异味是亲本的作用，而亲本中二倍体未发现有异味，亲本的作用应视为四倍体母本的作用，所以他们提出 "在发展的四倍体品系中，含有强烈异味的任何品系将被淘汰"。

3. 优选性状好的品种 在选育中，除了注意果形好、皮薄、糖度高、品质优良、肉色纯正外，还应注重坐果性稳定、抗病性、抗逆性等的选育。

4. 利用杂交育种选育优良四倍体品种 将不同的四倍体西瓜品系进行杂交育种，杂交亲本应当差异较大或具有互补性，以使其后代产生育种计划所制定的目标。尽管四倍体西瓜杂种不容易稳定，但对选育优良的四倍体品种(系)仍是一条重要途径。

第四节 四倍体西瓜品种（品系）

自20世纪60年代开始，我国广大科研工作者致力于四倍体西瓜品种育种研究，经过艰辛的努力，利用化学诱变、杂交育种、系统选育及国外引种等途径，成功地获得了一大批的综合性状优良的四倍体西瓜品种（品系），现将生产上应用较多的品种（品系）和最新育成的品种简介如下。

一、国外引进和系统选育的品种

1. 四倍体1号 中国农业科学院郑州果树研究所1960年从日本引进的旭大和四倍体经系选育成的品种。中熟，全生育期105d，果实发育期约33d，植株生长旺盛，一般在主蔓上5～6节出现第一雌花。单果重4kg左右。果实圆球形，果皮浅绿色显网状条纹，果皮厚约1.3cm，硬度大于20kg/cm^2，果肉红色，质脆。中心可溶性固形物含量大于10%，近皮部8%左右。种子中等大小，黄褐色，有的有纵裂，千粒重62g。我国第一批无籽西瓜如无籽3号、蜜宝无籽等均以该四倍体作母本育成。

2. 郑果401 中国农业科学院郑州果树研究所于1968年从进口无籽西瓜生产田选出的四倍体西瓜，经多代自交选育而成。中熟，全生育期100～110d，果实发育期约33d。果实圆球形，果皮绿色光亮显网条。单果重4kg以上。皮厚约1.1cm。果肉大红，肉质致密而脆，中心可溶性固形物含量10%～11%，近皮部8.5%。种子棕褐色，有麻点，单瓜种子数较多，平均100粒以上，多者达200余粒；种子较大，千粒重72g。由该品种配制的三倍体种子较多，单瓜种子数150粒以上，但种子发芽率较低。该品系无籽西瓜品种郑果301、郑果302的母本。

3. 72404 由原湖南省邵阳地区农业科学研究所陈为霖等于1972年从进口三倍体无籽西瓜种子中选出的四倍体种子，经1972—1982年自交系统选育而成。中熟，全生育期约110d，果实发育期35d左右。该品种生长势、抗病性均较强，坐果习性好。果实圆球形，单果重4kg左右。果皮浅绿显网条，皮厚1.2cm。果肉鲜红色，肉质较硬，不空心，中心可溶性固形物含量10.0%左右，近皮部约7.5%。种子稍大，黄褐色，大部分种皮纵裂明显。单瓜种子数80～100粒，千粒重70g，发芽率高。

4. 广西402 广西壮族自治区农业科学院园艺研究所1974年由台湾省引进的屏东1号四倍体经连续多代系选，1978年育成。中熟，全生育期105～115d，果实发育期约30d，植株生长势强，抗病耐湿。单果重4kg左右。果实圆球形，果皮浅绿色显网条，果皮大红色，质脆。中心可溶性固形物含量大于11.0%，近皮部8.0%左右。种子中等大小，千粒重69g。

5. 黄金四倍体 由中国农业科学院郑州果树研究所1979年从日本引入。中熟，全生育期105d左右，果实发育期约32d，生长势较强。单果重4.8kg左右，果实为圆球形，果皮浅绿显窄网条，果皮硬度大于18kg/cm^2，果皮厚1.2cm，果肉柠檬黄色，质脆，汁液多，中心可溶性固形物含量达12.0%以上，近皮部为8.9%，种子中等大小，黑褐色，单瓜种子数50～60粒，千粒重65g。以该品种作母本育成的三倍体西瓜采种量低，种子发芽率不高，但无籽西瓜果实的品质优。该品种系金宝等无籽西瓜的母本。

二、国内选育的四倍体品种（品系）

1. 农育1号 由广东省农业科学院于1964年用二倍体富研西瓜诱变育成。中熟，全生育期110d左右，果实发育期约32d。坐果较早而整齐，果实圆球形，单果重4kg左右。果皮浅绿色显网条，硬度大于20kg/cm^2，果皮厚1.2～1.4cm。果肉桃红色，质脆。中心可溶性固形物含量12.0%，近皮部8.5%左右。种子黄褐色，单瓜种子数60粒。主要在广东省利用，为奥蜜无籽西瓜的母本。

2. 北京2号 由中国农业科学院品种资源研究所用早花、旭大和等四倍体品种进行复合杂交，经多代选择于1974年育成。全生育期110d左右，果实发育期约35d，抗病性强，结果性好。单果重3～4kg。果实圆球形，果皮浅绿色，显网纹，果皮厚1.2cm左右，果肉大红，质脆，汁多味甜，不易空心。中心可溶性固形物含量10%以上。单瓜种子数80～100粒，种子黑色，小而饱满。

3. 广西401 由广西壮族自治区农业科学院园艺研究所金伟共等于1974年用二倍体西瓜桂引3号诱变育成。中熟，全生育期100～110d，果实发育期约30d，植株生长旺盛，抗病耐湿，叶柄较短，坐果一般。单果重3～4kg。果实圆球形，果皮墨绿光滑，果皮厚1.2～1.3cm，果肉鲜红色，质爽脆。中心可溶性固形物含量12.0%左右，近皮部8.0%。单瓜种子数40～60粒，千粒重62.5g。

4. 蜜枚四倍体 由中国农业科学院郑州果树研究所谭素英等于1975年诱导杂合体二倍体蜜枚，经多代培育选择，1980年育成。1996年获得国家科技进步三等奖。中晚熟，全生育期110～117d，果实发育期35d左右。对枯萎病、白粉病有较强的抗性。生长势、分枝力中等。雌花出现早，着生密，易

坐果。果实圆球形，果皮黑色被蜡粉。果皮薄而韧，硬度大于20kg/cm^2，果皮厚约1.1cm。果肉致密而脆，而贮运。果肉鲜红色，中心可溶性固形物含量达12.0%，近皮部8.0%～9.0%，品质优。单果重4～5kg。种子中等大，褐色，单瓜种子数80～100粒，千粒重64g。

　　5. 黄枚四倍体　由中国农业科学院郑州果树研究所谭素英等于1980年诱导杂合二倍体蜜枚1989年育成，系蜜枚四倍体的姊妹系。中晚熟，全生育期110～117d，果实发育期35d左右。抗病性强，生长势、分枝力中等。果实圆球形，单果重4～5kg，果皮黑色被蜡粉。果皮薄而韧，硬度大于20kg/cm^2，果皮厚约1.1cm。果肉柠檬黄色，肉质酥脆，中心可溶性固形物含量为11.5%以上，近皮部大于8.0%。不空心，品质优。种子中等大，褐色，单瓜种子数80～100粒，千粒重64g。该品种系郑抗无籽4号、金玫瑰无籽2号的母本。

　　6. 邵选80452　由原湖南省邵阳地区农业科学研究所陈为霖等于1980年用二倍体西瓜塞一诱变育成。中熟偏迟，全生育期99～105d，果实发育期32d左右。植株生长势一般，抗病，耐湿，耐弱光能力较好。果实高圆球形，单果重5.5kg左右，果皮绿色，光滑。果皮厚1.1～1.2cm，坚韧。果肉鲜红色，肉质细密，中心可溶性固形物含量12.0%，单瓜种子数80～90粒，千粒重75g。

　　7. 邵育405　由原湖南省邵阳地区农业科学研究所陈为霖等于1982年用二倍体西瓜红小玉诱变，经系统选育而成。早熟，植株生长势中等。果实高圆球形，单果重1.0～2.0kg，果皮浅绿色显隐条纹。果肉鲜红，含糖量高。单瓜种子数70粒，千粒重50g。

　　8. 四倍体W1　由广西壮族自治区农业科学院园艺研究所李文信等于1985年春用果形端正、皮色浅绿、肉色鲜红、品质中等的四倍体西瓜作母本，用果形端正、皮色深黑、肉色深红、含糖量高、品质优良、抗病力强，但坐果欠佳，且结籽率低的四倍体西瓜作父本，后代进行多代自交，在第六代再用四倍体父本进行回交，以后继续进行自交，定向筛选，经6年12代系统选育于1990年春育成。该自交系抗性强，坐瓜稳定。果实高圆球形，皮色深绿。果肉鲜红，肉质细密、坚实、硬脆，中心可溶性固形物含量12.5%，单瓜结籽率高。

　　9. 邵育454　由原湖南省邵阳地区农业科学研究所于1986年用二倍体西瓜黄小玉诱变育成。早熟，植株生长势中等，易坐果，单株可结2～3果。果实圆球形，单果重1.0～1.5kg，果皮浅绿色底上带深绿细齿条。果肉金黄色，中心可溶性固形物含量12.0%以上，品质风味佳。单瓜种子数45粒，产种量低。

　　10. 板叶5号四倍体　由中国科学院新疆生物土壤沙漠研究所王云鹤、柴兴容等于1986年诱变二倍体板叶5号育成。中熟，植株生长势中等，叶片为全缘叶，植株自交坐果习性良好。果实圆球形，果皮浅绿色，皮厚1.2cm，果肉红色，肉质较细。可溶性固形物含量高，单果重4kg左右，单瓜种子数50粒左右。以其作母本配的三倍体无籽西瓜组合适应性较强。

11. 广西404　由广西壮族自治区农业科学院园艺研究所李文信等于1990年用二倍体西瓜G_{10}诱变育成。中熟，全生育期95~105d，果实发育期约30d，植株生长势一般，抗病耐湿，耐弱光能力较好。单果重4~5kg。果实高圆球形，果皮浅绿色，光滑，果皮厚1.1~1.2cm，坚韧，果肉鲜红色，质细密。中心可溶性固形物含量12%。单瓜种子数80~110粒，千粒重72g。

12. 泉育9041　由湖南省岳阳市农业科学研究所周泉等于1990年用优良二倍体西瓜美乌诱变，经系统定向选育而成。中熟，全生育期100d左右，果实发育期30~32d。果实正圆球形，果皮硬度大于25kg/cm^2，果皮墨绿色，皮厚1.1cm左右；单果重5~6kg。果肉大红，肉质紧密嫩脆，不易空心，味甜爽口，中心可溶性固形物含量11.0%~12.5%。单瓜种子数90~130粒，千粒重62g。利用该四倍体为母本，选育出洞庭1号无籽西瓜品种。

13. 泉育9043　由湖南省岳阳市农业科学研究所周泉等于1990年用优良二倍体黄瓤西瓜黄仙子诱变，经系统定向选育而成。中熟，全生育期102d左右，果实发育期30~32d。果实正圆球形，果皮硬度大于16kg/cm^2，果皮浅绿色，皮厚1.1cm左右；单果重5~6kg。果肉鲜黄，肉质紧密嫩脆，不易空心，味甜爽口，中心可溶性固形物含量11.0%~12.5%。单瓜种子数40~80粒，千粒重65g。利用该四倍体为母本，选育出洞庭3号无籽西瓜品种。

14. 全缘叶四倍体QB-3　由湖南省岳阳市农业科学研究所周泉等于1991年诱导全缘叶二倍体西瓜QB-3经选育而成。该品系叶片全缘，无缺裂，肥大厚实。中熟，全生育期98d左右，果实发育期32~34d。果实正圆球形，果皮硬度大于16kg/cm^2，浅绿底上显绿细网纹，皮厚1.2cm左右。果肉红色，肉质紧密嫩脆，不易空心，味甜爽口，中心可溶性固形物含量11.0%~12.5%。单瓜种子数108粒，千粒重64g。

15. 泉育9048　由湖南省岳阳市农业科学研究所周泉等于1991年用优良二倍体黄瓤西瓜黄帅诱变，经系统定向选育而成。中熟，全生育期90d左右，果实发育期28～30d。果实正圆球形，果皮硬度大于22kg/cm^2，果皮绿底有细网纹，皮厚1.0cm左右；单果重3.5kg左右。果肉鲜黄，肉质紧密嫩脆，不易空心，味甜爽口，中心可溶性固形物含量11.5%～12.5%，近皮部9.0%左右。单瓜种子数85粒左右，千粒重58g。利用该四倍体为母本，选育出博帅无籽西瓜品种。

16. 泉育9049　由湖南省岳阳市农业科学研究所周泉等于1992年用优良二倍体黄皮红瓤西瓜HP-2诱变，经系统定向选育而成。中熟，全生育期105d左右，果实发育期33～34d。果实正圆球形，果皮硬度大于20kg/cm^2，果皮黄色、上覆深黄齿条带，皮厚1.2cm左右；单果重5～6kg。果肉大红，肉质紧密沙脆，不空心，品质佳，中心可溶性固形物含量11.0%～11.5%。单瓜种子数90～150粒，千粒重65g。

17. 21403　由湖南省岳阳市农业科学研究所周泉等于1998年用优良二倍体黄皮黄瓤西瓜HP-1诱变，经系统定向选育而成。中熟，全生育期98d左右，果实发育期30d左右。小果、圆球形，果皮硬度大于16kg/cm^2，果皮黄色、上覆金黄细条带，皮厚0.9cm左右；单果重2.5～3.0kg。果肉鲜黄，瓤质沙脆爽口，中心可溶性固形物含量12.0%左右，近皮部9.0%左右。单瓜种子数70粒左右，千粒重56g。系洞庭8号无籽西瓜母本。

18. 21406　由湖南省岳阳市农业科学研究所周泉等于1998年用优良二倍体黄皮红瓤西瓜HP-6诱变，经系统定向选育而成。中熟，全生育期105d左右，果实发育期33～34d。中小果、圆球形，果皮硬度大于16kg/cm^2，果皮黄色、上覆金黄齿条带，皮厚0.8cm左右；单果重3.0～4.0kg。果肉鲜黄，瓤质紧密，品质佳，中心可溶性固形物含量12.0%左右，近皮部9.0%左右。单瓜种子数65粒左右，千粒重55g。系洞庭7号无籽西瓜母本。

19. **泉育4S601** 由湖南省岳阳市农业科学研究所周泉等于1998年用优良二倍体黄皮黄瓤西瓜HP-5诱变，经系统定向选育而成。中熟，全生育期100d左右，果实发育期30d左右。中小果、圆球形，果皮硬度大于17kg/cm²，果皮黄色、上覆金黄齿条带，皮厚1.1cm左右；单果重4.0~5.0kg。果肉鲜黄，瓤质紧密，品质佳，中心可溶性固形物含量12.0%左右，近皮部9.0%左右。单瓜种子数65粒左右，千粒重56g。利用该四倍体为母本，选育出金丽黄无籽西瓜品种。

20. **泉育4S604** 由湖南省岳阳市农业科学研究所周泉等于1998年用优良二倍体黄皮黄瓤西瓜HP-9诱变，经系统定向选育而成。中熟，全生育期102d左右，果实发育期32d左右。中小果、圆球形，果皮硬度大于17kg/cm²，果皮黄色，皮厚1.2cm左右；单果重4.0kg左右。果肉鲜红，瓤质紧密，品质佳，中心可溶性固形物含量11.5%左右，近皮部7.0%左右。单瓜种子数65粒左右，千粒重58g。

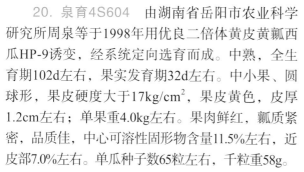

21. **泉育9449** 由湖南省岳阳市农业科学研究所周泉等于2004年春季进行诱变处理，从中获得四倍体西瓜育种材料，再经春、冬季11代的提纯优化，定向培育出了综合性状优良的四倍体西瓜自交系。其生长中等，抗病性强；坐果率高；纯黑皮，单果重4.0 kg左右，果形指数1.0；皮厚1.1 cm，且果皮坚硬；瓤色鲜红，品质优；中心可溶性固形物含量11.5%~12.5%，边部8.5%左右；配合力强，产籽量高。

22. **泉育4T9928** 由湖南省岳阳市农业科学研究所周泉等于2010年春季对T9928二倍体西瓜进行诱变处理，从中获得四倍体西瓜育种材料，定向培育，优选出了综合性状优良的四倍体西瓜自交系。其生长势强，抗病性强；果皮纯黑，光泽发亮，单果重6.0kg左右，果形指数1.1；皮厚1.2cm，且果皮坚硬；瓤色鲜红，品质优；中心可溶性固形物含量11.5%~12.5%，边部8.5%左右；配合力强，产籽量高。单瓜种子数50粒左右，千粒重56g。利用该四倍体为母本，选育出黑神98无籽西瓜品种。

23. 泉育9068　由湖南省岳阳市农业科学研究所周泉等于2008年对2-68二倍体西瓜进行诱变处理，从中获得四倍体西瓜育种材料，定向培育，优选出了综合性状优良的四倍体西瓜自交系。其生长势强，抗病性强；果皮墨绿色，单果重5.0kg左右，果形指数1.0；皮厚1.2cm，且果皮坚硬；瓤色红；中心可溶性固形物含量11.0%~11.5%，边部7.5%左右；配合力强。单瓜种子数100粒左右，千粒重62g。

24. 泉育4HMR-3　由湖南省岳阳市农业科学研究所周泉等于2001年春季对台湾黑美人二倍体西瓜进行诱变处理，经过12代定向筛选获得的四倍体西瓜品种。其生长势强，抗病性强；果皮纯黑，光泽发亮，单果重2.5kg左右，果形指数1.0；皮厚1.2cm，且果皮坚硬；瓤色大红，品质优；中心可溶性固形物含量11.5%~13.5%，边部9.5%左右。单瓜种子数70粒左右，千粒重50g。

25. 泉育4S08　由湖南省岳阳市农业科学研究所周泉等于2001年春季对黑佳二倍体西瓜进行诱变处理，经过10代定向筛选获得的四倍体西瓜品种。其生长势强，抗病性强；果皮黑色覆墨绿条带。中小果型，单果重2.5kg左右，果形指数1.0；皮厚1.2cm，且果皮坚硬；瓤色大红，品质优；中心可溶性固形物含量11.5%~13.5%，边部9.5%左右。单瓜种子数为70粒左右，千粒重50g。

26. 泉育9046　由湖南省岳阳市农业科学研究所于2006年春季对新1号的父本（2x）进行诱变处理，经过8代定向筛选获得的四倍体西瓜品种。其生长势强，抗病性强；果皮绿底覆深绿齿条带。单果重5.0kg左右，果形指数1.0；皮厚1.2cm，且果皮坚硬；瓤色大红，品质优；中心可溶性固形物含量11.5%~12.0%，边部7.5%左右。单瓜种子数80粒左右，千粒重56g。

27. 泉育9758 由湖南省岳阳市农业科学研究所周泉等于2008年用SJ-9二倍体西瓜进行诱变处理，经过8代定向培育获得的四倍体西瓜品种。其生长势强，抗病性强；果皮深绿底覆深绿齿条带。单果重5.0kg左右，果形指数1.02；皮厚1.2cm，且果皮较硬；瓤色桃红，肉质细嫩爽口；中心可溶性固形物含量11.5%左右，边部7.5%左右。单瓜种子数90粒，千粒重56g。

28. 泉育4HA06 由湖南省岳阳市农业科学研究所周泉等于2008年对HA-06二倍体西瓜进行诱变处理，经过10代定向筛选获得的四倍体西瓜品种。其生长势强，抗病性强；果皮绿色、覆深绿条带。单果重5.0kg，果形指数1.02；皮厚1.2cm，且果皮坚硬；瓤色大红，品质优；中心可溶性固形物含量11.5%~12.0%，边部8.0%左右。单瓜种子数90粒左右，千粒重65g。

29. 泉育9042 由湖南省岳阳市农业科学研究所周泉等于1990年对SH-1二倍体西瓜进行诱变处理，经过10代定向筛选获得的四倍体西瓜品种。其生长势强，抗病性强；果皮绿底覆深绿齿条带。单果重5.0kg，果形指数1.02；皮厚1.3cm，且果皮坚硬；瓤色大红，品质优；中心可溶性固形物含量11.5%~12.0%，边部7.5%左右。单瓜种子数90粒左右，千粒重75g。

30. 泉育9738 由湖南省岳阳市农业科学研究所周泉等于1997年春季对2238二倍体西瓜进行诱变处理，经过8代定向筛选获得的四倍体西瓜品种。其生长势强，抗病性强；果皮浅绿底覆绿不规则齿条带。单果重4.0kg左右，果形指数1.0；皮厚1.2cm，且果皮坚硬；瓜瓤红色，品质优；中心可溶性固形物含量11.0%~12.0%，边部7.5%左右。单瓜种子数80粒左右，千粒重55g。

31. **泉育9408**　由湖南省岳阳市农业科学研究所周泉等于2008年对BTF201二倍体西瓜进行诱变处理，经过8代定向筛选获得的四倍体西瓜品种。其生长势强，抗病性强；果皮绿色覆深绿齿条带。中小果型，单果重2.5kg，果形指数1.0；皮厚1.0cm，瓤色红，品质优；中心可溶性固形物含量12.0%~13.5%，边部9.5%左右。单瓜种子数50粒，千粒重52g。

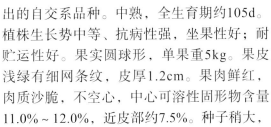

32. **泉选4-1**　由湖南省岳阳市农业科学研究所周泉等从邵选72404中优选

出的自交系品种。中熟，全生育期约105d。植株生长势中等、抗病性强，坐果性好；耐贮运性好。果实圆球形，单果重5kg。果皮浅绿有细网条纹，皮厚1.2cm。果肉鲜红，肉质沙脆，不空心，中心可溶性固形物含量11.0%~12.0%，近皮部约7.5%。种子稍大，黄褐色。单瓜种子数80~100粒，千粒重65g。

33. **泉育4-28**　由湖南省岳阳市农业科学研究所周泉等于2000年育成的自交系品种。中熟，全生育期约106d，果实发育期约35d。该品种生长势中等、抗病性强，坐果性好；耐贮运性好。果实圆球形，单果重6kg。果皮浅绿有细网条纹，皮厚1.2cm。果肉鲜红，肉质沙脆，不空心，中心可溶性固形物含量11.0%~12.0%，近皮部约7.5%。种子中等大小，黄褐色。单瓜种子数80~120粒，千粒重62g。

34. **泉育4S-1**　由湖南省岳阳市农业科学研究所周泉等于2001年用秋水仙碱处理二倍体新材料，定向优选出综合性状优良的四倍体西瓜。熟性早，生长势中等，抗病性强。雌花密度大，坐果性好。果实圆球形，小果型，单果重3~4kg；网绿皮，皮厚1.0cm；瓤色鲜黄，剖面组织一致性好，品质优；中心可溶性固形物含量11.5%~12.5%，边部7.5%；单瓜种子数70粒左右，千粒重50g。利用该四倍体为母本，选育出神玉无籽西瓜品种。

35. 泉育4201　由湖南省岳阳市农业科学研究所周泉等于2001年用秋水仙碱处理二倍体新材料，定向优选出综合性状优良的四倍体西瓜。熟性早。生长势中等，抗病性强。雌花密度大，坐果性好。果实圆球形，小果型，单果重3~4kg。果皮为网绿皮，果皮厚1.0cm。瓤色鲜黄，剖面组织一致性好，品质优；中心可溶性固形物含量11.5%~12.5%，边部7.5%。单瓜种子数60粒左右，千粒重50g。

36. 泉育4H17　由湖南省岳阳市农业科学研究所周泉等于1998年用优良二倍体黄皮红瓤西瓜HP-17诱变，经系统定向选育而成。中熟，全生育期105d左右，果实发育期33~34d。中果型、圆球形，果皮硬度大于16kg/cm^2，果皮金黄色，皮厚1.2cm左右；单果重5.0kg左右。果肉大红，瓤质紧密，品质佳，中心可溶性固形物含量11.5%左右，近皮部7.0%左右。单瓜种子数85粒左右，千粒重57g。

37. 泉育4H18　由湖南省岳阳市农业科学研究所周泉等于1998年用优良二倍体黄皮红瓤西瓜HP-18诱变，经系统定向选育而成。中熟，全生育期105d左右，果实发育期33~34d。中果型、圆球形，果皮硬度大于16kg/cm^2，果皮黄色，皮厚1.2cm左右；单果重5.0kg。果肉红，瓤质紧密，品质佳，中心可溶性固形物含量11.5%左右，近皮部7.0%左右。单瓜种子数75粒左右，千粒重56g。

38. 泉育4H19　由湖南省岳阳市农业科学研究所周泉等于1998年用优良二倍体黄皮红瓤西瓜HP-10诱变，经系统定向选育而成。中熟，全生育期105d左右，果实发育期33~34d。中果型、圆球形，果皮硬度大于16kg/cm^2，果皮浅黄色，皮厚1.2cm左右；单果重5.0kg。果肉红，瓤质紧密，中心可溶性固形物含量11.5%左右，近皮部7.0%左右。单瓜种子数70粒左右，千粒重56g。

39. 泉育4H20　由湖南省岳阳市农业科学研究所周泉等于1998年用优良二倍体黄皮红瓤西瓜HP-16诱变，经系统定向选育而成。中熟，全生育期105d左右，果实发育期33～34d。中果型、圆球形，果皮硬度大于16kg/cm^2，果皮黄色、上覆金黄齿条带，皮厚1.2cm左右；单果重5.0kg左右。果肉鲜黄，瓤质紧密，品质佳，中心可溶性固形物含量11.5%～12.0%，近皮部7.5%左右。单瓜种子数65粒左右，千粒重56g。

40. 广西405　由广西壮族自治区农业科学院园艺研究所1991年用二倍体西瓜H29诱变育成的。早中熟，全生育期90～100d，植株生长势较强，耐湿性好，易坐果。单果重4～5kg。果实高圆球形，果皮墨绿色，光滑，果皮厚约1.2cm，坚韧，果肉鲜红色，肉质细密爽口。中心可溶性固形物含量约11.5%。单瓜种子数70～100粒，千粒重66g。

41. 花国四倍体　由中国科学院新疆生物土壤沙漠研究所1991年诱变国光二倍体西瓜育成。中熟，植株生长势强，自交坐果容易。果实大，圆球形，单果重6～8kg；果皮浅绿色底显深绿齿条，肉色鲜红，含糖量高，单瓜种子数50～60粒。是优良的花皮三倍体无籽西瓜的母本。

42. 红辉四倍体　由中国科学院新疆生物土壤沙漠研究所1992年诱变红辉二倍体西瓜育成。小果，单果重1.5～2.5kg。早熟，植株生长势中等。果实圆球形，果皮浅绿色底显绿齿条，肉色鲜红，含糖量高。产籽量低，单瓜种子数25粒左右。是优良的花皮小果型三倍体无籽西瓜的母本。

43. 红铃四倍体　由中国科学院新疆生物土壤沙漠研究所1992年诱变红铃二倍体西瓜育成。早熟，全生育期96d左右，果实发育期28d左右。植株生长势中等，易坐果，单株可结2～3个果。小果，单果重1.5kg左右。果实椭圆形，果面浅绿色，果肉鲜红，中心可溶性固形物含量11.5%，品质优。产籽量低，单瓜种子数30粒左右，千粒重50g。

44. 天凤四倍体　由中国科学院新疆生物土壤沙漠研究所1993年诱变天凤黄肉小西瓜经选育而成。植株生长势中等，易坐果，单株可结2～3果。小果，单果重1～1.5kg。早熟，果实圆球形，果皮绿色底上带深绿齿，肉色浅橙黄色，中心可溶性固形物含量为12.0%，品质风味佳。产籽量低，单瓜种子数25粒左右。是优良小果型无籽西瓜的母本。

45. 太阳四倍体　由中国农业科学院郑州果树研究所1996年诱导二倍体94E1经选育而成。早中熟，全生育期100～105d，果实发育期30d左右，生长势、分枝力较弱。雌花出现早，着生密，易坐果。果实圆球形，果皮金黄色。果皮硬度大于18kg/cm^2，皮厚1.1cm。果肉细脆，果肉为大红色，中心可溶性固形物含量11.0%左右，近皮部9.0%，品质优。单果重2～3kg，1株结多果。种子中等大，浅褐色，单瓜种子数50粒左右，千粒重50g。

46. 四倍体SB-1　由河南省农业科学院园艺研究所以天然杂交浅绿皮带细网纹、红瓤二倍体西瓜为材料，经秋水仙素诱变、多代系统选育而成。中晚熟，全生育期110d左右。植株生长势中等，对炭疽病、疫病等常见病害的抗性较强。果实圆球形，果形指数1.0，浅绿皮带细网纹，单果重6.8kg，皮厚约1.1cm，果肉大红色，肉质细脆，汁多味甜，中心可溶性固形物含量11.5%，种子黄褐色，千粒重65g。

47. 四倍体W4-48-3　由湖北省农业科学院蔬菜科技中心将引进的台湾材料W-8经秋水仙素诱变、多代系统选育而成。中晚熟，果实发育期35d左右。植株生长势强，抗病性强，耐湿、耐旱，易坐果。果实近圆球形，果形指数0.97，单果重5～6kg，果皮墨绿色，皮厚约1.2cm。果肉大红色，中心可溶性固形物含量11.0%～12.0%。

48. 四倍体98YB-1　由天津科润蔬菜研究所1997年用适应性强的台湾新红宝自交系选育的白皮、圆果、红瓤材料作为诱变供体，用0.2%秋水仙素进行苗期诱变处理，经系统选育而获得的四倍体。该自交系耐湿性强，坐果性好，单果重5～6kg，中心可溶性固形物含量10.5%，单瓜种子数50粒。

三、杂交方法育成的品种

1. 泉育9798　由湖南省岳阳市农业科学研究所周泉等于1998年春季对9043为母本与9041为父本进行杂交，经15代系统选育而成的四倍体西瓜品种。其生长势强，抗病性强；果皮纯黑，光泽发亮，单果重6.0kg，果形指数1.03；皮厚1.2cm，且果皮坚硬；瓤色鲜黄，品质优；中心可溶性固形物含量11.5%～12.5%，边部8.5%。单瓜种子数60粒，千粒重57g。

2. 730013　由中国农业科学院郑州果树研究所1973年用四倍体1号作母本、郑州2号四倍体作父本杂交经多代选育而成。中熟，全生育期110d，果实发育期33d，生长势和分枝力强，高抗枯萎病。果实圆球形，单果重5kg以上，最大者可达14kg。果皮绿色显网条，果皮脆，硬度为14kg/cm^2，果皮厚1.5～1.8cm。果肉大红色，质酥脆。中心可溶性固形物含量11.0%左右，近皮部8.0%。种子黑色，单瓜种子数68粒，种子较大，千粒重75g。

3. 730012　由中国农业科学院郑州果树研究所1973年以四倍体1号作母本、华东24号四倍体作父本杂交经多代选育而成。中早熟，全生育期约103d，果实发育期32d左右，生长势和分枝力中等，雌花出现早，着生密。果实圆球形，果皮浅绿色底上显数条墨绿色齿条，外形美观。果皮韧，硬度大于20kg/cm^2，皮厚约1.2cm。果肉红色，中心可溶性固形物含量12%左右，近皮部约9%，品质优。单果重4.5kg以上。种子中等大，黄褐色，单瓜种子数80粒，千粒重65g。在过熟瓜内种子有发芽的现象。是花皮无籽1号和金太阳2号西瓜的母本。

4. 790016　由中国农业科学院郑州果树研究所1979年用四倍体1号和法国西瓜四倍体杂交经多代选育而成。中晚熟，全生育期110d，果实发育期35d左右。生长势、分枝力较强。果实圆球形，易坐果，单果重4.5kg以上。果皮浅绿色显网条纹，果皮韧，硬度大于20kg/cm²，皮厚1.2cm。果肉大红色，致密硬脆，剖面好，不空心，中心可溶性固形物含量10.0%以上，近皮部8.0%。种子中等大，饱满，土黄色，有纵裂，单瓜种子数100粒以上，千粒重70g。系郑抗无籽2号和郑抗无籽3号等品种的母本。

5. 790006　由中国农业科学院郑州果树研究所1979年用黄金四倍体和华东26四倍体杂交经多代选育而成。中熟，全生育期105d左右，果实发育期32d左右，生长势、分枝力较强。单果重4kg左右，果实圆球形，绿皮显窄网条。果肉为柠檬黄色，瓤质脆，果皮硬度大于18kg/cm²，皮厚1.1cm，中心可溶性固形物含量11%，近皮部9%。种子中等大，单瓜种子数95～105粒，千粒重55g。

6. 雪峰少籽西瓜1号　由原湖南省邵阳市农业科学研究所孙小武等以邵选404作母本、80457作父本配组而成的四倍体杂交一代。1987年通过湖南省鉴定，定名为湘西瓜4号。具有高产、易栽培、耐湿、耐肥、抗枯萎病等特点，适于直接栽培利用。该品种中熟，全生育期98～100d，果实成熟期32～33d。叶片呈羽裂状，叶色浓绿，叶长20.3cm，叶宽22.4cm，叶柄长14.0cm。植株生长健壮，茎粗0.83cm，平均节间长8.1cm，主蔓长约3m，主蔓第七至八节着生第一雌花，其后间隔6节左右着生一朵雌花，坐果容易，坐果率高。果实圆球形，果皮墨绿色，单果重6.0kg左右，大果可达7.5kg。皮厚1.2cm，果皮坚硬，耐贮运。瓤色鲜红，肉质沙脆，不易空心，味甜，中心可溶性固形物含量11.5%以上，且分布均匀，中、边梯度小，品质优良。单瓜种子数97.6粒。

7. 雪峰少籽西瓜2号　由原湖南省邵阳市农业科学研究所孙小武等以80452作母本、80457作父本配组而成的四倍体杂交一代。1987年通过湖南省鉴定。具有高产、易栽培、耐湿、耐肥、抗枯萎病等特点，适于直接栽培利用。该品种中晚熟，全生育期102～105d，果实成熟期34d。叶色浓绿，叶长21.2cm，叶宽24.4cm，叶柄长15.2cm。植株生长旺盛，茎粗0.83cm，平均节间长15.2cm，主蔓第九至十一节着生第一雌花，其后间隔7节左右着生一朵雌花，坐果率高。果实圆球形，果皮墨绿色，显隐花纹，单果重6.0kg，大果可达8.5kg。皮厚1.2cm，耐贮运。瓤色鲜红，肉质脆甜，中心可溶性固形物含量11.5%，品质优良。单瓜种子数74粒。

8. 黄皮94-8-6　由中国科学院新疆生物土壤沙漠研究所1996年由宝冠四倍体与大型果四倍体P2-5杂交育成。中熟，植株生长势中强，自交坐果习性良好。果实高圆球形，单果重4.0kg左右。果皮金黄色，肉色鲜红，中心可溶性固形物含量10.0%以上，单瓜种子数50粒。

9. 四倍体4N-5   由天津科润蔬菜研究所1997年利用台湾新1号（4x，浅绿皮）与日本黑皮（4x）杂交、回交后，经系统选育于1999年育成的黑皮台湾新1号型四倍体。该自交系苗期生长势中等，耐湿性、抗病性较强。第一雌花出现在主蔓第六至八节，后间隔4～5节出现一朵雌花。易坐果，果实圆球形，果皮墨绿色，单果重5.0kg以上。果皮厚1.1～1.2cm，果肉大红，质脆，口感好，不易空心，无中肋。中心可溶性固形物含量11.0%以上。单瓜种子数70～80粒。

10. 黑蜜少籽   由中国农业科学院郑州果树研究所选育而成的少籽西瓜良种。中熟，果实成熟期35d。植株生长旺盛，抗病性强，但自然授粉坐果较难，栽培时应采用人工辅助授粉，以提高坐果率。主蔓第五至七节着生第一雌花，其后间隔3～5节着生一朵雌花。果实圆球形，黑皮，单果重3.5～4.5kg，红瓤，肉脆，汁多味甜，中心可溶性固形物含量11%以上。

第四章

三倍体无籽西瓜育种

第一节　育种目标

随着我国农业综合生产能力大幅度的增强和城乡居民生活水平的不断提高，优质化、多样化、标准化趋势和多元化、多层次消费需求呈刚性增长，"十一五"以来，人们对三倍体无籽西瓜品种的果形大小、果皮表面花色、内在品质、口感等提出了越来越高的要求。为此，三倍体无籽西瓜育种应利用传统育种技术和现代生物技术相结合，以优质、果形美观、口感好、风味佳、稳产、抗病等为主要育种目标。坚持以满足西瓜生产需求和市场消费为导向，力求自主创新，选育出一批具有自主知识产权、推广应用潜力巨大和突破性强的优良三倍体无籽西瓜品种。

品种选育应根据各地的气候特点、区域特性和消费观念进行定向培育：一是选育出优质、高产、高抗和耐贮运的品种；二是选育耐湿、耐低温、耐弱光(南方地区)和抗旱、耐盐碱、抗日灼(北方地区)、熟期早的品种；三是选育高档中小果型和特色型的三倍体无籽西瓜品种。

第二节　育种方法与程序

三倍体无籽西瓜是多倍体水平上的杂种一代，而且对它的经济性状又有一些特定的要求，所以与二倍体杂种一代育种相比，有许多不同的特点。三倍体产生的若干缺陷，不能像二倍体或四倍体西瓜一样通过系统选育加以改善，而只能通过对亲本的选择和组合的选配来实现。因此，并不是任意一个四倍体和任意一个二倍体杂交，都能得到优良的三倍体。通过组合选配后，仅仅从亲本的表现也很难推断所获得的三倍体表现究竟如何，所以三倍体育种是以三倍体的实际表现来决定取舍的。三倍体西瓜尽管是杂种一代，但不一定都要具有杂种优势，有些组合的产生，往往是为了符合市场消费习惯，如改变无籽西瓜的肉色或皮色等。三倍体无籽西瓜除了具有育种目标中所制定的一些特殊要求外，进行组合选配时还应注意以下几点。

第一，选择适当母本和适当父本，使杂交后单瓜采种数达到50～100粒。

第二，三倍体无籽西瓜果实果形端正，果肉颜色美观，肉质细致紧实，多汁爽脆，不空心，果皮厚度1～1.2cm，果实皮色、肉色符合市场习惯。

第三，三倍体无籽西瓜果实糖度分布均匀，中心可溶性固形物含量应在11%以上。

第四，三倍体无籽西瓜果实内应完全没有着色秕籽，未发育的白胚应少而小，其长宽应在0.6mm×0.4mm以内。

一、亲本选择

(一) 母本选择

对于三倍体无籽西瓜母本，其四倍体应是稳定的纯系。除了皮色、肉质、肉色这些性状应符合育种目标外，还应具备四倍体品种(系)所必须具备的一系列特性，如果形端正、皮薄、品质优良、含糖量高、无异味、不空心、种子较多且中等大小、坐果容易等。

(二) 父本选择

对于父本，除了皮色、肉质、肉色这些性状符合育种目标外，还要求父本具有优良的品质、高含糖量、果形端正、抗病等。由于四倍体西瓜具有增厚的果皮，在选择父本品种时，还应选用果皮薄的品种，以改善三倍体无籽西瓜果皮厚度。在母本确定后，考虑到二倍体父本与母本的亲和力会直接影响三倍体的种子量和品质，应选用亲和力强的二倍体。最后，还应注意标志基因的利用。利用基因标志(即利用父本显性)，可以简便地从外观上区别四倍体和三倍体，既可从果实性状上鉴别，也可用于苗期鉴定，如全缘叶、Ludilou和Diulin(1969)培育的第一真叶为黄色的遗传性状、Watts(1962)获得的下胚轴无毛的突变体，都是明显可用的苗期指标性状。但这些苗期指示性状都是隐性性状，只适用于母本。然而具有这些性状的四倍体，在选用二倍体父本时，选用那些相对性状为显性的性状，就可在苗期把假杂种轻易地鉴别出来。

二、组合选配

三倍体无籽西瓜的组合选配，与二倍体杂种一代育种有相同的方面，如要求双亲差异大、性状能互补、亲本应为纯系以求得到性状一致和具有杂种优势的杂交一代，但也有不同的一面，即这个杂交种产生了染色体数目的改变。新产生的三倍体其体细胞中的染色体，母本提供了2/3，父本只占1/3，因此遗传性状的显隐性，与二倍体的表现并不一致。

获得优良的无籽西瓜是三倍体育种的最终目标，而三倍体组配的好坏，还不能完全用亲本性状来估计，目前只能用试验(测交)的结果，才能对组合选配的成败加以确定。在选配组合时，应注意以下若干现象。

1. 三倍体西瓜果肉结构是三倍体无籽西瓜育种的一个主要指标。果肉纤维粗糙、质地疏松是造成三倍体空心的重要因素，而这一性状对果肉纤维细而紧凑是显性性状，但果肉纤维粗糙在二倍体或四倍体上并不一定表现空心，因而常常被忽视。所以不空心的2个亲本可以产生空心的三倍体品种，因此，很多组合必须经过试验，以从中发现不空心的三倍体杂种。

2. 三倍体种子的采种量以产籽量高的四倍体亲本为基础，但在育种实践中往往出现不同的结果，这与双亲的配合力或亲和力有关。因此，三倍体种子产种量的高低，决定于组合选配是否得当。

3. 无籽西瓜的组合选配，既可以是单交种(4xA × 2xB)，又可以是三交种[(4xA × 4xB) × 2xC]，还可以是双交种[(4xA × 4xB) × (2xC × 2xD)]。前两种组合方式已在三倍体无籽西瓜育种中广泛应用，但在利用四倍体杂种一代或二倍体杂种一代时，应注意它们的双亲必须相似，才能获得表现型一致的三倍体杂种。通过利用三交种等多元杂交，可提高四倍体母本生活力及种子孕性，还可将更多的优良性状，如对多种病害的抗性，组合到一个三倍体杂种中去。

三、组合筛选

在按照育种目标和工作计划进行组合选配后，还需要按照规范的田间试验设计，进行组合鉴定与品种比较试验，通过田间观察、性状记载、生物统计分析，从中筛选出符合育种目标要求的强优势组合，以便参加新品种区域性试验和生产试验。

在进行三倍体无籽西瓜育种的过程中，一般在组合选配以后，要进行小区观察比较试验，以便从大量的杂交组合中筛选出符合育种目标的组合，这就是组合鉴定，也叫组合比较试验。组合比较试验需要2~3年的时间。

筛选出来的目标组合再与当地当前生产主栽品种或育种前确定的目标品种进行小区比较试验，这就是品种比较试验。品种比较试验也需要2~3年时间。

在实际育种过程中，为了节省时间，很多育种者在组合比较的同时加入目标品种或生产推广品种作对照，从中直接筛选超过对照达到育种目标的组合，将组合鉴定和品种比较2个试验合成1个，可以节省2~3年的时间。

四、品种试验

品种试验包括为鉴定品种各种性状而设置的各类室内、室外试验，包括基本试验及为鉴定品种特殊性状而开设的各类相关试验。基本试验有区域试验、生产示范等，一般由各级品种审定委员会组织实施。相关试验有品质鉴定、抗病性鉴定等，一般由各级品种审定委员会指定专业研究单位进行。

区域试验主要是全国和省级区域试验。在一些气候、土质和地形多样的大省都设有区域试验。区域试验的目的是鉴定育出品种的区域适应性，为大面积推广提供依据。区域试验也是小区试验，采用随机区组排列，以各地的主栽品种为对照或以统一的区域适应性强的品种为对照，设重复3次。一般要经过2~3年的区域试验。

区域试验中表现优良的组合或品种可以扩大面积栽培，在接近大田生产的条件下进行，一般要求种植面积在333m²以上，田间设计采取对比排列，可以不设重复，这就是生产试验或称生产示范，需要2~3年时间。

为了缩短育种年限，区域试验与生产试验可以穿插进行。即经过1年区域试验后，表现好的品种或组合可在第二年和第三年进行区域试验的同时也进行生产试验。这样可以节省1~2年的时间。

应该指出，组合比较试验、品种比较试验和区域试验都是小区试验。小区试验应严格按照农作物田间试验方法进行，注意试验的科学性、一致性和代表性。但由于三倍体无籽西瓜有其自己的特点，小区面积一般不小于30m²，栽植的株数不得少于30株。要求采用地膜覆盖定植带栽培，统一授粉品种，严格授粉时间(进行人工辅助授粉时)。选留第二、三雌花坐果，室内分析取样，每小区不得少于10个果。

五、品种审(认、鉴)定

优良的无籽西瓜新组合经过至少2个生产周期的区域试验和至少1个生产周期的生产试验，达到审(认、鉴)定的组合或品种，其育种单位或个人可向全国或省品种审定委员会申请品种审(认、鉴)定。申请品种审(认、鉴)定需填写农作物品种审定表、农业部指定的质量检测中心测定的品质分析报告、农业部指定的抗性检测中心的抗性鉴定报告、品种选育报告、品种介绍等材料一式若干份上报品种审定办公室，经品种审定委员会研究通过、批准，此时可由品种审定委员会统一定名，也可以自行定名。一个新的无籽西瓜品种从品种审定委员会批准之日起便宣告正式育成。从此该新品种可以在适应的地区推广与销售。

第五章

名特优新无籽西瓜品种

第一节　大果型名优无籽西瓜品种

一、大果型黑皮类

1. 湘西瓜11号（洞庭1号）　由湖南省岳阳市农业科学研究所周泉等选育而成。2002年通过全国农作物品种审定委员会审定（国审菜2002006）。2000年通过湖北省农作物品种审定委员会审定。中晚熟品种。植株生长势强，抗病性强，耐湿热。果实圆球形，果皮墨绿色、上覆蜡粉，果皮坚硬，极耐贮运；果肉鲜红，中心可溶性固形物含量可达11.5%～12.0%。单果重6.0～8.0kg，单产52 500kg/

hm²。2002年被列入国家科技成果重点推广项目。1998 年"湘西瓜11号的选育"获湖南省科技进步二等奖；2002年"优质高产多抗无籽西瓜湘西瓜11号的推广"获湖南省科技进步三等奖；湖南省首届名、优、特、新农副产品博览会金奖，湖南省第二届名优特新农副产品博览会金奖，第七届中国杨凌农业高科技成果博览会后稷金像奖。

2. 郑抗无籽5号　由中国农业科学院郑州果树研究所刘文革、谭素英等选育。中熟品种，全生育期110d左右，果实发育期32～35d。生长势较强，抗病耐湿，易坐果。果实圆球形，纯黑皮无花纹，覆蜡粉，外形美观。瓜瓤红色，中心可溶性固形物含量11.5%以上，白秕籽小而少，品质上乘，耐贮运。单果重7.0kg，单产52 500kg/hm²以上。审定编号：国品鉴瓜2006004，赣审西瓜2006005。2007年获得中国农业科学院科技进步二等奖。

3. 博达隆2号（黑冠军无籽）　由湖南省岳阳市农业科学研究所与湖南博达隆科技发展有限公司周泉等选育而成。中熟品种，全生育期105d左右。植株生长势强，抗病耐湿，耐贮运，坐果性好，适应性广。果实椭圆形，果皮黑色覆蜡粉。果肉鲜红，质脆爽口，纤维少，无籽性能好。中心可溶性固形物含量12.0%左右，单果重6.0kg，大者可达15.0kg以上，单产52 500kg/hm²左右，高产的可达75 000kg/hm²以上。

4. 黑神98　由湖南省岳阳市农业科学研究所周泉等选育。中熟品种，全生育期105d左右。植株生长势强，抗病耐湿，易坐果。果实椭圆形，果皮墨绿色有光泽，果皮坚硬，皮厚1.2cm，极耐贮运。果肉大红，无籽性能好。中心可溶性固形物含量可达12.0%左右，单果重7.0～9.0kg，大者可达20.0kg，单产60 000kg/hm²。

5. 黑神77无籽　由湖南省岳阳市西甜瓜科学研究所周泉等选育。中熟品种，全生育期102d左右；生长势中等，抗性强；果实圆球形，果皮纯黑色，光泽度好，皮厚1.0cm左右；果肉大红色，沙脆爽口，无籽性能好，中心可溶性固形物含量11.5%左右，品质优；坐果性强，单果重5～6kg，单产52 500kg/hm²。

6. 洞庭5号　由湖南省岳阳市农业科学研究所周泉等选育。2002年通过湖南省农作物品种审定。大果型，中熟品种，植株生长势强，抗病性强，耐湿热，坐果率高。果实短椭圆形，果皮青绿，皮厚1.2cm，耐贮运。果肉鲜红爽口，无籽性能佳。中心可溶性固形物含量12.0%左右。单果重7.0kg，大者可达15.0kg，单产52 500kg/hm²。

7. 广西5号　由广西广西壮族自治区农业科学院园艺研究所李文信等育成。果实椭圆形，皮色深绿，皮质坚韧，皮厚1.1～1.2cm，耐贮运。瓤色鲜红，肉质细嫩爽口，中心可溶性固形物含量11.0%，无空心裂瓤，白秕籽细少，品质优。单瓜重7.0～8.0kg，大者可达20.0kg，一般单产45 000～60 000kg/hm²。1996年通过广西农作物品种合格审定，审定编号：桂审证字第124号。1998年获广西科技进步二等奖，1999年获广西科技推广重奖三等奖，2005年获国家科技进步二等奖。

8. **中农无籽1号**　由中国农业科学院郑州果树研究所育成。中晚熟，抗病耐湿，易坐果。果实圆球形，果皮近黑色显暗齿条，瓤鲜红色，中心可溶性固形物含量11.5%以上，单果重6.0kg左右；耐贮运，适应性强，全国各地均可栽培。

9. **中农无籽2号**　由中国农业科学院郑州果树研究所刘文革、阎志红等育成。中晚熟，大果型，椭圆形，纯黑皮，品质优，果肉鲜红色，中心可溶性固形物含量11.5%以上，单果重6.0kg以上，单产52 500kg/hm²。耐贮运，抗病耐湿，适应性强，全国各地均可栽培。

10. **洞庭9号**　由湖南省岳阳市农业科学研究所周泉等选育。中晚熟，全生育期105d左右。大果型，椭圆形，黑皮，果肉鲜红色，中心可溶性固形物含量12.0%以上，单果重6.0kg以上，单产45 000kg/hm²。品质优，产量高，耐贮运，抗病耐湿，适应性强，全国各地均可栽培。

11. **郑抗863无籽**　由中国农业科学院郑州果树研究所育成。中晚熟，生长势较强，易坐果。皮乌黑，覆蜡粉。圆球形，外形美观。瓤大红色，中心可溶性固形物含量11.5%以上，瓤质硬脆，白秕籽小而少，汁液多，风味佳，品质优。单果重6.0kg以上。果实整齐度好，商品果率高，耐贮运，适应性强。全国各地均宜栽培。

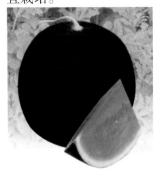

12. **津蜜20（津蜜5号）**　由天津科润蔬菜研究所焦定量等选育。种子中等大，千粒重60g。植株生长势强。果实圆形，果形指数1.0，果皮墨绿色浓蜡粉，皮色光亮美观；果肉大红色，肉质细脆，多汁爽口，风味好，中心可溶性固形物含量11.5%左右；无籽性好；皮厚1.3cm，耐运输贮藏。单产52 500kg/hm²。审定编号：津审瓜2005002。

13. **鄂西瓜12号**　由湖北省农业科学院经济作物研究

所戴照义等育成。中熟品种，全生育期110d左右，果实发育期32～35d。果实圆球形，纯黑皮上覆蜡粉，坚韧，耐贮运。单果重7.0～10.0kg，单产52 500 kg/hm²以上。瓜瓤鲜红，不易空心。糖度高，口感好，品质优。耐湿性、抗病性强。2005年通过湖北省品种审定，审定编号：鄂审瓜2005002。

14. 豫艺甘甜无籽 由河南豫艺种业科技发展有限公司育成。中熟品种，全生育期115d左右，坐果后32d果实成熟。单果重6.0～8.0kg，大果20.0kg，单产52 500kg/hm²以上。耐湿性好，较易坐果，产量高，品质佳，耐贮运。

15. 丰乐无籽3号 由合肥丰乐种业股份有限公司育成，2002年通过全国农作物品种审定委员会审定。中熟品种，全生育期105d左右，果实发育期35d。植株长势强健，坐果良好。果实圆球形，墨绿底覆隐窄条带，果肉大红色，果皮厚1.2cm，中心可溶性固形物含量12.0%左右，单果重8.0kg，单产45 000kg/hm²以上。

16. 雪峰黑马王子 由湖南省瓜类研究所邓大成等育成（审定编号：湘审瓜2005001）。中晚熟品种，生育期105d左右。抗病，耐湿性强，耐贮运，商品性好。生长势较强，叶色浓绿。果实圆球形，墨绿皮，皮上覆有蜡粉。瓜瓤鲜红，质细纤维少，中心可溶性固形物含量高。单果重6.0～8.0kg，单产45 000kg/hm²。

17. 暑宝无籽 由北京市农业技术推广站申保根、曾雄等选育。大果型无籽西瓜，全生育期115d左右，植株长势中等，极易坐果，耐贮运。抗病性强，适应性广。果实圆球形，皮黑墨绿色覆隐形条带，蜡粉浓厚，瓤红色，肉质细嫩，品质优，汁多味甜，中心可溶性固形物含量11.5%，单果重8.0～10.0kg，大者可达20.0kg以上，单产45 000kg/hm²以上。

18. **黑巨霸无籽**　由北京市农业技术推广站选育。大果型，全生育期115d左右，果实发育期35d。植株长势稳健，适应性广，抗病性强。果实圆球形，纯黑皮，果皮上覆有蜡粉，红瓤，中心可溶性固形物含量11.5%以上。皮韧，耐贮运。单果重8.0kg，单产52 500kg/hm²以上。

19. **雪峰无籽304**　由原湖南省邵阳地区农业科学研究所等选育。2001年通过湖南省农作物品种审定委员会审定。中熟品种，全生育期95d，果实发育期35d。植株生长势较强，耐湿，抗病，易坐果。果实圆球形，墨绿底覆有暗条纹。皮厚1.2cm。红瓤，瓤质清爽，无籽性能好，中心可溶性固形物含量在11.5%以上。单果重6.0kg，单产52 500kg/hm²。

20. **雪峰黑牛无籽**　由湖南省瓜类研究所邓大成等选育。2006年2月通过国家西瓜甜瓜品种鉴定委员会鉴定。中晚熟品种，全生育期106d左右，果实发育期36d左右。植株生长势强，抗逆性强，坐果性好。果实椭圆形，果形端正，果皮墨绿。果肉鲜红，汁多味甜，口感风味佳，无籽性好。皮厚1.2cm左右，耐贮运。中心可溶性固形物含量11.5%左右，中、边梯度小。单果重6.0～7.0kg。单产4 5000～5 2500kg/hm²。栽培适应性广。

21. **黑蜜2号**　由中国农业科学院郑州果树研究所王坚、焦定量、刘君璞等育成，审定号：(93)京审菜字第9号。中晚熟品种，全生育期112d，果实发育期34～35d，抗病性和生长势强。果实圆球形，果皮墨绿色，有暗条带。瓤色粉红。中心可溶性固形物含量11.0%左右。单果重5.0～6.0kg，单产52 500kg/hm²左右。适应性广。1996年获农业部科技进步三等奖。

22. **雪峰蜜都无籽（湘西瓜12号）**　由湖南省瓜类研究所邓大成、左蒲阳等选育。2006年通过国家西瓜甜瓜品种鉴定委员会鉴定。早中熟品种，全生育期90d左右，果实发育期30d左右。植株生长势和分枝力强，耐病，抗逆性强，易坐果。果实圆球形，果形指数1.04，果皮墨绿有隐虎纹状条带，蜡粉中等。果肉鲜红，口感风味好，无籽性好。皮厚1.0cm，果皮硬韧，耐贮运。中心可溶性固形物含量11.5%左右，中、边梯度小。单果重5.0～6.0kg，单

产37 500～52 500kg/hm²。栽培适应性广。

23. 黑蜜5号　由中国农业科学院郑州果树研究所刘君璞、徐永阳等育成。2002年通过全国农作物品种审定委员会审定。果实圆球形，果形指数1.0～1.05，果皮厚1.2cm，墨绿色果面上覆有暗宽条带，果实圆整，果肉大红，剖面均匀，纤维少，汁多味甜，质脆爽口，中心可溶性固形物含量11.5%左右，中、边梯度较小，白色秕籽少而小，无着色种子。果皮硬度较大，耐贮运。单果重6.0kg左右，大者可达12.0kg，单产37 500～45 000kg/hm²。

24. 津蜜2号　由天津市农业科学院蔬菜研究所焦定量等育成，中熟品种，生长旺盛，易坐果，抗病性强。果实圆球形，黑皮覆暗条带。瓤红色，肉细、汁多爽口，中心可溶性固形物含量11.5%以上。单果重7.0kg。单产52 500kg/hm²。

25.　津蜜30　由天津市农业科学院蔬菜研究所焦定量等育成。

中熟品种，生长势较强，易坐果。纯黑皮，果实圆球形，雌花开花到成熟35d左右。瓤红，肉细脆，剖面好，白色秕籽小而少，无籽性好，中心可溶性固形物含量11.5%左右，品质优。果皮厚1.1cm左右，耐贮运。单果重8.0kg，单产52 500kg/hm²以上。

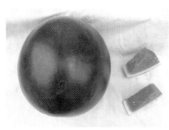

26. 津蜜3号　由天津市农业科学院蔬菜研究所焦定量等育成(津审瓜2002019)，早中熟品种，生长势中等，抗病性强，抗湿性强，易坐果。纯黑皮、果实圆球形，瓤红色，肉细汁多爽口，中心可溶性固形物含量11.5%以上。单果重7.0kg左右，单产60 000kg/hm²以上。耐贮运。

27. 丰田无籽1号　由安徽省无籽西瓜研究所刘广善等选育。中晚熟品种，果实授粉后36d成熟。全生育期110d左右。植株生长势强。果实圆球形，果皮纯黑无条纹，有蜡粉。瓤色大红，味甜多汁，中心可溶性固形物含量11.0%以上，单产52 500kg/hm²。抗病性与适应强。

28. 菊城无籽3号　由河南省开封市农林科学研究所李国申、李湘涛等选育。2004年通过河南省农作物

品种审定委员会审定。晚熟品种，全生育期104d左右，果实发育期35d左右。植株长势健壮，分枝性强，抗逆性强，抗炭疽病、病毒病，轻抗枯萎病。果实圆球形，果形指数1.03。果皮黑色，硬韧，耐贮运。瓜瓤红色，质脆，无着色秕籽，无空心，无白筋与硬块，白秕籽小。中心可溶性固形物含量11.7%。单果重6.0kg，单产52 500kg/hm²。适宜河南省及周边地区种植。

29. 菊城无籽6号　由河南省开封市农林科学研究院霍治邦等选育的三倍体无籽西瓜新品种。植株生长势较强，分枝性强，抗病抗逆性强，适应性强，容易坐果。果实圆球形，果形指数1.03，果皮纯黑色具蜡粉，皮厚1.3cm，果皮硬，耐贮运。果肉红色，肉质脆，无空心，无白筋与硬块，着色秕籽少，中心可溶性固形物含量11.0%，边部8.0%，甘甜爽口，风味纯正，汁液多，纤维少。单果重5.0~6.0kg，单产52 500kg/hm²。

30. 黑玉无籽　由河南省西瓜育种工程技术研究中心与洛阳市农发农业科技开发有限公司朱忠厚、朱学杰、朱学红等选育。审定编号：豫审西瓜2006005。中熟无籽品种。全生育期105d，果实发育期约33d。植株生长势中等；单果重5~6kg，皮厚1.2cm左右；果实圆球形，果形指数1.0，纯黑皮且覆有蜡粉，果肉红色，瓤质硬脆，剖面好，着色秕籽极少或无，白秕籽少；中心可溶性固形物含量12.0%左右，边部8.0%左右。耐贮运。单产37 500kg/hm²左右。

31. 暑宝8号　由北京市农业技术推广站陈艳利、穆生奇等选育（京审瓜2012004）。大果型无籽西瓜品种。果实成熟期34d左右。果皮纯黑光亮，果实圆球形，果表覆有蜡粉，果肉大红色，脆甜爽口，中心可溶性固形物含量11.5%以上。皮极韧，极耐贮运。单果重8.0kg，最大可达20.0kg以上。单产52 500kg/hm²以上。植株长势稳健，适应性广，抗病性极强。

32. 贵达无籽　由先正达公司育成。中晚熟，全

生育期115d左右，授粉到采收40d左右。高圆形，黑皮。中心可溶性固形物含量11.5%～12.5%，品质优。单果重6.0～8.0kg，单产45 000kg/hm²。坐果力强，产量高。适合全国各地露地和保护地栽培。

33. 黑帝无籽 由河南省农业科学院园艺研究所徐小利等选育。

中晚熟品种，全生育期105d，果实成熟天数为33d。植株生长健壮，易坐果，叶片肥大，抗枯萎病。果实圆球形，果形指数1.02，果皮黑色，果面光滑，单果重7.0～8.0kg，果皮厚1.2cm，韧性大，耐贮运，果肉大红，质脆多汁。中心可溶性固形物含量12.0%，边部8.0%。种子卵圆形，褐色，千粒重58g。2009年通过河南省作物审定委员会审定，审定编号：豫审西瓜2009008。

34. 湘西瓜71号 由湖南省农业科学院园艺研究所与新疆农人种子科技责任有限公司刘建雄、刘宏等育成。中晚熟，自雌花开放到果实成熟约需38d。植株生长势较强，坐果性能稳定。果实圆球形，果形指数1.02。幼果时果皮浅绿布不清晰虎皮条纹，成熟瓜果皮墨绿色布隐虎皮条纹，果皮厚1.28cm，皮质坚韧，耐贮运性能强。瓤色鲜红，无籽性能优良，中心可溶性固形物含量11.5%左右，汁多味甜，细脆爽口，品质上乘。单果重6.0~8.0kg，单产52 500~60 000kg/hm²。

35. 暑宝6号 由北京市农业技术推广站曾雄、张雪梅等选育（京审瓜2010010）。大果型无籽西瓜品种，果实成熟期35d。植株长势稳健，适应性广，抗病性极强。果实圆球形，纯黑皮，果表覆有蜡粉，果肉红色，含糖量11.5%左右，皮极韧，极耐贮运。单果重8.0～12.0 kg，单产52 500kg/hm²以上。

36. 广西6号（桂冠1号） 由广西壮族自治区农业科学院园艺研究所选育。2006年通过广西壮族自治区农作物品种审定委员会审定。中熟品种，果实发育期30d。生长势较旺，抗病、耐湿性强。果实高圆形，皮色墨绿。果肉大红、细嫩爽口，果实中心可溶性固形物含量11.0%，不空心，白秕籽小而少，品质好。皮厚1.2cm，耐贮运。单果重7.0～9.0kg，单产52500～60 000kg/hm²。

37. **红宝石无籽（新优14号）**　由原中国科学院新疆生态与地理研究所童莉、王欣等选育。1998年通过新疆维吾尔自治区作物品种审定委员会审定。中早熟品种，全生育期85～90d，果实发育天数约30d。植株生长势中强，果实高圆球形，果面深底色上覆墨绿色锯齿条带，果皮坚韧，皮厚1.2cm，不易裂果，耐贮运。果肉鲜红，中心可溶性固形物含量11.5%以上。口感好，脆爽多汁，品质优良。单果重5.0kg左右，单产37 500kg/hm²。

38. **新优22号（黑皮翠宝）**　由新疆西域农业科技集团研究中心选育。2000年通过新疆维吾尔自治区农作物品种审定委员会审定。中熟品种，新疆露地覆膜直播全生育期88～92d，果实发育期36～38d。植株生长势较强，抗病性强。果实高圆形，墨绿底上有隐网纹。瓤色大红，质地脆甜，中心可溶性固形物含量11.0%以上。皮厚1.3cm，耐贮运。单果重5.0kg以上，单产60 000kg/hm²。

39. **湘科3号**　由湖南省园艺研究所育成的中熟品种。全生育期96d左右，果实发育期35d左右。果实高圆形，果形指数1.1左右。幼果时果皮浅绿，成熟瓜果皮绿色。果皮厚1.16 cm，皮质坚韧，耐贮运性能强。瓤色鲜红，汁多味甜，细脆爽口，无籽性能优良，中心可溶性固形物含量11.5%左右。单果重6.0kg，单产37 500kg/hm²。

40. **农优新1号**　由海南省三亚农优种苗研究所林尤胜等选育。迟熟品种，种子深褐色，千粒重68g。全生育期110d左右，果实发育期30～35d。植株茎蔓、叶片中等，叶色较深，耐湿、耐高温、抗寒力较强，易坐果。果实圆球形，果皮青绿色覆盖有暗花纹15～18条，皮厚1.2～1.5cm。中心可溶性固形物含量11.0%～12%，品质较佳。单果重7kg，单产37500～45 000kg/hm²,耐贮运。

41. **新优35号**　由新疆乌鲁木齐市农垦局种子公司西甜瓜研究所周树彬、汪泉等选育。中熟品种，全生育期90d，果实发育期32d左右。果实圆球形，墨绿皮覆黑色齿条带。瓜瓤红色、细脆多汁，中心可溶性固形物含量11.0%；单果重4.0kg。单产37 500kg/hm²。

二、大果型花皮类

1. **台湾新1号**　由台湾农友种苗公司育成。中熟品种，全生育期105d左右。生长势强，抗性强，不易空心，耐贮运。果实正球形，墨绿皮有深黑色狭条纹。瓤色大红，肉质爽口，细腻多汁，无籽性好。中心可溶性固形物含量12.0%左右。单果重7.0～8.0kg，单产45 000～75 000kg/hm²。

2. **洞庭2号**　由湖南省岳阳市农业科学研究所周泉等

选育。中熟品种，全生育期110d左右，果实发育期32d左右。植株生长势强，抗病耐湿，易坐果。果皮绿底覆中宽绿条带，耐贮运。果肉红色，汁多味甜，无籽性能好。中心可溶性固形物含量11.0%～11.5%，边部8.0%。单果重6.0kg以上，单产45 000kg/hm²。

3. **泉蜜301** 由岳阳市西甜瓜科学研究所周泉等选育。中熟品种，全生育期约100d。生长势强，抗性强。果实高圆形，果皮绿色，上覆墨绿色中齿条带，皮厚约1.0cm；果肉大红色，沙脆爽口，无籽性能好，中心可溶性固形物含量约12.0%，品质优。单果重5～7kg，单产52 500kg/hm²以上。

4. **泉蜜308** 由岳阳市西甜瓜科学研究所周泉等选育。中熟品种，全生育期约95d。生长势强，抗性强。果实圆球形，果皮绿底覆深绿色齿条带，果皮坚韧，耐贮运；果肉大红色，中心可溶性固形物含量约12.0%，沙脆爽口，无籽性能好，品质优。单果重5～7kg，果实商品率高，单产52 500kg/hm²。

5. **广西3号** 由广西壮族自治区农业科学院园艺研究所李文信等育成。2002年通过广西农作物品种合格审定，审定编号：2002001。早熟、生长健壮，易坐果，抗病力强。授粉后28～30d成熟。果实高圆形，绿色表皮上有清晰的深绿色宽条带花纹，皮厚1.2cm，肉质大红一致，质地细密，清甜爽口，不空心，秕籽小而少，中心可溶性固形物含量11.0%～11.5%。

单果重6～8kg，大者可达19kg。耐贮运，适应性广。单产45 000～67 500kg/hm²。2004年获广西科技进步一等奖，2005年获国家科技进步二等奖。

6. **郑抗无籽1号** 由中国农业科学院郑州果树研究所谭素英等育成，审定编号：国审菜2002031。中晚熟品种，全生育期约115d，果实发育期35d左右。植株生长势强，抗病，耐湿，易坐果。果实椭圆，浅绿色底上显数条深绿色条带，红色脆肉，中心可溶性固形

物含量11.5%，白秕籽小而少。单果重6.0kg以上，单产45 000kg/hm²。品质优，耐贮运，适应性广。

7. **京欣无籽1号** 由北京市农林科学院蔬菜研究中心育成。中早熟品种。全生育期90～95d，开花后28～30d成熟。外观与京欣1号相似，圆球形，有条纹，有蜡粉，瓤桃红色，肉质脆嫩，中心可溶性固形物含量12%左右，中、边梯度小。单果重6～7kg。单产52 500kg/hm²。皮薄且硬，较耐贮运。适合保护地和露地早熟栽培。

8. **国蜜1号** 由北京市农林科学院蔬菜研究中心育成。为大型改良新1号无籽瓜，外观似台湾新1号，长势强健。属中晚熟品种，全生育期约120d，果实发育期35d。果皮底色稍绿，果皮坚硬。果肉红色，白秕籽少，中心可溶性固形物含量11.0%～12.0%。单果重7～8kg，单产45 000kg/hm²。品质佳，耐贮运，适应性广。

9. **雪峰花皮无籽(湘西瓜5号)** 由原湖南省邵阳市农业科学研究所选育。2002年通过全国农作物品种审定委员会审定。中熟品种，全生育期100～105d，果实发育期35d左右。植株生长势强、耐病、抗逆性强。坐果性好。皮薄且硬，耐贮运。瓤色桃红，肉质细嫩，味甜，无籽性能好。中心可溶性固形物含量11.0%～12.0%。单果重6.0kg以上，单产52 500kg/hm²。

10. **郑抗无籽3号** 由中国农业科学院郑州果树研究所谭素英等育成。早中熟品种，全生育期105d，果实发育期约30d。果实圆球形，果皮为浅绿底显数条深绿色齿状花条，果皮薄而韧。果肉大红色，瓤质脆，白秕籽小而少，中心可溶性固形物含量11.5%～12.0%。单果重6.0kg，单产37 500kg/hm²。

11. **洞庭4号** 由湖南省岳阳市农业科学研究所周泉等选育。中熟品种，全生育期105d左右，果实发育期33d。果实高圆形，果皮暗绿底、覆青黑色短锯齿条带。果肉鲜红，肉质紧密，细脆爽口。中心可溶性固形物含量11.5%～12.0%。单果重7.0kg左右，大者可达15.0kg以

上。单产45 000kg/hm²。植株生长势强,抗病耐湿,耐贮运,坐果性好,适应性广。

12. **红富帅无籽** 由湖南省岳阳市农业科学研究所和湖南博达隆科技发展有限公司周泉等育成。中晚熟品种,全生育期105d左右,雌花开放到果实成熟约需33d。植株生长势强,坐果性能好。果实圆球形,果形指数1.02。果皮绿底覆清晰墨绿虎皮条纹,果皮厚1.2cm,皮质坚韧,耐贮运性能强。瓤色鲜红,无籽性能优良,中心可溶性固形物含量12.0%~13.5%,汁多味甜,细脆爽口,可食率高,品质上乘。单果重6.0~8.0kg,单产45 000kg/hm²以上。

13. **雪峰蜜红无籽** 由湖南省瓜类研究所邓大成、左蒲阳等育成。2002年通过全国农作物品种审定委员会审定。中熟品种,全生育期100d左右,果实发育期33~34d。果实圆球形,果形指数1.0,果皮厚1.3cm。果肉鲜红,中心可溶性固形物含量11.5%~12.0%。单果重5.0kg。单产37 500kg/hm²。

14. **津蜜1号** 由天津市农业科学院蔬菜研究所焦定量等育成。2000年通过天津市农作物品种审定委员会审定。中熟品种,全生育期95d左右,从雌花开放到成熟33d。植株生长旺盛,易坐果,果实圆球形,果皮绿底覆有深绿齿条带,皮厚1.1cm,耐贮运。瓤红色,肉质细脆,汁多,品质优,秕籽少,剖面好,中心可溶性固形物含量12.0%左右。单果重7.0kg以上,单产45 000kg/hm²以上。

15. **美龙无籽** 由福建省种子公司研发。中早熟品种,全生育期105d。生长势强,抗病高产。果实高圆球形,生长势强,抗病高产。果实高球形,果皮淡绿色间有青黑条纹,瓤色鲜红,肉质脆爽,秕籽少而小,中心可溶性固形物含量11.5%~12.0%,耐贮运。单果重5.0kg,单产37 500kg/hm²。

16. **津蜜4号** 由天津市农业科学院蔬菜研究所焦定量等育成。中早熟品种。易坐果,抗病及抗湿性强。果实高圆形,果皮绿底覆有深绿齿条带,有蜡粉,厚1cm。瓤红色,中心可溶性固形物含量12%,品质优,不易空心、畸形。单果重7~9kg,单产52 500kg/hm²以上。

17. **丰乐无籽2号**　由合肥丰乐种业股份有限公司育成。2002年通过全国农作物品种审定委员会审定。中熟品种，全生育期105d，果实发育期33d。植株生长势中等。主蔓10~12节出现第一雌花，以后每隔6~8节出现一雌花，坐果良好。果实圆球形，果皮厚1.2cm，果面绿底覆墨绿色窄齿条，果肉红色，纤维少，中心可溶性固形物含量11.5%左右。单果重6.0~8.0kg，单产45 000kg/hm^{2}以上。

18. **兴科无籽1号**　由安徽省无籽西瓜研究所刘广善等选育。中晚期熟品种，全生育期105d，果实发育期35d。幼苗子叶期生长较弱，1叶期以后生长旺盛，分枝性好，生长势强，抗病耐湿。果肉鲜红，中心可溶性固形物含量11.5%以上，瓤质脆，不空心、不倒瓤，秕籽小而少，品质优，耐贮运。单产52 500kg/hm^2。栽培适应性广。

19. **鄂西瓜9号**　由湖北省武汉市农业科学研究所孙玉宏等选育。中熟品种，全生育期100~105d，果实发育期33d。果实圆球形，果皮绿色上覆深绿色条纹，皮厚1.1cm；果肉鲜红，肉质细腻爽口，中心可溶性固形物含量11.0%以上，边部9.0%。白色秕籽小且少，无白筋、无黄块，不空心。单果重4.0~6.0kg，单产45 000kg/hm^2。耐湿、抗病性强，耐贮运。

20. **丰乐无籽1号**　由合肥丰乐种业股份有限公司育成。2002年通过全国农作物品种审定委员会审定。中熟品种，全生育期105d左右，果实发育期35d。植株长势强，果实圆球形，果皮厚1.3cm，深绿底带有墨绿色窄条，条带为不规则的锯齿状，果肉大红色，中心可溶性固形物含量11.0%~12.0%。单果重6.0~8.0kg，单产45 000kg/hm^2。

21. **唐山2号无籽**　由河北省唐山市农业科学研究院孙逊等选育。中早熟品种，果实圆球形，花皮且覆有蜡粉，果肉鲜红，中心可溶性固形物含量12.0%左右。单果重6.0kg，单产45 000kg/hm^2。皮坚硬，耐贮运，抗病性强。

22. **新优40号**　由新疆乌鲁木齐市农垦局种子公司西甜瓜研究所周树彬、汪泉等选育。2007年通过新疆维吾尔自治区农作物品种审定委员会审定。中熟无籽西瓜品种。全生育期90d，果实发育期32d。果实圆球形，果皮墨绿覆隐条带，瓜瓤红色、瓤质细脆多汁，无籽性好，中心可溶性固形物含量11.5%。单果重4.0kg，单产37 500kg/hm^2。

23. **豫园翠玉无籽**　由河南省农业科学院园艺研究所常高正等育成。中晚熟品种，全生育期105d，果实发育期35d。植株生长势中等偏强，分枝力适中，第一雌花着生于主蔓第6～10节，以后每隔5～6节再现雌花，坐果率高。果实圆球形，果形指数1.01，果皮浅绿色覆黑条带，皮厚1.4cm，果皮硬度大于25 kg/cm^2。瓜瓤大红、瓤质细脆多汁，无籽性好，中心可溶性固形物含量11.5%。单果重6.0kg，单产45 000kg/hm^{2}左右。

第二节　特色无籽西瓜品种

一、黄瓤类型

1. 湘西瓜19号（洞庭3号）　由湖南省岳阳市农业科学研究所选育周泉等选育而成。2002年通过全国农作物品种审定委员会审定，审定号：国审菜2002021；2002年列入国家农业科技成果转化资金项目；2004年"湘西瓜19号的选育"荣获湖南省科技进步二等奖；2001年通过湖南省农作物品种审定委员会审定；2001年荣获湖南省红星首届西瓜大赛"最高糖度奖"。中熟品种，植株生长势强，抗病耐湿，易坐果。果实圆球形，果皮深绿色，单果重6～7kg，大者可达18kg以上。中心可溶性固形物含量11.5%～13.7%，瓜瓤鲜黄，质脆爽口，风味特佳，单产52 500kg/hm^{2}以上。

2. 郑抗无籽4号　由中国农业科学院郑州果树研究所谭素英、刘文革等育成，审定编号：豫审西瓜2002004。中熟品种，全生育期108d，果实发育期32～35d。生长势中等，易坐果。圆球形，果皮黑色显数条暗齿条，果肉柠檬黄色，肉质细脆，剖面美观，中心可溶性固形物含量11.0%～12.0%，风味好，白秕籽小而少。单果重6.0kg以上，单产52 500kg/hm^{2}以上。

3. 菠萝蜜无籽　由河南农业大学豫艺种业科技发展有限公司马长生等选育。2004年通过河南省农作物品种审定委员会审定。全生育期105d，果实发育期33d。植株生长势中强，抗病性较强。果实圆球形，黑皮，皮厚1.2cm，坚韧且不易裂果，耐贮运性能好。瓤色鲜黄，中心可溶性固形物含量11.5%，口感细脆爽口。单果重6～8kg，单产52 500～60 000kg/hm^2。

4. 鄂西瓜8号　由湖北省农业科学院经济作物研究所戴照义等育成。2004年通过湖北省品种审定委员会审定，审定编号：鄂审瓜2004001。中熟品种，全生育期105d，果实发育期33～35d。果实圆球形，果皮墨绿色有隐暗条纹，上被蜡粉，单果重6～8kg，单产45 000kg/hm^{2}以上。瓜瓤鲜黄色，不易空心。中心可溶性固形物含量11.0%～11.50%，质脆无渣，口感好，品质优。

5. 雪峰大玉无籽4号　由湖南省瓜类研究所选育。2005年通过湖南省农作物品种审定委员会审定。中熟品种，全生育期95～100d，果实成熟期35d。植株生长势强，坐果性好。果实圆球形，果形指数1.04，果皮深绿色。果肉鲜黄，汁多味甜，无籽性好，口感风味佳。皮厚1.2cm，耐贮运。中心可溶性固形物含量11.5%。单果重6.0kg，单产45 000～52 500kg/hm^2。栽培适应性广。

6. 洞庭6号　由湖南省岳阳市农业科学研究所周泉等选育。2002年通过湖南省农作物品种审定委员会审定。中熟品种，全生育期105d，果实发育期33d。植株生长势强，易坐果，抗病耐湿。果实圆球形，果皮绿底覆中宽条带，果皮厚1.1cm；果肉鲜黄，剖面好，无籽性能较好，风味极佳。中心可溶性固形物含量11.5%～13.0%，单果重5～6kg，单产45 000kg/hm^{2}以上。

7. 雪峰蜜黄无籽　由湖南省瓜类研究所育成。2002年通过全国农作物品种审定委员会审定。中熟，全生育期93～95d，果实成熟期33～35d。单性花，第一雌花出现在主蔓第8～9节，其后每间隔5～6节出现一雌花。果实圆球形，果形指数1.0，果皮厚1.2～1.3cm。果肉黄色，中心可溶性固形物含量12.0%，单果重5.0kg，单产37 500kg/hm^2。

8. 黄宝石无籽　由中国农业科学院郑州果树研究所徐永阳、刘君璞、徐志红等选育。2002年通过全国农作物品种审定委员会审定。中熟品种，全生育期100～105d，果实发育期30～32d。植株生长势中等，抗逆性强。果实圆球形，墨绿色果皮上覆有暗宽条带，果实圆整度好。果肉黄色，剖面均匀，纤维少，汁多味甜，质脆爽口。中心可溶性固形物含量11.0%以上，中、边梯度较小。白色秕籽少而小，无着色籽。果皮1.2cm以下，果皮硬度较大，耐贮运。单果重6.0kg，最大可达10.0kg以上。单产37 500～45 000kg/hm^2。

9. 晶瑞无籽 由合肥丰乐种业股份有限公司王凤辰等选育。中熟品种，全生育期100d，果实发育期32d。植株长势稳健，易坐果。花皮，皮厚1.3cm，果实圆球形，黄瓤，质地细脆，中心可溶性固形物含量12%。单果重6kg，单产45 000kg/hm^2。

二、黄皮类型

1. 博达隆1号 由湖南省岳阳市农业科学研究所与湖南博达隆科技发展有限公司的周泉等选育而成。中熟品种，全生育期95～100d。植株生长势强，茎叶粗壮肥大，叶柄与叶脉黄色。抗病抗逆性强，适应性广，坐果率高；果实圆球形，果皮浅黄覆金黄色齿条带，果皮厚度1.1cm，耐贮运；瓤色深红，瓤质脆爽，纤维极少，中心可溶性固形物含量11.5%。单果重5～6kg，单产37 500kg/hm^2。

2. 洞庭7号 由湖南省岳阳市农业科学研究所周泉等选育而成。小果型礼品无籽西瓜，早中熟，全生育期95d。果皮黄色底上有深黄色条纹，果皮薄，果肉鲜黄，质地沙脆，中心可溶性固形物含量11.5%，单果重4～5kg，单产37 500kg/hm^2。

3. 金丽黄无籽 由湖南省岳阳市农业科学研究所与湖南博达隆科技发展有限公司的周泉等选育而成。中早熟，全生育期95～100d。植株生长势中等，抗病性强、耐湿热。果实圆球形，果皮浅黄色底、覆金黄色齿条带，外表漂亮美观，果皮硬，耐贮运。果肉鲜黄，中心可溶性固形物含量12.0 %。

单果重5～6kg，单产37 500kg/hm^2。

4. 洞庭8号 由湖南省岳阳市农业科学研究所周泉等选育而成。中果型，中熟品种，全生育期100d。外观漂亮，果肉橙黄色，无籽性能好，质地沙脆爽口，中心可溶性固形物含量12.0%。单果重6.0kg，单产37 500kg/hm^{2}以上。

5. 金太阳无籽1号　中国农业科学院郑州果树研究所刘文革、阎志红等选育。中熟品种，全生育期100d，果实发育期32d。植株生长势较强，易坐果。果实圆球形，金黄色果皮，果肉鲜红色，中心可溶性固形物含量11.0%，白秕籽少，不空心，品质较好。单果重5～6kg，单产37 500kg/hm²以上。

6. 金太阳无籽2号　由中国农业科学院郑州果树研究所刘文革、阎志红等选育。中熟品种，生长势较强，抗病耐湿性好。大果型，单果重6.0kg，产量高。果实圆球形，金黄色果皮并分布均匀条带，瓤鲜红色，中心可溶性固形物含量11.5%～12.0%，白秕籽少，不空心，品质优。

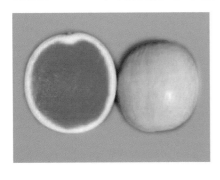

7. 金达1号　由广东省农业科学院蔬菜研究所育成。早熟，果实圆球形，果皮黄色、皮厚约1cm，耐运输。瓤大红色，可溶性固形物含量11.5%～12.5%，清甜可口。单果重4～6kg，单产45 000～60 000kg/hm²。适宜露地和保护地栽培。

8. 黄玫瑰无籽1号　由中国农业科学院郑州果树研究所刘文革、阎志红等育成。早中熟，中小果型，易坐果。长势中等，抗病耐湿。单果重3.0～4.0kg。高圆球形，黄皮黄肉，肉质细脆，白秕籽小而少。中心可溶性固形物含量11.5%～12.0%，糖分均匀，风味好，品质优。

9. 金蜜1号　中国农业科学院蔬菜花卉研究所育成。2001年通过北京市农作物品种审定委员会审定。植株生长势强，抗病性与适应性强，全生育期110d，开花后32～35d成熟。单果重约5.0kg，果实高圆形，皮色金黄，瓤色深红，味甜、多汁，中心可溶性固形物含量11.5%～12.0%。耐贮运，货架期长。适宜保护地栽培及露地栽培。

10. 金蜜童无籽 由先正达种子公司育成。中早熟，全生育期100d，授粉到采收30～32d。果实高圆形，外观靓丽，黄皮上有细条带。中心可溶性固形物含量11.5%～12.5%，品质优。单果重2.5～3kg，单产30 000kg/hm²。坐果性强，产量高。适宜全国各地保护地栽培。

11. 雪峰小玉无籽2号（金福无籽） 由湖南省瓜类研究所选育。2003年3月通过湖南省农作物品种审定委员会审定。2007年通过国家西瓜甜瓜品种鉴定委员会鉴定。早熟品种，全生育期89d，果实发育期29d。植株生长势强，耐病，抗逆性亦强，坐果性好。果实高圆球形，果皮黄底覆隐细条纹，皮厚约0.6cm。果肉桃红，无籽性好，口感风味好。果实中心可溶性固形物含量12.0%～13.0%，中、边梯度小。单果重2～3kg，单产30 000～37 500kg/hm²，支架栽培单产45 000～52 500kg/hm²。

三、特色类型

1. 金玺无籽 由湖南省岳阳市农业科学研究所周泉等选育而成。中早熟，中小果型无籽西瓜品种，植株生长势中强，抗病性强。果实圆球形，黄底青绿细条带，极为漂亮、美观。果皮薄，耐贮运性较好。果肉大红，中心可溶性固形物含量12.0%～13.5%。单果重2.0～3.0kg，单产30 000kg/hm²。

2. 莱卡红无籽2号 由中国农业科学院郑州果树研究所刘文革、阎志红等育成。审定编号：豫审西瓜2011012。属高番茄红素含量的三倍体无籽西瓜品种。中熟，全生育期102d，果实发育期30d。苗期生长势强，坐果较易，分枝性强。第一雌花着生节位第8节，雌花间隔8节。果实圆球形，果形指数1.03，绿色果皮上显墨绿色齿条，果皮厚1.1cm。果肉大红色，番茄红素含量高，质脆多汁。单果重6～7kg。

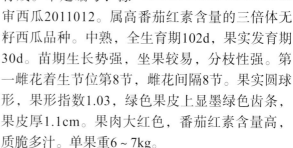

3. **流星雨**　由中国农业科学院郑州果树研究所刘文革、阎志红等育成。属奇特无籽西瓜，外观花纹似流星状。是早中熟品种，生长势较强，易坐果，单果重7.0kg。果实圆球形，外观花纹似流星状。瓤鲜红色，中心可溶性固形物含量11.5%~12.0%，品质优。全国各地露地、大棚和温室均可栽培。

4. **绿野无籽**　由中国农业科学院郑州果树研究所刘文革、阎志红等育成，

审定编号：桂审西瓜2010003。是高番茄红素西瓜品种，中熟，果实发育期30d。单果重6.0kg以上，单产37 500kg/hm²。果形短椭圆，绿皮有网条，果肉大红，质脆，中心可溶性固形物含量11.5%~12.0%，不空心，不倒瓤，白秕籽小而少，品质优。果皮硬，耐贮运，适应性广。

第三节　小果型无籽西瓜品种

一、黑皮小果类

1. **黑童宝无籽**　由湖南省岳阳市农业科学研究所周泉等选育而成。中小果型品种，植株生长势强，耐湿热。果实圆球形，果皮墨绿色，上覆蜡粉，极为漂亮、美观。果皮坚硬，极耐贮运。果肉大红，中心可溶性固形物含量达12.0%~13.5%。单果重2.0~4.0kg，单产37 500kg/hm²。

2. **墨童无籽**　由先正达种子公司培育。全生育期100d，

果实发育期28~32d。果实圆球形，果皮墨绿有隐条纹，表面有蜡粉。瓜瓤鲜红色，纤维少，汁多味甜，质细爽口。中心可溶性固形物含量12.0%~13.0%，无籽性好。皮厚0.8cm，硬度高，耐贮运。植株生长势和抗病性强，分枝力强，果实整齐度和商品率高，易坐果。单果重2.5~3.0kg，单产45 000kg/hm²以上。

3. 小圣女 由湖南省岳阳市农业科学研究所和湖南博达隆科技发展有限公司周泉等选育而成。中早熟、中小果型品种。植株生长势中强，抗病性强，耐湿热。果实圆球形，果皮深绿底有暗绿条带，果形美观。果皮硬，耐贮运性好。果肉鲜红，中心可溶性固形物含量12.0%～13.0%。单果重3.0～4.0kg，单产量30 000kg/hm²。

4. 小妃 由台湾农友种苗公司选育的黑皮小型无籽西瓜，播种至采收80～90d，开花至采收30～35d。果实圆球形，果皮黑绿有不明显青黑条斑。单果重2.0～2.5kg。果肉深红色，肉质细嫩、白色秕籽小而少，中心可溶性固形物含量11.0%～12.0%，耐贮运。

二、黄瓤小果类

1. 博帅无籽 由湖南省岳阳市农业科学研究所周泉等选育而成。早熟品种，全生育期95d。植株生长势强，抗病耐湿，坐果率高，果皮薄且坚韧，抗裂性强、耐贮运。果实短椭圆形，绿底覆绿色齿条带。果肉鲜黄，肉质爽脆，中心可溶性固形物含量11.5%～13.0%。单果重2.5～4.0kg，单产30 000～37 500kg/hm²。

2. 金宝无籽 由中国农业科学院郑州果树研究所刘文革、阎志红等育成。早中熟，抗病耐湿。中小果型，单果重4.0～5.0kg。果实圆球形，浅绿色果皮上显墨绿色齿条。瓤柠檬黄色，质细而酥脆，含糖量高，中心可溶性固形物含量11.5%～13.0%，中、边梯度小，汁液多，风味好，品质优。适应性广，全国各地露地、保护地，春季和秋季均可栽培。

3. 神玉无籽 由湖南省岳阳市农业科学研究所周泉等选育而成。中早熟、中小果品种，全生育期95d，果实成熟期30d。植株生长势中强，抗病性强，耐湿热。果实高圆形，果皮青绿色，上覆蜡粉，极为漂亮、美观。果皮坚硬，极耐贮运，果肉鲜黄，中心可溶性固形物含量11.5%~13.0%。单果重3.0~4.0kg，单产37 500kg/hm²。

4. 黄金无籽 由中国农业科学院郑州果树研究所刘文革、阎志红等育成。中小果型，抗病耐湿，易坐果。早中熟，单果重2.0~3.0kg。果实圆球形，绿皮网条，果肉柠檬黄色，质酥脆，皮薄。中心可溶性固形物含量11.0%~12.0%，中、边梯度小，汁液多，品质优。该品种栽培适应性广，露地、保护地等均可栽培。

5. 绿琪 由湖南省岳阳市西甜瓜科学研究所周泉等选育。小果型，中早熟品种，全生育期95d，果实发育期28~30d。果实圆球形，果皮浅绿底有绿细网纹条带，果皮极薄，果肉鲜黄，质地沙脆，中心可溶性固形物含量12.0%。单果重2.0~3.0kg，单产30 000kg/hm²。

6. 丽兰 由台湾农友种苗公司选育。中早熟品种，果实高圆球形，单果重3~5kg，绿皮墨绿齿条带。肉色鲜黄亮丽，肉质细嫩爽口，汁水多，品质优良，耐贮运。

7. 绿玲珑 由湖南省岳阳市西甜瓜科学研究所周泉等选育。小果型无籽西瓜，中早熟品种，全生育期95d。果皮绿底有绿细网纹条带，果皮极薄，果肉鲜黄，质地沙脆，中心可溶性固形物含量12.0%。单果重2.0~3.0kg，单产37 500kg/hm²。

8. 夏兰　由湖南省岳阳市西甜瓜科学研究所周泉等选育。小果型无籽西瓜，中早熟品种，全生育期95d。果皮绿底有绿齿条带，果皮薄且硬，果肉鲜黄，质地沙脆，中心可溶性固形物含量12.0% ~ 13.0%。单果重2.0 ~ 3.0kg，单产30 000kg/hm²。

9. 无籽黄玉　由安徽省农业科学院园艺研究所张其安等育成。早熟，全生育期85 ~ 90d，果实发育期28 ~ 30d。果实圆形，花皮，果肉橙黄，质地细嫩酥脆，口感好。中心可溶性固形物含量12.0%。单果重2.0 ~ 2.5kg，单产37 500kg/hm²。

三、花皮小果类

1. 雪峰小玉红无籽　由湖南省瓜类研究所孙小武等选育。2002年通过全国农作物品种审定委员会审定。早熟，全生育期88 ~ 89d，果实成熟期28 ~ 29d。植株生长势强，耐病、抗逆性强，坐果性好。果实高圆球形，果型端正，果皮绿色底上有深绿色虎纹状细条带，果皮厚度0.6cm。果肉鲜红，纤维少，无籽性好。果实汁多味甜，细嫩爽口，口感风味极佳。中心可溶性固形物含量11.5% ~ 13.0%。单产爬地栽培30 000 ~ 37 500kg/hm²，立架栽培45 000 ~ 52 500kg/hm²。

2. 小秀　由台湾农友种苗公司选育。果实圆球形，果皮绿色布浓绿条斑。单果重1.8 ~ 2.8kg，果肉红色，肉质细脆、白色秕籽小而少。中心可溶性固形物含量11.0% ~ 13.0%，品质优良。播种至采收75 ~ 90d，开花至采收30 ~ 35d。

3. 京玲　由北京市农林科学院蔬菜研究中心宫国义等育成。果实圆球形，绿底色，覆盖墨绿条纹，周正美观。早熟，果实发育期26d，全生育期85d。植株生长势中等，易坐果，无籽性能好。果实剖面均匀，果肉红色，肉质脆嫩，风味佳。中心可溶性固形物含量13.0%以上，糖度梯度小。皮薄，耐裂，耐储运。单果重2.5kg。

4. **蜜童无籽** 由先正达种子公司培育。中早熟，全生育期88～89d，从授粉到采收30～35d。植株长势强，易管理。果实高圆形，外观靓丽，绿皮上有青黑条纹。品质优，中心可溶性固形物含量11.5%～12.5%。单果重2～3kg，坐果力强，丰产。适合全国各地露地及保护地栽培。

5. **帅童** 由先正达种子公司育成。属小果型无籽西瓜品种。植株生长势强，第一雌花平均节位8.8，全生育期88～89d，果实发育期30～33d。单瓜重2.5～3.5kg，果实高圆形，果形指数1.09，果皮绿色覆齿条，有蜡粉，皮厚0.7cm，果皮韧。果肉红色，无或少有着色秕籽，白色秕籽少且小，中心可溶性固形物含量12.0%～13.5%，边部含量9.2%，口感好，果实商品率90.0%。

6. **小爱** 由先正达种子公司培育。是畅销欧美的迷你无籽西瓜。全生育期75～90d，果实发育期30～35d。果形高圆球形，果皮深绿有青黑宽条斑。单果重2.0～2.8kg，果肉深红均匀，肉质脆嫩，白色秕籽小而少。中心可溶性固形物含量11.0%～13.0%，品质优良。

7. **绿蜜** 由湖南省岳阳市西甜瓜科学研究所周泉等选育。中早熟、中小果无籽西瓜品种，全生育期95d，果实发育期28～29d。植株生长势中强，抗病性强，耐湿热。果实圆球形，果皮青绿色，亮泽美观。果肉鲜红，中心可溶性固形物含量12.0%～13.5%。单果重2.0～3.0kg，单产30 000kg/hm²。

8. **绿虎** 由湖南省岳阳市西甜瓜科学研究所周泉等选育。中早熟品种，全生育期90～95d，果实发育期30d。植株生长势中强，抗病性强，耐湿热。果实圆球形，果皮青绿底有深绿中齿条带，果皮漂亮。果皮厚0.9cm。果肉鲜红，中心可溶性固形物含量12.0%。单果重3.0～4.0kg，单产37 500kg/hm²。

9. **青秀** 由湖南省岳阳市西甜瓜科学研究所周泉等选育。中早熟品种，中小果型。全生育期88～89d，果实发育期28～29d。植株生长势中强，抗病性强，耐湿热。果实圆球形，果皮青绿色，清秀美观。果皮厚0.8cm。果肉鲜红，中心可溶性固形物含量11.5%。单果重3.0～4.0kg，单产37 500kg/hm²。

10. **小华** 由台湾农友种苗公司选

育。早熟，坐果力强，果实圆球至高圆球形，果皮淡绿底覆有绿色网纹，单果重2～3kg。肉色深红，肉质脆嫩，白色秕籽小而少。中心可溶性固形物含量12.0%，果皮坚韧，耐贮运。

11. **小神童** 由新疆农利得种业有限公司魏华武等选育。中早熟。全生育期90～95d，果实发育期30d。植株生长势中强，抗病性强，耐湿热。果实圆球形，果皮绿底有细绿齿条带，果皮漂亮。果皮厚0.9cm。果肉鲜黄，中心可溶性固形物含量12.0%。单果重2.0～2.5kg，单产30 000kg/hm²。

12. **华晶7号** 由河南省西瓜育种工程技术研究中心与洛阳市农发农业科技开发有限公司朱忠厚、朱学杰、朱学红等选育，审定编号：豫审西瓜2008014。属袖珍型早熟无籽西瓜品种。全生育期95d，果实发育期28d。植株生长势中等，易坐果。果实圆球形，果形指数1.0，果皮浅绿底覆深绿条带，皮厚0.4cm，韧性好。单果重2.5kg。无裂果、空心、皮厚现象。果肉红色，瓤质细脆，

剖面好，着色秕籽极少。中心可溶性固形物含量12.5%，边部10.1%。

13. **小玉无籽** 由江苏省农业科学院蔬菜研究所羊杏平等以自交系HN24-451为母本、自交系HN24-WS-1为父本配制的三倍体无籽西瓜杂种一代。早熟，果实发育期32～35d。果实圆球形，果皮浅绿色覆细网纹，单果重1.8～2.4kg，

果皮厚1.0cm。瓜瓤红色，中心可溶性固形物含量10.0%～11.9%，边部7.2%～9.1%。肉质脆酥，汁多爽口，风味好。白色秕籽小而嫩，无籽性好。适于江苏省春季大棚栽培。

14. 桂系2号小无籽　由广西壮族自治区农业科学院园艺研究所何毅等选育。2003年通过广西壮族自治区农作物品种审定委员会审定。早中熟、中小果型品种。果实高圆形，深绿底有隐暗花纹，少量蜡粉。果肉深红，剖面好，不空心，无白块黄筋，肉质细密，白秕籽少。中心可溶性固形物含量12.5%，清甜爽口，品质优。皮厚1.0cm，皮质硬韧，耐贮运。单果重3～4.0kg，单产37 500kg/hm²。适合广西露地和保护地栽培。

第四节　无籽西瓜授粉品种

1. 东方娇子　由湖南省岳阳市农业科学研究所与湖南博达隆科技发展有限公司周泉等选育的杂交一代有籽西瓜品种。大果型，中早熟品种，全生育期95d。植株生长势强，抗病耐湿。果实圆球形，果皮绿色覆墨绿色齿条。果肉大红，肉质沙脆爽口，中心可溶性固形物含量12.0%。单果重6～8kg，单产52 500kg/hm²以上。开花时期长，花粉量大，是最佳授粉品种之一。

2. 东方冠龙　由湖南省岳阳市农业科学研究所与湖南博达隆科技发展有限公司周泉等选育的杂交一代有籽西瓜品种。中熟杂交一代品种，全生育期100d。植株生长势强，抗病耐湿。果实椭圆形，果皮绿色覆墨绿色齿条。皮薄坚韧，瓤色鲜红，肉质沙脆，风味佳，中心可溶性固形物含量12.0%。单果重8.0kg，单产60 000kg/hm²。耐贮运，适应性广。开花时期长，花粉量大，是最佳授粉品种之一。

3. 珍冠　由湖南省岳阳市农业科学研究所与湖南博达隆科技发展有限公司周泉等选育的杂交一代有籽西瓜品种。早熟，全生育期85d。植株生长势强，抗病性强。果实椭圆形，果皮绿色覆墨绿色齿条。皮薄坚韧，瓤色鲜红，肉质沙脆，风味佳，中心可溶性固形物含量12.0%以上。单果重2.6kg，单产37 500kg/hm²。耐贮运，适应性广。开花时期长，花

粉量大，是最佳授粉品种之一。

4. 甜宝小玉 由岳阳市西甜瓜科学研究所周泉等选育。早熟品种，全生育期85d。果实成熟期26d；生长势中强，抗性强；果实椭圆形，果皮浅绿色，上覆深绿色细齿条带，皮厚0.5cm；果肉大红色，沙脆爽口，中心可溶性固形物含量13.0%，品质优；坐果性强，商品性高。单果重3~4kg，单产45 000kg/hm²。

5. 泉鑫1号 由湖南省岳阳市农业科学研究所周泉等选育。中熟品种，全生育期90d。植株生长势强，抗病耐湿，耐贮运。果实高圆形，果皮深绿、覆墨绿色暗条纹，瓤色深红，脆而多汁，中心可溶性固形物含量11.5%。单果重5.0kg以上，单产52 500kg/hm²。开花时期长，花粉量大，是最佳授粉品种之一。

6. 泉鑫2号 由湖南省岳阳市农业科学研究所与湖南博达隆科技发展有限公司选育的杂交一代有籽西瓜品种。早熟，全生育期85d。植株生长势强，抗病耐湿。果实短椭圆形，果皮浅黄色覆有黄色细条纹。瓤色鲜黄有绿色纤维，肉质沙脆，中心可溶性固形物含量12.0%。单果重2.5kg，单产30 000kg/hm²以上。花期长，花粉量大，是最佳授粉品种之一。

7. 泉鑫3号 由湖南省岳阳市农业科学研究所与湖南博达隆科技发展有限公司选育的杂交一代有籽西瓜品种。早熟，全生育期85d。植株生长势强，耐湿性强，适应性广。果实短椭圆形，果皮浅黄色覆浅绿色细条纹。瓤色深红，肉质爽脆，中心可溶性固形物含量12.0%。单果重2.5kg，单产37 500kg/hm²以上。花期长，花粉量大，是最佳授粉品种之一。

8. 泉鑫4号 由湖南省岳阳市农业科学研究所与湖南博达隆科技发展有限公司选育

的杂交一代有籽西瓜品种。早熟，全生育期85d。植株生长势中等，耐湿性强，适应性广。果实短椭圆形，果皮浅黄色覆有黄色齿条带。肉质爽脆，中心可溶性固形物含量12.0%。单果重2.5kg，单产37 500kg/hm²以上。花期长，花粉量大，是最佳授粉品种之一。

9. 金太阳 由湖南省岳阳市西甜瓜科学研究所与湖南博达隆科技发展有限公司周泉等

选育的杂交一代有籽西瓜品种。中熟，全生育期90d。植株生长势强，抗逆性强。果实圆球形，果皮浅黄色覆有金黄色条带。瓤色鲜红，肉质沙脆，中心可溶性固形物含量11.5%。单果重5.0kg，单产30 000kg/hm²以上。花期长，花粉量大，是最佳授粉品种之一。

10. 黄仙子 由湖南省岳阳市西甜瓜科学研究所与湖南博达隆科技发展有限公司周泉等选育的杂交一代有籽西瓜品种。中早熟，全生育期85d。植株生长势强，抗病耐湿。果实高圆形，果皮浅黄色覆有黄色细条带。瓤色鲜黄，肉质沙脆，中心可溶性固形物含量12.0%。单果重6.0kg，单产37 500kg/hm²以上。花期长，花粉量大，是最佳授粉品种之一。

11. 金玉红 由湖南省岳阳市西甜瓜科学研究所

与湖南博达隆科技发展有限公司周泉等选育的杂交一代有籽西瓜品种。中熟，全生育期95d。植株生长势强，抗逆性强，易坐果。果实高圆形，果皮浅黄色覆有黄色细条带。瓤色鲜红，肉质沙脆，中心可溶性固形物含量11.5%。单果重5.0kg，单产30 000kg/hm²以上。花期长，花粉量大，是最佳授粉品种之一。

12. 珍玉 由湖南省岳阳市农业科学研究所与湖南博达隆科技发展有限公司周泉等选育的杂交一代有籽西瓜品种。中熟，全生育期86d。植株生长势强，抗病耐湿。果实高圆形，果皮绿色覆墨绿色齿条。瓤色鲜黄，肉质沙脆，纤维少，中心可溶性固形含物11.5%。单果重2.6kg，大棚立架栽培折合单产37 500kg/hm²。开花时期长，花粉量大，是最佳授粉品种之一。

13. **东方甜宝** 由湖南省岳阳市西甜瓜科学研究所与湖南博达隆科技发展有限公司周泉等选育的杂交一代有籽西瓜品种。早熟，全生育期85d。植株生长势强。果实圆球形，果皮绿色覆深绿色细条带。瓤色鲜黄，肉质沙脆，中心可溶性固形物含量12.0%。单果重2.5kg，单产30 000kg/hm²以上。花期长，花粉量大，是最佳授粉品种之一。

14. **东方美玉** 由湖南省岳阳市西甜瓜科学研究所与湖南博达隆科技发展有限公司周泉等选育的杂交一代有籽西瓜品种。中早熟，全生育期90d。植株生长势强，抗病、耐寒。果实短椭圆形，果皮绿色覆深绿齿条带。瓤色鲜黄，肉质沙脆，中心可溶性固形物含量12.0%。单果重4.0~5.0kg，单产37 500kg/hm²以上。花期长，花粉量大，是最佳授粉品种之一。

15. **东方花冠** 由湖南省岳阳市西甜瓜科学研究所与湖南博达隆科技发展有限公司周泉等选育的杂交一代有籽西瓜品种。全生育期100d，果实发育期30d。果实椭圆形，果皮绿色覆深绿齿条带，皮厚1.0cm。瓤色红，肉质沙脆，纤维少。中心可溶性固形物含量11.0%~12.0%，边部8.0%。单果重7.0kg，单产37 500~52 500kg/hm²。花期长，花粉量大，是最佳授粉品种之一。

16. 东方神润　由湖南省岳阳市西甜瓜科学研究所与湖南博达隆科技发展有限公司周泉等选育的杂交一代有籽西瓜品种。早熟，全生育期85d。植株生长势强。果实圆球形，果皮绿色覆墨绿色齿条带。瓤色鲜黄，肉质沙脆，中心可溶性固形物含量12.0%。单果重2.5kg，单产22 500kg/hm²以上。花期长，花粉量大，是最佳授粉品种之一。

17. 黑迷人　由湖南省岳阳市西甜瓜科学研究所与湖南博达隆科技发展有限公司周泉等选育的杂交一代有籽西瓜品种。全生育期100d，果实发育期30d。果实椭圆形，果皮墨绿色，有蜡粉，皮厚1.1cm。果皮坚硬，耐贮运，货架期长。瓤色鲜红，瓜瓤紧密且肉质沙脆。中心可溶性固形物含量11.5%～12.5%，边部7.5%。单果重3～4.0kg，单产27 000～30 000kg/hm²。抗病性和抗逆性强；适应性广。花期长，花粉量大，是最佳授粉品种之一。

18. 东方美佳　由湖南省岳阳市西甜瓜科学研究所与湖南博达隆科技发展有限公司周泉等选育的杂交一代有籽西瓜品种。全生育期100d，果实发育期29d。果实椭圆形，果皮深绿色，有蜡粉，皮厚1.0cm。瓤色深红，肉质沙脆，纤维少，口感好。中心可溶性固形物含量11.0%～12.0%，边部7.5%。单果重5～6.0kg，单产37 500kg/hm²。花期长，花粉量大，是较好的授粉品种之一。

19. 大果泉鑫　由湖南省岳阳市西甜瓜科学研究所与湖南博达隆科技发展有限公司周泉等选育的杂交一代有籽西瓜品种。中晚熟，全生育期95d。植株生长势强，耐湿热，果皮坚韧耐贮运，适应性广。果实高圆形，果皮绿色覆暗绿齿条带。瓤色深红，瓤质脆而多汁，中心可溶性固形物含量11.2%。单果重6～7kg，单产60 000kg/hm²，高产可达75 000kg/hm²。花期长，花粉量大，是较好的授粉品种之一。

20. 东方圣女　由湖南省岳阳市西甜瓜科学研究所与湖南博达隆科技发展有限公司周泉等选育的杂交一代有籽西瓜品种。全生育期100d，果实发育期30d。果实椭圆形，果皮墨绿色，光泽好，皮厚1.0cm。瓤色黄，肉质沙脆，纤维少，剖面好，口感好。中心可溶性固形物含量11.0%～12.0%，边部7.5%。单果重6.5kg，单产45 000kg/hm²以上。花期长，花粉量大，是较好的授粉品种之一。

21. 东方亮剑　由湖南省岳阳市西甜瓜科学研究所与湖南博达隆科技发展有限公司周泉等选育的杂交一代有籽西瓜品种。全生育期103d，果实发育期32d。果实椭圆形，果皮墨绿色，光泽好，皮厚1.0cm。瓤色大红，剖面美观，肉质沙脆爽口。中心可溶性固形物含量11.5%～12.0%，边部7.5%。单果重6.0kg，单产37 500kg/hm²以上。花期长，花粉量大，是较好的授粉品种之一。

第六章

三倍体无籽西瓜制种技术

目前，我国三倍体无籽西瓜制种基地主要在西北地区，分布在新疆、甘肃等地。其中新疆的北疆地区，由于其独特的地理位置及气候条件，已成为全国重要的三倍体无籽西瓜生产制种基地。三倍体无籽西瓜种子繁殖与二倍体西瓜杂交一代种子繁殖一样，但三倍体无籽西瓜种子是以四倍体西瓜为母本、二倍体西瓜作父本的一代杂交种。现将西北（新疆）三倍体无籽西瓜制种基地的制种关键技术概述如下。

第一节　制种前的准备工作

一、制种基地的选择

西北地区具典型的大陆性干旱气候特点，春、秋两季较短，夏、冬两季较长，无霜期150d，同期积温量3 000～3 500℃，年降水量少，年平均降水量为194mm，最暖的7、8月平均气温为25.7℃。西北地区最显著的特点是：作物生长周期长，积温高，昼夜温差大，空气湿度小，日照时间长，日照百分率高，特别有利于西瓜果实的膨大和糖分等干物质的积累，不仅瓜个大，产籽量高，而且生产的种子质量好。只要灌溉设备配套，就可以获得高产优质的种子。所以，西北地区是我国无籽西瓜种子生产最适区域。

根据西瓜根系发达、好气性强的特点，宜选择土层深厚、疏松、较肥沃的壤土或沙质壤土，选光照条件好、排灌条件较好地块种植。前茬以玉米等禾本科作物为主，严禁在5年内种过瓜类且有病害发生的重茬瓜田制种，制种田要求与其他品种的西瓜隔离500～1 000m，以防蜜蜂等昆虫窜粉引起混杂。沙质壤土的物理结构良好，土壤中氧气充足，降雨或灌溉后水分下渗快，干旱时地下水通过毛细管上升也快，而且白天吸热增温快，春季地温回升早，夜间散热迅速，昼夜温差大，有利于根系的正常发育和对水分、矿物质的吸收，是进行西瓜制种最理想的土壤。另外，在选择制种基地时，还要考虑当地无龙卷风、无沙暴或风暴、交通较发达等因素。

二、播种前的准备

目前，西北制种基地三倍体无籽西瓜制种一般采用直播，也可以采用育苗移栽。播种前的准备工作主要如下。

1. 整地、开沟与施肥　制种田要求将地块整平，按3m开沟作畦，再在两侧离沟50~60cm处采用机械开沟施肥。制种田要施足底肥，底肥以有机肥为主，配施磷钾肥，以增加产量和种子饱满度。施肥时结合深翻瓜行采用沟施法进行，肥料最好施在宽50~60cm、深20~30cm的瓜行内。一般将三元复合肥或其他基肥与敌克松拌匀倒入开沟器的施肥箱内，使用开沟器可一次性完成开沟与施肥作业。瓜沟开好后还要进行整沟，要求瓜沟上口宽50~60cm、深60cm左右。

肥料种类和施肥量基本与商品瓜栽培相同，但应适当增施磷钾肥，以提高种子质量。一般每667m²施肥总量为：45%三元复合肥（N：P：K=13：17：15）50kg、64%磷酸二铵（P_2O_5含量46%）50kg。

2. 浇水、铺膜　瓜沟平整好后即可进行灌水与铺膜。灌水要求均匀，一般采用小水漫灌，以土壤湿润为佳。制种田要求采用地膜覆盖栽培，种瓜行可于播种前或定苗前铺盖地膜，以利于早春土壤增温保墒，促进出苗、保苗和植株生长。铺膜时要铺平、铺紧、压实。

三、制种亲本种子的准备

1. 亲本种子的纯度标准　生产三倍体无籽西瓜种子的母本（四倍体种子）和父本（二倍体种子），必须达到原种标准，即母本种子纯度大于99.0%，父本种子纯度大于99.7%。

2. 用种量　三倍体西瓜制种时，一般每667m²需四倍体母本种子180~200g，二倍体父本种子3~5g。采用大田直播的每667m²需四倍体母本种子260~300g，父本种子5~7g。

第二节　三倍体无籽西瓜生产制种技术

一、播种

1. 种子处理　播种前应充分晒种1~2次。结合浸种，可用200倍福尔马林（甲醛）水溶液浸种1~2h，然后用清水反复冲洗干净后播种。

2. 父、母本比例

父、母本在制种田中的分布和播种的时期应考虑到有利于人工授粉的操作，花期必须相遇。因此，母本和父本应采取分期、分区集中种植。父本与母本的种植比例为1：20，父本提前早播7~10d。为了便于采集雄花，父本品种可种植于母本品种区内的一端。

3. 播种期　一般在5月上、中旬播种。

4. 种植密度　种植密度即母本适宜的定苗数，可根据气候条件和栽培水平而定，一般行距2.5~3m，株距15~18cm，每667m²保苗2 000~2 500株为宜。父本的株距一般40~50cm。播种时要求播深1cm，覆土1.5~2cm。

5. 间苗或定植　大田直播应及时间苗，一般在子叶平展期或幼苗1片真叶时进行，每穴选留1株健壮的幼苗。育苗移栽宜在幼苗2~3片真叶期适时定植。定植前2d苗床应喷洒农药和根据苗情酌情追肥。定植时应浇足水，然后培土盖地膜。

二、田间管理

(一) 授粉前的管理

1. 间苗定苗　制种时父本一般不需要进行间苗、定苗；母本出苗后要及时查苗、补苗。当母本植株长至3~5片真叶时要进行间苗，每穴留1株。

2. 植株调整　当瓜苗开始伸蔓时，视长势酌情追施伸蔓肥，保持瓜秧有良好的生长状态，以提高坐果率。母本采用单蔓式（一条龙）整枝，多次打杈，摘除全部侧蔓，直至坐住瓜才停止。瓜蔓长至0.5m时进行压蔓，以后每隔5~6节压蔓一次，坐住果后停止整枝和压蔓。

3. 亲本植株去杂　为了提高杂交制种纯度，应对制种田亲本进行植株形态学的鉴别并及时清除杂异植株。鉴别的方法主要是依据母本、四倍体和父本二倍体西瓜品种所固有的植株形态特征，诸如叶形、株型、雌花花蕾和子房的形状以及幼果果面色泽等。鉴别亲本中杂异株的工作应从种子准备阶段挑选种子时开始，贯穿植株整个生育期直至新种子采收。尤其在授粉前对父本瓜株更要仔细确认，对不符合亲本特征特性的植株严格拔除后，方可采摘雄花进行授粉。

为了保证所制杂交种健康无菌，防止细菌性果腐病在授粉过程中传播，对父本植株于采摘花粉前全面鉴定健康程度，对带有细菌性果腐病病斑的植株要全部拔除深埋，不能用于采集花粉；对母本植株于种瓜采摘前全面检查，剔除病株、病瓜，剖瓜时剔除腐烂瓜，以保证采收的种子健康无菌。

4. 授粉工具准备　授粉工具包括纸帽（直径1~1.5cm），细铁丝（长3~3.5cm）或红色油漆，有色毛线（长约5cm）、采花罐等。纸帽可准备两种颜色，但以醒目的红色或白色为好。纸帽的做法是：先将旧报纸或旧书纸裁成5cm×7cm的纸片，卷成长2~3cm、直径1~1.5cm、一头封口的圆筒。纸帽的大小应兼顾隔离效果和操作快捷两方面。

5. 母本去雄、套袋并除幼果　授粉前要严格摘除母本株上所有雄花和雄花花蕾。除平时结合整枝打杈摘除雄花外，授粉前2d必须逐株、逐蔓检查雄花花蕾是否除净，确认除净后再进行授粉。

（1）母本去雄　为了提高三倍体无籽西瓜种子纯度，应将母本植株每条蔓上的雄花在蕾期全部摘除干净，这是保证种子质量的关键，也是最重要的环节。母本去雄随整枝压蔓一同进行，直至杂交授粉结束，种瓜坐住为止。在整枝压蔓时，应先去雄再压蔓。去雄应做到"根根到顶，节节不漏"。对于少数具两性花的四倍体母本，必须提前1d实施人工去雄。即剥开花冠除掉柱头周围的雄蕊，去雄后立即套袋（帽）隔离。

（2）套袋标记　雌花套袋隔离一般在授粉期每天16：00开始进行，授粉期间每天下午在母本田中仔细检查，母本雌花发黄的是第二天要开的花，将第二天欲开的雌花套上纸帽。纸帽的大小要适宜，防止过大易掉或过小损伤花器。套袋后在旁边放置红色毛线做标记，便于第二天授粉查找，从而提高授粉速度。

（3）摘除幼果　授粉前要逐株逐蔓仔细检查，及时摘除四倍体母本植株上自然结的幼果，以保证三倍体无籽西瓜种子的纯度。

三、人工授粉

母本播种后30~35d时开始人工授粉。

1. 父本确定　授粉前要对父本植株的形态特征进行认真确认，经确认后方可采集雄花。

2. 雄花采集　授粉前应采集二倍体父本雄花，采集方式有两种。

第一种方式是在授粉当天清晨，采摘雄花花冠颜色呈新鲜黄色，含苞待放的花蕾，置于搪瓷杯或饭盒等器皿内，待雄花花药散粉时进行人工授粉。在采集雄花时注意不能摘取已开放过的雄花。

第二种方式是授粉前一天下午采集次日将开放的父本雄花，贮藏于阴凉条件下。这一方式可以延长人工授粉时间，增加人工授粉花朵数目。一般在大面积制种或人工紧缺时应用，天气不好时也可采用此种方法。但应防止采摘第二天授粉前不开的花蕾，以免影响授粉。

3. 授粉时间　在正常气候条件下，人工杂交授粉在6：30~10：30为最佳授粉时段。12：00~13：00雌花完全闭合，母本雌花柱头出现油渍状液时受精力极差，所以在此时前要结束授粉。

4. 授粉操作　授粉时，取出父本雄花，撕去花瓣，将雌花上所套的纸帽轻轻取下放入篓或袋中，把雄花花粉轻轻均匀涂抹在雌花柱头上，使其黏附上雄花花粉。操作时不要用手捏住子房，以免碰伤子房，影响坐果。一般一朵雄花可以授1~2朵雌花。授完粉后套上纸帽，用细铁丝或红色油漆在坐果节位上做标记，并收回毛线标记。

四、授粉后的田间管理

1. 肥水管理　四倍体西瓜的植株生长势旺，在全生育期对肥水的需求量大于普通二倍体西瓜，为保证种子质量，应加强科学的肥水管理，一般采取"促两头，控中间"的管理办法。在坐瓜前应控制肥水，加强整枝压蔓，以控制营养生长。坐瓜后特别是膨瓜期要保证充足的肥水供应。一般每667m^{2}追施25kg复合肥，浇2~3次透水。中等肥力的土壤每667m^{2}采用沟施或穴施的方法施有机肥1 500~2 500kg、饼肥

60~80kg、复合肥25kg、磷酸二铵50kg作为基肥。

2. 护幼果与除自交果　当每株已授粉的花数在2朵以上，蔓势稳定，幼果开始膨大时杂交工作即可结束。一般每株留1个杂交果，去除多余的杂交果和全部自交果。在植株生长正常和较一致时，正常气候条件下一般1周左右即可完成授粉。授粉结束后，立即拔除父本植株。

3. 打顶　果实坐稳后，可在坐果节以后7~10片叶处摘除顶尖，以利营养集中供给果实生长。随着幼果的膨大，纸帽会自然涨破，因而不必特意解开。若遇高温天气，为保护幼果不在袋内脱水而死，应在授粉后第三天去掉纸帽。结果多且蔓势趋弱时，应及时疏果。授粉后至幼果长至鸡蛋大前，适时追施膨瓜肥和灌水，并在瓜下铺麦秆或垫草圈，同时预防各种病虫害。制种过程中要全面彻底检查植株与果实，发现杂种和自然授粉的果实（未标记者）应及时摘除。

五、种瓜的采摘及处理

1. 采摘种瓜　采收前要严格挑除杂瓜、病瓜、烂瓜和没有授粉标记的瓜，再将符合本品种特性的果实统一收获。一般选择晴天集中采收。三倍体种瓜必须充分成熟后才能采收。大部分三倍体西瓜品种从雌花开花到果实成熟约35d。可根据授粉日期记录和标记确定采摘日期。

2. 取种　掏取三倍体西瓜种子时，应先将果实切开观察其瓤色、瓤质及种子颜色、形状等，若剖瓜时发现种子小、量多的"返祖"二倍体西瓜种子和不符合本品种特性的种子，应全部予以淘汰。取种时应尽快将瓜瓤与籽分离，立即搓洗，洗净种子上的瓜瓤黏质。种子必须当天掏当天清洗。掏出的种子应放置于木盆、塑料盆或陶缸中，切忌用铁制容器盛置。种子掏出后立即用水清洗干净，漂除秕籽，然后薄薄地晾晒、勤翻，坚决不允许种子发酵过夜进行酸化处理。

3. 种子杀菌处理　为预防西瓜细菌性果腐病的危害，在采种时应迅速清洗种子并用药剂消毒。可选用苏纳米100（Tsunami 100）1.25%或过氧乙酸2.5%、双氧水2.0%制剂处理15~30min，稍清洗后立即甩干迅速晾干种子。也可利用干热杀菌机在70~72℃温度条件下对已干燥的种子进行干热杀菌处理36~48h。

第三节　种子加工与检测

一、种子精选

三倍体西瓜种子晾晒干燥后，应进行风选，剔除秕籽，再进行人工粒选，剔除畸形、色泽不良的种子和石块等杂物。在晾晒与精选过程中，品种或组合要分类、分品种、分专区放置，做到一品一区，严格标签管理与建档，要有专人负责管理。

种子精选可用5XZC-5B型移动式风筛清选机精选。操作时机械要清理干净，严防物理、机械混杂。

人工粒选时，要注意区分剔除二倍体和四倍体种子。三倍体西瓜种子与四倍体西瓜、二倍体西瓜种子有明显差异。例如，三倍体西瓜种子的种胚不充实，种子不饱满、扁平，种壳表面有凹陷感，种脐部比四倍体种子稍宽，种壳纵裂明显等。根据三倍体西瓜种子的这些特点，可以剔除其中的四倍体种子和二倍体种子。

二、三倍体无籽西瓜种子质量的检验

通常执行种子检验工作的部门是国家各级种子管理站或经国家相关种子管理部门授权获准进行种子质量检验的单位。

(一) 种子质量检验程序

1. 质量检验的申报　只有获得有关种子管理部门颁发种子生产许可证的单位或个人，方具有申报三倍体西瓜种子质量检验的权利。申报时间应在种子收获前1~2个月，以便国家相关种子管理和技术监督部门统筹安排取样及室内和田间鉴定计划。

2. 检验样品的抽取　样品的抽取应由检验部门会同制种单位共同进行。根据2006年《国际种子检验规程》及1995年实施的《中华人民共和国农作物种子检验规程》中的规定，西瓜种子批（指同一来源、同一品种、同一年度、同一时期收获和质量基本一致的种子）的最大重量为20 000kg，每批送验样品的最低重量为1kg。若为委托农户繁种的，原则上应以每一制种户为单位抽样检验。三倍体西瓜种子样品抽取量按每100kg取0.5kg比例进行，一份样品不能少于2 000粒。样品取好后，用分样器或四分法将样品分成两份，一份供室内和田间鉴定使用，另一份封存备查。如对果腐病检验取样，按有关规定和要求，每份样品不能少于30 000粒。

(二) 三倍体无籽西瓜种子国家质量标准

三倍体无籽西瓜种子的国家质量标准见表6-1。

表 6-1　西瓜种子质量标准

（引自GB16715.1—2010）

作物种类	种 子 类 别		品种纯度不低于	净度（净种子）不低于	发芽率不低于	水分不高于
西瓜	亲本	原 种	99.7	99.0	90	8.0
		大田用种	99.0			
	二倍体杂交种	大田用种	95.0	99.0	90	8.0
	三倍体杂交种	大田用种	95.0	99.0	75	8.0

注：①三倍体西瓜杂交种发芽试验通常需要预先处理。

②二倍体西瓜杂交种销售可以不具体标注二倍体，三倍体西瓜杂交种销售则需具体标注。

(三) 质量检验方法

对三倍体西瓜种子的质量检验，分室内检验和田间检验两部分。室内检验项目有净度、发芽率、水分含量和千粒重；田间检验项目主要是纯度。随着分子生物学技术的发展，利用分子标记技术也可在室内进行纯度检测。

1. **净度检验**　种子净度即种子清洁干净的程度，是指种子批或样品中净种子、杂质和其他植物种子组分的比例及特性。净度分析的目的是通过对样品中净种子、其他植物种子、杂质三种成分的分析，了解种子批中洁净可利用种子的真实重量，以及其他植物种子、杂质的种类和含量，为评价种子质量提供依据。

净度分析是用规定重量的一份试样或两份半试样进行分析，试样称重后采用人工分析进行分离和鉴定。可以借助一定的仪器将样品分为净种子、其他植物种子和杂质。分析结束对各组分分别称重，称重精确度与试样称重时相同。然后将各组分重量之和与原试样重量进行比较，核对增失。如果损失超过原试样5%，必须重做。如增失小于原试样重量的5%，则计算各组分百分率。

送验样品有重型混杂物时，最后种子净度分析结果应按如下公式计算：

净种子：

$$P_2（\%）=P_1 \times \frac{M-m}{M}$$

其他植物种子：

$$S_2（\%）=OS_1 \times \frac{M-m}{M} + \frac{m_1}{M} \times 100$$

杂质：

$$I_2（\%）=I_1 \times \frac{M-m}{M} + \frac{m_2}{M} \times 100$$

式中：M——送验样品的重量（g）；

　　　m——重型混杂物的重量（g）；

　　　m_1——重型混杂物中的其他植物种子重量（g）；

　　　m_2——重型混杂物中的杂质重量（g）；

　　　P_1——除去重型混杂物后的净种子重量百分率（%）；

　　　I_1——除去重型混杂物后的杂质重量百分率（%）；

　　　OS_1——除去重型混杂物后的其他植物种子重量百分率（%）。

最后应检查：$P_2 + I_2 + OS_2 = 100\%$

净度分析的结果应保留1位小数，各种组分的百分率总和必须为100%。

2. **发芽率检验**　种子发芽试验的目的是检测种子批的最大发芽潜力。据此可比较不同种子批的质量，也可估测田间播种价值，对种子经营和农业生产具有重要意义。种子发芽率检验通常包括发芽势和发芽率两项内容。三倍体西瓜种子发芽率检测时需将种子人工"嗑壳"，催芽适宜温度应为33～35℃。具体检测方法是：从经过净度检验的净种子中随机取样4份，每份100粒，浸种4～5h，洗净擦干，嗑籽破壳。

发芽床可使用专用发芽纸27cm×47cm，使用时将双层发芽纸打湿展开，将100粒已处理过的种子均匀地撒在半边发芽纸上，另一半折盖在种子上，将纸卷成筒，下口用橡皮筋扎好，并挂上样品号码。直立在发芽架或发芽箱中，保持33～35℃的恒温催芽。使用发芽架需在发芽架外边罩上塑料膜，保持湿度。发现纸卷外层干了时可适量喷水。

发芽床也可采用沙作为发芽介质。取经过筛（0.05～0.08mm）、洗涤、消毒的沙粒放入培养盒中至2～4cm厚，加水搅拌，使其含水量达到60%～70%（即手握成团、松手即散，不能出现手指一压就出现水层）。然后将100粒已处理过的种子均匀地播在湿沙上，覆盖1～2cm厚度（以不见种子为宜）的松散湿沙，放上标牌，再盖上培养盒盖子后置于33～35℃的恒温催芽。

以上两种催芽方法，种子经24～36h开始发芽，5d为初次计数d数，14d为末次计数天数。统计5d后正常发芽的种子数，再计算种子发芽势和发芽率：

$$种子发芽势(\%) = \frac{规定时间内（5d后）正常幼苗数}{供检种子数} \times 100$$

$$种子发芽率(\%) = \frac{规定条件和时间内正常幼苗数}{供检种子数} \times 100$$

由于测定样品有4个重复，因此发芽率应取4个重复结果在允许误差范围内的平均值。

3. 水分检验　种子水分是指种子内自由水和束缚水的重量占种子原始重量的百分率。种子水分标准检验是在相对湿度70%以下的室内进行。检验时将盛样品的铝盒预先烘干和称重，再用感量0.001g的天平准确称取5g样品放入铝盒，置于烘箱中。关闭烘箱，使箱温在5～10min内升至105℃。在（105±2）℃的范围内烘8h后断电，打开烘箱，取出样品，放在干燥器内冷却至室温，即可称重。计算出种子水分含量，保留1位小数。同一批种子两份试样结果允许误差不超过0.4%，否则应重做。计算公式如下：

$$种子水分(\%) = \frac{试样烘前重量（g）-试样烘后重量（g）}{试样烘前重量(g)} \times 100$$

4. 千粒重测定　种子千粒重是指在含水量为8%时1 000粒种子的重量，以克（g）为单位。种子千粒重是检验种子饱满度、充实度、粒大小的指标。千粒重大，种子内贮藏物质丰富，萌发时营养充足，有利于种子发芽和培育壮苗。

从经过净度检验充分混合的净种子中随机抽取一定量的种子用于千粒重的测定。一般分取两份试样，每个重复500粒，用感量0.1g的天平称量。两份重复重量的差数与平均数之比不应超过5%。如超过允许误差，应测第三份重复重量，取误差小的两份重复的重量平均数乘以2计算实测千粒重。计算方法：

$$种子千粒重（g）= \frac{第一份试样重量（g）+第二份试样重量（g）}{2} \times 2$$

5. 纯度检验　品种纯度是指品种在特征特性方面典型一致的程度。即指样品中本品种的种子数（或植株数）占供检样品种子总数（或总株数）的百分率。纯度检验方法有室内检验和田间鉴定，以田间鉴定为主。

（1）室内检验 主要根据种子形态和种子颜色进行鉴定。方法是随机取样2份，每份500粒，分别统计本品种和异品种种子数，依下列公式计算：

$$品种纯度(\%) = \frac{供检样品种子数-异品种种子数}{供检样品种子数} \times 100$$

室内形态和种子颜色只能从表观鉴定种子的纯度，并不十分可靠。目前，在室内表观鉴定的基础上，正在研究采用RAPD、AFLP、SSR、SRAP、RSAP等分子标记技术对品种纯度进行鉴定，其结果更可靠。

（2）田间鉴定 田间鉴定需具有能使鉴定性状正常发育的气候、土壤及栽培条件，并对病虫防治有相对的措施。鉴定方法是：无籽西瓜种子收获后立即从原始样品中取样，统一编号。每一样品设一小区，每小区种植株数不少于200株，待三倍体西瓜植株结实至九成熟时，直接检测。田间直接检测主要依据果形、果皮色泽条纹以及果实剖开后的瓤色、无籽性等内容进行。纯度的计算公式是：

$$纯度(\%) = \frac{小区典型三倍体西瓜株数}{小区植株总数} \times 100$$

田间检测小区株数应符合4N原则，若田间检测小区保存株数过少，则该份样品的纯度检测不可靠。

6. 种子健康鉴定 无籽西瓜种子健康鉴定是种子质量鉴定的重要环节。种子健康的鉴定主要是对种子带菌情况进行评价鉴定，但是由于种子带菌情况复杂，往往单一的鉴定不能全面准确地确定种子健康状况。为了确保鉴定结果的可靠性和客观性，需要采用多种方法进行综合评价。目前针对细菌性果腐病（BFB）的检测方法主要有：保湿生长盒检测、培养基分离检测、选择性培养基法、酶联免疫检测、聚合酶链式反应检测、免疫磁分离和PCR技术检测、实时荧光PCR。Hydros Environmental Diagnostics Inc.利用酶联免疫反应原理研发出用于细菌性果腐病病菌检测的快速检测试剂盒，可直接利用。

实际操作中可以采用保湿生长盒检测、培养基分离检测和聚合酶链式反应检测相结合的方法进行检测。具体方法是：用透光的塑料盒中装入蛭石、珍珠岩或河沙，然后将种子散播其上，也可浸种破壳催芽后播于其上，密封后放入温度25℃左右的生长室中保持湿度在85%以上，大约2周后即可观察到病株病苗。最初在西瓜幼苗上的症状是子叶和叶子背面出现深色水渍状斑，随后出现坏死性损伤并时常伴有褪绿环斑。此后，随子叶和真叶的生长，沿叶脉扩展成黑褐色坏死斑。严重时幼苗生长点也干褐枯死。观察样本发病特征，与果腐病苗期发病特征标准图进行比较，确定并统计其带菌率。对可疑检测样本可以通过培养基分离培养结合聚合酶链式反应进行精确检测。

(四) 质量检测报告

当各项质量检测结束后，由国家有关种子管理和技术监督部门根据检测结果汇总做出鉴定报告。此外，由上述国家机构授权进行三倍体种子质量检测的单位在通过室内和田间检测后可作出质量鉴定报告。质量检测报告的内容见表6-2。

表6-2　三倍体西瓜种子质量报告表

受检单位	采种地	
品种或组合	数量	
净度（%）		
含水量（%）		
发芽率（%）		
杂交纯度（%）	千粒重	

报告人：_____　审核：_____　日期：　　年　月　日

三、种子加工与贮藏

晒干的三倍体无籽西瓜种子经风选后立即进行水分测定，检验水分含量不合格的应立即再进行烘干。水分含量检测合格的，清选后即行手工粒选，剔除异类、异形种子，装入布袋或麻袋内。袋内外均要有标签，详细标明品种名称或组合代号、采种日期、采种地、采种人等信息，以备核查。

(一) 三倍体无籽西瓜种子加工

目前三倍体无籽西瓜种子常规加工工序包括：

预清选→干燥→清选→人工粒选→干热杀菌→种子包装。

1. 预清选　三倍体无籽西瓜种子由于单位面积产量低，制种农户分散，所以采种后多由农户用家用清选机或小型风筛清选机进行预清选（此工序一般由农户自行完成）。

2. 干燥　三倍体无籽西瓜种子有两种干燥方式。

（1）利用自然风风干和阳光照射晒干　条件有限的地方种子加工多采用此法。优点：基本设备成本和保养费用最低；不耗用能源燃料，节能环保，安全。缺点：干燥速度缓慢，需要几天，若遇雨天甚至需几周时间；干燥时间过长，种子容易受损；受晾晒场地限制，干燥时容易受外界因素影响。

（2）利用种子烘干机进行快速烘干　有条件的单位多采用此法。利用引进或自制种子烘干机快速烘干种子，可使种子含水量快速达到贮藏安全标准，以利贮存。优点：不受气候条件限制；干燥时间短，一般在1~2d内完全可以达到贮藏安全含水量；种子质量有保证。缺点：基本设备成本和保养费用较高；需要耗用燃料或电。

3. 清选　三倍体无籽西瓜种子种仁不饱满，种子比重小，清选难度较大，一般清选机清选西瓜种子容易出现机械混杂。如采用自动风选机则可解决以上问题，自动风选机的基本原理是利用电子微控，重力清选，其清选操作科学严格，其进料斗到出料口路径较短，便于清扫，而且清选过程透明可观，不会产生机械混杂，清选效果好，种子净度高。

4. 人工粒选　三倍体无籽西瓜种子粒大，种皮厚，饱满程度不一。有些霉籽、烂籽、小籽、不饱满籽不易清选，需再行人工逐粒精选。人工粒选主要是去除霉籽、烂籽及不符合该品种形状、色泽的种子，使之达到质量要求。人工粒选由经过严格培训的人员进行。

5. 干热杀菌　干热杀菌是采用干热杀菌机对经人工粒选后的种子进行干热灭菌的过程。国外一些大型种子公司常采用此法杀菌。进行干热杀菌时，首先将粒选后的种子置于28～30℃预热并用水喷雾，使空气相对湿度保持在60%～70%，以达到激活病菌的目的；然后升温到52℃恒温，以杀死一般病菌；最后升温到72℃杀死耐高温的病菌。

(二) 三倍体无籽西瓜种子贮藏

将经过加工、检验合格的种子封袋标注入库贮藏。贮藏应在低温仓库堆码放置，并定期检查种子低温仓库的温度和湿度变化，并及时通风、防鼠、防霉、防虫，定期检查发芽率。

贮藏的目的是延缓种子衰老。三倍体种子贮藏的营养物质少，贮藏过程中由于呼吸作用消耗养分，发芽率降低很快。贮藏湿度对种子的寿命影响极大。据试验，发芽率在80%以上的新种子，在高温潮湿的南方经过一个夏季，发芽率可降低到36%；经过两个夏季，发芽率降低到7.5%。三倍体种子在高温潮湿条件下寿命最多只有2年。

改善贮藏条件可以延长三倍体种子寿命。种子贮藏通常需要两个关键条件：一是低温；二是干燥。如种子含水量在7%以下、贮藏温度5℃、湿度40%以下所贮藏的种子寿命可达5年，而发芽率降低幅度在10%以内。有人将三倍体种子在干燥冷库和冰箱中贮藏20年之久，种子仍有发芽率。具备其中一个条件（低温或者干燥）时种子寿命可延长几年。如在室温下干燥器中贮藏4～5年的三倍体种子能正常发芽。在没有任何温湿度控制条件的情况下贮藏，只要经常晾晒种子，种子含水量控制在7%以下，也可贮藏2～3年。

四、种子包装

种子包装是指将种子按一定规格的数量进行封装后直接销售给种子使用者的销售包装或不可再分割的包装。

现行《种子法》规定，宜于包装的农作物种子应当经加工包装后方可销售。三倍体无籽西瓜种子属于宜包装种子，因此三倍体西瓜种子必须进行包装后方可销售。《种子法的实施办法》还针对包装规定了制作要求，同时对标签标注内容等也有规定。此外，在进行种子包装时还需遵守有关法定计量单位使用规则、计量器具强制检定等法规。

三倍体无籽西瓜种子的加工包装，目前大多采用塑料锡箔纸袋和马口铁罐，计量规格有5g、10g、25g、50g、100g，称量仪器多为天平或电子秤，称量后装入塑料锡箔纸袋或装入马口铁罐，用封口机封口、喷码、粘贴防伪标签后装箱打包销售。

第七章

无籽西瓜高效生态栽培技术

根据栽培地区不同的气候与生态条件，不同的栽培形式（露地栽培与设施栽培、爬地栽培与立架栽培等）、不同的栽培季节，以及对产品的不同要求等，无籽西瓜高效生态栽培技术可以多种多样，下面从不同的侧面分别予以介绍。

第一节　地膜覆盖高效栽培技术

地膜覆盖栽培技术，是目前生产优质、高产、高效无籽西瓜的行之有效的方法。它不仅能有效地改变瓜地的生态条件，提高地温、保墒降湿、防止土壤板结、防止杂草和减轻病虫害，而且还能对西瓜生长发育和产量及品质产生重要影响。地膜覆盖栽培技术应掌握如下要点。

一、品种选择

地膜覆盖栽培无籽西瓜，对西瓜品种无特殊要求。不同地区因其所处的地理位置不同，气候条件不一样，土质和土壤酸碱度各异，地下水位高低不同等，选择无籽西瓜品种时要因地制宜。南方（包括长江中下游地区和西南）春作无籽西瓜，开花坐果期一般雨水较多，土壤黏重，酸性，地下水位高，宜选用国家审定或省级审定的正规育种单位选育的优质、高产、多抗、耐贮运等综合性状优良的无籽西瓜品种，如湘西瓜11号（洞庭1号）、湘西瓜19号（洞庭3号）、雪峰花皮无籽、博达隆1号（黑冠军）、鄂西瓜12号、鄂西瓜8号等。授粉品种可选择泉鑫1号、珍冠、东方冠龙、大果泉鑫、东方娇子等优质有籽西瓜品种。华北、西北和东北等地区，春作无籽西瓜正值旱季，降水少，地下水位低，开花坐果期温度相对较低，土壤偏沙，微碱性，宜选用耐旱性和生长势强、果型较大、丰产性好、果实品质优、不易受不良气候条件影响的中晚熟或中熟品种，如京欣无籽1号、郑抗无籽5号、国蜜1号、湘西瓜11号（洞庭1号）、湘西瓜19号（洞庭3号）、津蜜5号、丰乐无籽3号、中农无籽2号、博达隆2号（黑冠军）、黑神98等。当然，适合南方栽培的较早熟的品种，北方也能栽培，只要创造较好的肥水条件也能获得较高产量；相反，适合北方栽培的熟性偏晚的品种南方引种则必须慎重。

二、土壤选择与准备

1. **地块选择**　地膜覆盖栽培无籽西瓜，对于地块的选择与普通西瓜地膜覆盖栽培基本相同。由于西瓜根系不耐涝，应选择地势较高的地块。在南方更应选择地下水位低、排灌通畅的地块。栽培西瓜最理想的土质是沙壤土，但西瓜对土壤的适应性较强，沙地、黏土地均可栽培。新开垦的生荒地病虫害少，若耕作、管理适宜也可获得好收成。西瓜忌连作，连作地容易发生枯萎病和营养缺乏症等连作障碍，因此应尽量选择未种过西瓜的地块。若需要在同一块地上种植则必须实行轮作，旱地要求轮作5年以上，水田要求轮作3年左右。

2. **整地作畦**　在采用地膜覆盖的情况下，要求土层深厚、疏松、墒情适宜和充分碎土，使畦面平整，才能充分发挥地膜覆盖的效果。因此，整地质量的好坏是地膜覆盖西瓜栽培成败的关键之一。

西瓜适宜与其他作物进行间作套种，但必须处理好间套作方式和间套作物播种或栽植期的关系，以方便西瓜整地。如北方常用"菜—瓜—菜"和"粮—瓜—菜"等间套作方式，而南方常用"瓜—棉"和"瓜—稻—菜"的方式。无论用何种方式，都必须在头年秋播前或早春栽植间作物之间留足瓜垄，以便进行西瓜整地作畦和施肥。

冬前整地应在前一年秋作物收获后即时进行冬前耕翻，并结合冬耕进行1次冬灌，以改善墒情。南方一般在冬种麦子时筑高畦，开深沟，留出瓜畦部分，进行30～40cm深翻，使土壤经冻垡而疏松通气。前茬为水稻时尤其要深翻冻垡。冬翻后不耙地，以大土块冻垡有利于土壤充分风化和积蓄雨雪，减少地下害虫。

我国南方整地作畦的规格是采用深沟、高畦（图7-1）。即畦宽3.6～4.0m

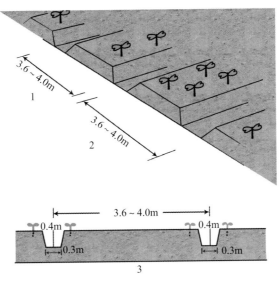

图7-1　高畦与定植方式示意图
1. 单行式　2. 双行式　3. 高畦横断面

（广东、广西及海南秋植为5~6m），畦沟深0.4m，长度不超过30m，过长则要建腰沟，腰沟深0.45m。瓜田周围开好围沟，围沟深0.5m，做到三沟相通，雨天田里无积水，干旱天气又能及时灌溉。要求在无籽西瓜全生育期始终保持这种状态。另一种整地作畦的方法是按栽培西瓜的株行距做成瓜墩或瓜垄（定植带）。在瓜墩或瓜垄处施基肥，培土，使其呈堆或带状，瓜苗就定植在墩或垄上，这样幼苗就不致受渍。山坡地种无籽西瓜，雨季排水较好，保水保肥性较差，旱情比平地来得早而且严重。山坡作畦的方式应是"等高"作畦或做成平整的"梯田"。

三、培育壮苗

1. 保护地温（冷）床育苗

（1）苗床的准备　苗床应选地势高、排水性好、避风向阳、临近瓜田的地块，蚯蚓多的床地应适当喷施乐斯本等农药，以防蚯蚓等地下害虫的危害。苗床一般宽为1.0~1.1m，长5m左右，周边开好排水沟。

（2）营养钵的制作　营养钵可选规格为8cm×8cm的塑料钵或8cm×10cm薄膜袋，每667m²准备700个左右，营养土要求土质疏松肥沃，渗水性好，不带病菌、虫卵与杂草。将营养土放入营养钵中，营养钵中的土做到下紧上松，整齐靠紧摆放在苗床上。也可直接利用泥炭或草炭基质作营养土。

2. 播种量与播种时间

（1）播种量　一般每667m²需无籽西瓜种子50~75g，二倍体有籽西瓜种子3~5g。

（2）播种时间　根据无籽西瓜幼苗期需要较高温度的特点，日平均气温稳定在15℃以上时方可播种。如长江中下游地区一般在3月底至4月初播种，有保护地栽培条件的播种期可提早到2月下旬至3月上旬。

（3）配植授粉品种　栽培无籽西瓜必须按一定比例栽培二倍体有籽西瓜作授粉株，经昆虫或人工授粉，使二倍体有籽西瓜的花粉传到无籽西瓜雌花柱头上，刺激其子房膨大坐果，无籽瓜与有籽瓜的比例为8~10:1。

3. 晒种
晒种是对种子进行消毒灭菌的有效方法。在春季播种前，选择晴朗无风天气，把种子摊在竹制晒盘里，厚度不超过1cm，使其在阳光下晾晒，每隔2h左右翻动一次，使其均匀受光，阳光中的紫外线和较高的温度对种子上的病菌有一定的杀伤作用。晒种时不要放在水泥板、铁板或石头等物上，以避免影响种子的发芽率。晒种除有一定的杀菌作用外，还可以促进种子的萌动，增强种子的活力，提高种子的发芽势和发芽率。

4. 浸种
无籽西瓜种子壳较厚，吸水速度相对较慢，为了加快种子的吸水速度，缩短发芽和出苗时间，浸种时可结合药剂对种子进行杀菌处理。浸种时将晒后的种子用55℃的温水浸种，让其自然冷却，浸种时间为3~4h，温水用量一般为种子重量的3~4倍。浸种的前15min要不断搅拌，以防水温过高烫伤种子。

5. **消毒去滑**　将浸好的种子取出，放入35%的石灰水中搓洗去除种子表面的黏性物质，同时可起到一定消毒杀菌的作用。再用自来水冲洗干净，沥干水，用毛巾擦拭干净，待嗑种处理。

6. **种子破壳（嗑种）**　无籽西瓜种子种胚发育不完全，种皮较厚，发芽困难，所以要进行破壳（嗑种）处理。这里介绍两种方法（图7-2）。其一是牙齿嗑种。就是将种子脐部放在上下牙齿之间，轻轻一咬，听到响声为止，注意不要咬破种胚，嗑开种脐部的1/3，有利于发芽，提高种子的发芽率。其二是钳子"钳种"。操作时应掌握适当的力度，在钳子支点的后方放入一个小橡皮管，以控制钳口的闭合度，操作时听到种子轻微的破裂声即可。

种子破壳可以采用先浸种后破壳，也可以先破壳后浸种。后者即干种子破壳较方便，但容易嗑坏种子，破壳后浸种的水温和时间要严格控制，水温应在30℃左右，浸种时间1h左右，否则会降低发芽率。

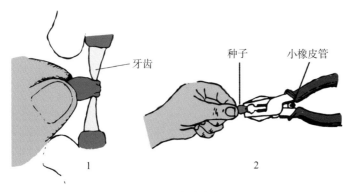

图7-2　种子破壳
1. 牙齿嗑种　2. 钳子"钳种"

7. **种子催芽**　本书着重介绍恒温箱催芽法、电热毯催芽法及简易电热催芽箱催芽法。

（1）**恒温箱催芽法**　恒温箱规格很多，无籽西瓜种子催芽常用的有GZP-180A、GZP-250A等智能光照培养箱（图7-3）。此类催芽箱可通过对温度、光照的智能控制，温度有上、下限温度之分，有2组日光灯照明。

无籽西瓜种子催芽时，提前30min将恒温箱通电并打开开关加温，上限温度设定为33℃，下限温度设定为30℃。用经温开水烫过的温热湿毛巾（拧干不滴水，含水量在60%左右）把已破壳处理的种子包好，套上薄膜袋保湿（注意袋口不要封得太严，以防缺氧），然后将包好的种子均匀平放在栅栏上面，再将恒温箱门关上即可。一般催芽24~36h后，芽长1cm左右，即可播种。

图7-3 GZP-250A智能光照
培养箱

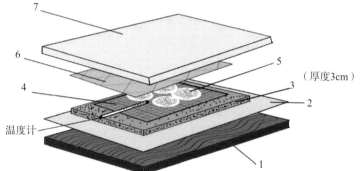

图7-4 电热毯催芽示意图

1.电热毯 2.农膜 3.锯木屑 4.纱网布 5.种子 6.湿毛巾 7.旧棉絮

（2）电热毯催芽法 首先在台面底层垫棉絮，然后把电热毯铺开平放不折叠，上垫农膜隔湿，膜上放3cm厚的湿润锯木屑（先用开水浸泡，后用清水洗净，沥水拧干，手捏成团不滴水、松手即散为宜），再铺纱网布，把浸种消毒后经破壳处理的种子均匀平放在上面，再盖经温开水烫过的温热湿毛巾（拧干不滴水），最后盖旧棉被保温（图7-4）。接着将电热毯的开关置最低档，床温稳定保持32～34℃，种尖开始露白时要及时降温，温度保持25℃左右。催芽28～30h后，芽齐芽壮，芽长1cm左右，即可播种。晴天播种时，要特别注意根芽保湿，防止太阳直晒损伤根芽。

（3）简易电热催芽箱催芽法 简易电热催芽箱的制作材料为木板（或三合板、五合板）和普通照明灯泡。两层板之间夹一层牛毛毡或珍珠岩保温效果更好。木箱大小视催芽种子而定，在离木箱底层5cm高处安装灯泡，一般左右各安装1个，分别带开关。箱内用花条隔板分为2～3层，箱顶部备1个能插温度计的小孔（图7-5）。根据需要可采用25W、40W或60W的灯泡。催芽的温度通常保持33～35℃。如果箱外气温高，只开25W的灯泡即可；如果气温低，则要开大灯泡或开一大一小2个灯泡。盛种子的容器置花条隔板上，箱外可罩麻袋等物保温。箱内应放一杯水或湿布以增加空气湿度。催芽时，每日观察温度计数次，同时结合检查温度，开箱2～3次，以调节和补充箱内的氧气。

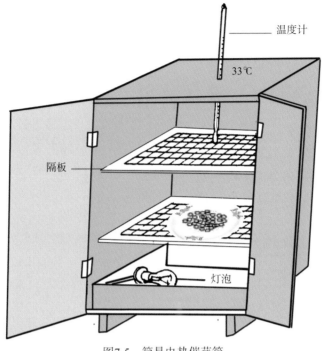

温度计

33℃

隔板

灯泡

图7-5　简易电热催芽箱

8. **播种**　苗床用洒水壶将苗床浇湿浇透，然后用70%甲基托布津800～1000倍液浇施苗床消毒。用小木棍或竹签在营养钵中央插一小孔，播种孔应与种子的芽长相当，孔不能过深也不能太浅，将催好芽的种子轻轻放入孔中，芽尖向下，种子与营养土的土面齐平，芽要贴在孔的边缘。每个孔播1粒，随播随覆细土。盖土后不可再浇水，以防出现土壤板结（图7-6）。覆土厚度约1cm。若覆盖过厚，幼苗出土困难；过薄，则种壳不易脱落。播完一个苗床后，随即覆盖好塑料薄膜，并用泥土密封好苗床四周。

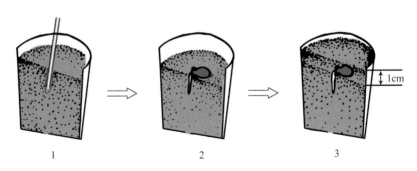

1cm

1　　　　　　　　　　　　2　　　　　　　　　　　　3

图7-6　播种示意图
1.营养钵（袋）　2.播种　3.覆土

9. **摘帽（去壳）** 无籽西瓜幼苗在出土时子叶常被种壳紧紧夹住，很难张开自己脱壳，影响光合作用，使幼苗生长缓慢，甚至造成幼苗死亡现象，因此出苗后应及时进行人工辅助去壳。有80%以上的幼苗出土时便可进行去壳，去壳宜在上午种壳较湿润时进行，去壳时动作要轻，最好要两只手同时进行（图7-7）。

10. **苗床管理** 出苗前原则上不放风，不浇水，空气相对湿度应维持在80%左右。若遇晴天床

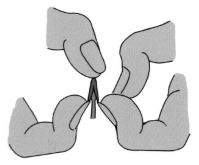

图7-7 人工辅助摘帽（去壳）

内气温超过35℃时，可打开一端或两端薄膜通气，待下午气温降低时再盖严。出苗后，床内防止忽干忽湿，保持土壤湿度适宜。1叶1心时，可追施0.3%～0.4%的复合肥水液或腐熟稀人粪尿，逐钵进行追施。定植前1周应逐渐降温炼苗，在炼苗期间若遇强风、大雨或寒流天气，仍应盖膜护苗。

我国南方的许多地区春季晴天少、阴雨多，正如俗话说的"春无三日晴"，而且常伴有寒流、低温寡照。遇到这种天气，气温常在15℃以下，夜间可在小拱棚上加盖一薄层稻草，然后在稻草上盖一层塑料膜，形成夹空层，保温效果较好。也在小拱棚上加盖草帘。在有电源的条件下，育苗时最好采用地热线温床育苗，或采用拱棚内吊电灯泡增温的方法，并辅助补光。

四、基肥的施用

1. **施肥量的确定方法** 我国各地种植西瓜的施肥方法各异，习惯于大量施肥，如我国北方习惯大量施用基肥，南方则习惯施用追肥。但在实际生产过程中，并不是肥料越多越好。不过，若施肥量不足，会影响产量；若施肥量过大，不仅浪费肥料，而且会导致植株徒长，影响坐果率，甚至造成减产。

利用无土栽培测算施肥的结果，每生产100kg西瓜（鲜重），需氮（N）184g、磷（P_2O_5）39g、钾（K_2O）198g。我们可以根据不同产量指标、不同的土壤肥力，计算出所需要的施肥量。

计算程序是：首先，查阅土壤普查时的档案，查出该地块氮、磷、钾的含量。如果未进行土壤普查的地块，可按相邻地块推算或进行取样实测。然后再根据预定的西瓜产量指标，分别计算出所需氮、磷、钾的数量。最后，根据总需肥量、土壤肥力基础和各种肥料的利用率，计算出实际需要施用的各种肥料的数量。计算公式：

$$Q=(KW-T)/RS$$

式中：Q——667m²所需施用肥料数量（kg）；

$\quad\quad K$——生产1kg西瓜所需氮（N）、磷（P_2O_5）、钾（K_2O）的数量，为已知

$\quad\quad\quad$试验常数：$K(N)=0.00184$、$K(P_2O_5)=0.00039$、$K(K_2O)=0.00198$；

$\quad\quad W$——计划西瓜每667m²产量（kg）；

T——每667m²土壤中氮（N）、磷（P_2O_5）、钾（K_2O）的含量（kg）；

R——所施肥料中氮（N）、磷（P_2O_5）、钾（K_2O）的含量；

S——所施肥料的利用率。

根据上述公式计算出19种西瓜常用肥料的氮、磷、钾含量及其利用率（表7-1）。

表7-1　西瓜常用肥料的氮、磷、钾含量及利用率

肥料 名称	全氮 (%)	磷		钾		利用率 (%)
		全量(%)	速效(%)	全量(%)	速效(%)	
土杂肥	0.2 ~ 0.5	0.18 ~ 0.25		0.75		15
大粪干	8.83	3.01	0.0339	1.81	0.34	30
炕土	0.28		0.0074		0.17	20
草木灰		0.98 ~ 2.16	0.0060	3.66 ~ 7.45	1.88	40
棉籽饼	4.85	2.02		1.9		30
豆饼	6.96	1.35		2.1		30
芝麻饼	6.28	2.95		1.4		30
硫酸铵	20.0					50
硝酸铵	34.0					60
尿素	46.0					50
过磷酸钙		12 ~ 14				25
硫酸钾					50.0	60
氯化钾					60.0	60
复合肥	15.0	15.0		15.0		50
钙镁磷肥		12 ~ 18				40
磷酸一铵	12.0	50 ~ 52				50
磷酸二铵	18.0	42 ~ 46				50
硫酸铵	16.0	20.0				40
磷酸二氢钾		24.0			27.0	50

2. 以产定肥　根据产量指标确定施肥量，称为以产定肥。以产定肥不仅可以满足西瓜对肥料的需要，而且还可以做到经济合理用肥。

根据无籽西瓜生产中的肥料试验和以产定肥的计算公式计算，制定了西瓜以产定肥的参考数据（表7-2），供西瓜生产者施肥时参考。如果施用的肥料种类与表中不相同时，可根据所用肥料的有效成分折算。在计算需肥量时，还应根据土壤肥力基础进行增减。各地的土壤肥力基础，可以根据土壤普查时的化验结果通过查阅档案而获得，也可在施肥前取样化验。

表7-2　无籽西瓜以产定肥参考数据表

单位：kg

计划产量	吸收肥量			应补充肥料数量					
	N	P_2O_5	K_2O	N	折合尿素	P_2O_5	折合过磷酸钙	K_2O	折合硫酸押
2000	5.04	1.62	5.72	10.08	21.90	6.48	49.80	9.50	19.10
2500	6.30	2.03	7.15	12.60	27.14	8.12	62.50	11.90	23.80
3000	7.56	2.43	8.58	15.12	32.90	9.72	74.80	14.30	28.60
3500	8.82	2.84	10.01	17.64	38.30	11.36	87.40	16.68	33.41
4000	10.08	3.24	11.44	20.16	43.80	12.96	99.70	19.10	38.10
4500	11.34	3.65	12.87	22.68	49.30	14.60	112.30	21.45	42.90
5000	12.60	4.05	14.30	25.20	58.80	16.20	124.60	23.30	47.03

注：表中数据均为667m²面积上计算的结果。

表7-2中"计划产量"一栏，系指要求达到的西瓜产量指标；"吸收肥量"一栏，系指要达到某产量指标时，西瓜植株应吸收到体内的氮、磷、钾数量；"应补充肥料数量"一栏，系指除土壤中已含有的主要肥料数量外，每667m²还需要补充施用的氮、磷、钾数量。栏内数据系在土壤肥力为每667m²土壤（0～30cm）含纯氮（N）30kg、纯磷（P_2O_5）15kg、纯钾（K_2O）30kg的基础上计算出来的。尿素的利用率按50%、过磷酸钙的利用率按25%、硫酸钾的利用率按60%计算。如果施用其他肥料时，请参照表7-1所列数据进行计算。表7-2中所列数据系在我国北方中等肥力土壤上的施肥量。为了简便而迅速地确定施肥量，也可以不计算土壤肥力基础，而根据当地土壤的肥沃程度参考表中所列数据酌情增减。如某地块较肥沃时，可比表中用量酌情减少8%～10%；某地块较瘠薄时，可比表中用量酌情增加8%～10%。

3. 有机肥必须充分腐熟　有机肥料不但能提供给西瓜多种营养成分和有机物质，易被根系吸收，增加产量，提高品质，而且还能培肥地力，改良土壤结构。但施用农家有机肥时，必须经过一定时间的沤制，充分腐熟后才能施用。若施用未充分腐熟的有机肥会产生种种不良后果。例如，施用未充分腐熟的饼肥（豆饼、棉籽饼等）时，很易引起"烧根"；施用未充分腐熟的鸡粪、圈肥或人粪尿，不但易"烧根"，还会将某些病虫害如蛴螬、地蛆及枯萎病菌等随着这些肥料带入田间。未充分沤制的绿肥、土杂肥中除含大量病菌、虫卵外，还含有大量杂草种子。

4. 基肥的施用　无籽西瓜在生长发育过程中，需要吸收较多的肥料。而基肥，特别是有机肥，对于无籽西瓜的生长发育，形成强大的根系以抵抗旱、涝、低温等不良环境，具有重要的作用。

基肥的施用方法各地有异，但大部分是按下面两种施肥方法进行。

第一种方法：第一次基肥是撒施，即在西瓜地深翻之前，将全部基肥的

40%～60%均匀地撒在地面，耕地时将肥料翻入土内。这样施肥，肥料在瓜田分布均匀，所以也叫全面施肥法。第二次施用基肥时采用沟施，即结合挖瓜沟作瓜畦时将剩余基肥全部施入沟内。

第二种方法：第一次基肥是沟施，即将70%～80%的基肥在播种或定植前15～20d施于瓜沟中。第二次施肥是穴施，是在播种或定植前10d将剩余的基肥全部施入。

五、定植

定植宜选在晴暖无大风天气，为了提高地温，最好在定植前5～7d覆盖地膜。若定植后遇连续阴冷天气，则瓜苗不长，而出现"僵苗"现象。南方春季多阴雨，常发生僵苗现象，故选择适当定植时期尤为重要。定植时应注意轻拿轻放，以免损伤根系，促其幼苗生长。为此，定植前几日控制浇水，防止营养钵散落。

1. 定植时间　长江流域一般选择在4月25日至5月5日，瓜苗2.0～3.0片真叶时定植。要求进行幼苗分级定植，双行对爬，行距3.6～4m，株距0.6～0.7m。667m²定植450～500株。

定植时先按株距划出定植穴的位置，再将瓜苗摆放在划定的定植穴一侧，然后用打孔器在定植穴上钻孔，孔应比营养钵略大些，从定植穴内挖出的土放在畦面的一侧。定植时先将塑料营养钵或营养袋轻轻脱下，动作要轻，定植深度以瓜苗营养钵土面比瓜畦面略高为宜，过深不易发苗，过浅瓜苗易被大风折断。定植后及时浇施定植水，并在瓜苗下胚轴周围封一个小土堆，以固定瓜苗和压住地膜口。

2. 提高定植成活率的措施

①增强瓜苗的抗逆能力。加强苗床管理和定植前的瓜苗锻炼，培育壮苗，增强西瓜植株本身的抗逆能力。

②提高地温。在定植15d前整好地，充分晒土，定植时不要灌大水，定植后要及时覆盖地膜并压严实，以提高地温。

③定植适宜深度。定植深浅要适宜，切勿过深或过浅。定植时，一般钵体土面略高于畦面1cm左右，浇定根水后，钵体下沉，钵体土面与畦面齐平为宜。

④避免伤苗和伤根。苗床应设在瓜田附近，以尽量缩短运苗距离。尽量采用容器育苗。定植时应小心操作，以免伤苗伤根。

六、植株调整

在西瓜生产中，对植株进行倒秧、整枝、压蔓、摘心等，通常称为植株调整。植株调整是无籽西瓜栽培中的一个重要环节。通过整枝、压蔓、摘心等可减少无用分枝的养分消耗，固定植株，防止风害，有效地利用光能和土地，协调植株的营养生长和生殖生长，改善瓜田的通风透光条件。

1. 倒秧　在西瓜植株开始抽蔓，主蔓长到约30cm时，将瓜秧从直立型搬倒，使其向希望的方向匍匐生长，称作倒秧。其方法是：在瓜苗爬蔓方向的一侧根际处挖一深、宽各5cm的小沟，先将根颈四周的土铲松，左手捏住瓜苗的根颈处，慢慢扭转瓜苗，匍匐向需要的方向，然后在瓜秧倒向相反的一侧根际处，用细湿土培成一个小土堆，压住根颈使主蔓向前生长，并轻轻拍实。一般瓜秧倒向背风面。

2. 整枝　整枝是指有意识地剪除部分枝条，减少不必要的养分消耗，以控制植株生长势，调节叶面积指数，使叶片合理分布，提高光合效能，改善近地面的通风、透光状况，抑制或减轻病害的发生与蔓延。整枝一般在主蔓长30～40cm时进行。

整枝方式一般分为单蔓式、双蔓式、三蔓式及多蔓式四种（图7-8）。无籽西瓜大多采用双蔓式和三蔓式整枝。

（1）单蔓式　只留1条主蔓，侧蔓、孙蔓全部摘除。此种整枝方式在无籽西瓜栽培中较少采用。

（2）双蔓式　除留主蔓外，选留1条侧蔓平行生长，经常摘除新生多余的侧枝。在土壤肥沃、施肥与管理水平较高的地块比较适用。我国南方常用此整枝方法。

（3）三蔓式　即除主蔓外，在植株基部选留2条侧蔓，经常摘除新生的多余侧蔓。是我国北方地区常用的整枝方式。

（4）多蔓式　嫁接栽培和在我国海南、台湾等省栽培无籽西瓜时，一般采用稀植（每667m²定植200～300株）多蔓（每株留5条蔓以上，每667m²留150株）的整枝方式。北方地区栽培大多不进行整枝或放任生长的主蔓、侧蔓、孙蔓满园的栽培方式。

（5）摘心　上述四种整枝方式均是有主蔓和侧蔓，以主蔓结果为主的整枝方式。还有一些地方习惯于利用几条侧蔓均衡结果，于是采用摘心后留蔓的方式。留双蔓者采用3～4片真叶时摘心，留3蔓者采用4～5片真叶时摘心，留4蔓以上者采用6片真叶以后摘心，或先不摘心待大量侧蔓长出后打顶。

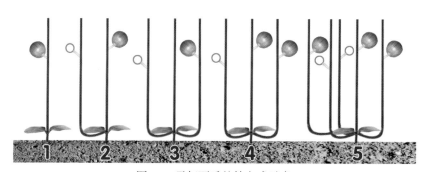

图7-8　无籽西瓜整枝方式示意
1. 单蔓式　2. 双蔓式　3. 摘心双蔓式　4. 三蔓式　5. 多蔓式

3. 压蔓　压蔓是指在畦面上合理摆布瓜蔓的位置，以土块、树杈等压在瓜蔓上或将瓜蔓压入土中，使瓜蔓在畦面上均匀分布，匍匐向前生长。压蔓的方式有明压和暗压两种。

（1）明压　是将瓜蔓固定在土表的压蔓方式。做法是先将地面土铲松整平，然后把瓜蔓整理好，再在瓜蔓的适当位置压一土块。土块可选用田间大土块或将行间的湿土捏成土块，也可以用树枝等卡住蔓的一定部位。

（2）暗压　是将西瓜的茎蔓埋入土中的压蔓方式。做法是先在准备压蔓的地方松土除草整平地面后，右手将瓜铲侧立插入土中，使土壤裂缝，形成宽2~3cm、深5~7cm的小沟，左手将瓜蔓理顺放入沟内，然后抽出瓜铲，把沟土挤紧压实。在用瓜铲开沟时，应该是前浅后深，便于将瓜蔓顺沟压牢，使植株先端微向上翘，露出土面。也可用瓜铲挖一个5cm见方的小坑，将瓜蔓拉紧轻轻放入坑中，上面盖土压实。当侧蔓20~30cm、主蔓50~60cm时，在主蔓40cm处可进行第一次压蔓，以后每隔4~5节再压1次，一般进行2~3次。压蔓的轻重与深浅视土质、气候和植株生长势而定。北方旱区沙地多采用暗压；北方黏土地块和南方多雨地区，为防止瓜蔓腐烂，多采用明压。植株生长势强时为防止徒长，可采用暗压、重压、深压；生长势较弱的植株则可用明压，如采用暗压，应浅压、轻压。压蔓时应注意：不要压住叶片，以免减少光合作用面积；保持瓜蔓分布均衡，叶片不重叠，以充分利用空间；在坐果节位雌花出现的前后两节不要压，以免损伤幼果；清晨茎叶容易折断，压蔓最好在午后进行。

4. 理蔓　南方西瓜种植大多要进行理蔓，理蔓一般在主蔓长30~40cm时进行。为了固定瓜蔓，可在畦面均匀铺麦秆、油菜秆、山茅草等。

七、人工辅助授粉

1. 授粉时间　授粉宜在开花当天7：00~9：30进行，于6：00~7：00集中摘取当天即将开放的有籽西瓜雄花，并注意保湿。授粉时，将花瓣反卷或剥去花瓣，将花粉涂抹在无籽西瓜雌花柱头上。

2. 授粉节位的确定　坐果节位应根据品种、栽培季节、栽培方式等情况综合权衡而定。如湘西瓜11号（洞庭1号）、博达隆2号（黑冠军无籽）的最佳授粉坐果节位是主蔓第3~5雌花（第18~28节位）或侧蔓第2、3雌花（第16~22节位）。授粉时如遇阴雨天气，应将当天即将开放的有籽瓜雄花提前集中采摘，无籽西瓜雌花在开放前套袋，待开放时授粉后再套袋，以提高其坐果率。西瓜是虫媒花，在自然条件下授粉主要靠花蜂、蜜蜂、花虻、蝇及蝴蝶等昆虫完成。如果在晴天，授粉可由昆虫完成。但若遇阴雨天、低温或大风天等不良天气和喷杀虫农药后，由于没有或很少昆虫活动，必须进行人工辅助授粉。

3. 人工辅助授粉的作用

①可控制坐果部位和单株结瓜数。西瓜依靠昆虫传粉虽然能够坐果，但随意性

大，常常出现最理想的部位没有坐住瓜，而不理想的节位却坐了瓜；需要一株结多果却少结果，需要一株少结果却结多果的现象。如果采用人工授粉，就可以避免坐果的盲目性，做到按生产者的意愿控制坐果节位和结果数。

②提高坐果率。人工辅助授粉比自然授粉可显著提高坐果率，尤其是当植株出现徒长或阴雨天开花时，人工辅助授粉对提高坐果率的效果更为突出。同时，能使西瓜坐果整齐，果实发育同步，成熟一致。

③减少畸形瓜。无籽西瓜果实形状除受气候条件和植株的生长状态影响外，还与落到柱头上花粉的数量和密度有关。西瓜的雌花柱头为三裂，每裂柱头又各自分为两部分，它们分别与子房中的胚珠相联系。如果授粉偏向某一裂柱头，或者在某一裂柱头的花粉较多而另一侧柱头的花粉特别少或没有花粉时，子房的发育也就会偏向一侧，于是便形成了畸形瓜。在通常情况下，自然授粉不仅花粉量较少，而且分布不均匀。所以，人工辅助授粉的西瓜产生畸形比自然授粉的少。

④提高产量与品质。人工辅助授粉，除可通过控制雌花的节位影响熟期和避开不利气候条件提高坐果率以外，还可使植株在生长发育较旺盛的时期坐果，果实可以充分发育，膨大快，果实大，品质佳，特别是能获得无籽性最好的果实。

4. 人工辅助授粉的技术要点

①掌握好授粉时间。在春播条件下，晴天通常在6：30左右开花，花药开始裂开撒出花粉，12：00左右花冠颜色变淡开始闭合，15：00～16：00点花冠闭合。开花时间的早晚和这个过程的长短，往往受当时的气候条件的影响，气温高、湿度小、日照强时，开花早，闭花也早。晴天6：30～9：00是雌花柱头和雄花花粉生理活动最旺盛的时期，也是人工辅助授粉最适宜的时间。授粉时的气温在21～30℃时，花粉发芽快且花粉管的伸长能力强。降雨时花粉粒吸水破裂而失去发芽能力。

②选择优良的雌、雄花。人工辅助授粉必须是采摘当天开放的优质雄花给当天开放的最佳节位的雌花授粉。当日开放的雄花很多，应从生长发育旺盛、无病虫害的健康植株上采集发育正常的雄花。切忌采集已开过的雄花和当日开不了的雄花授粉。已开过的雄花花瓣浅黄色或黄白色，无弹性，花瓣之间有空隙，花药发褐或花心中有"水状"液体。当天不能开放的雄花，当气温达21℃以上时，花冠仍不能开放，也无花粉散出。雌花宜选择健康植株上的理想节位的雌花授粉。病株不必进行人工辅助授粉，应及时拔除。

③授粉方法得当。清晨先到田间选取含苞待放的授粉株雄花，放入带盖的搪瓷缸等容器内。当无籽西瓜坐果部位的雌花开放时即可进行人工授粉。授粉时，取出选好的雄花，用指甲轻碰一下花药，有花粉散出时即可开始授粉。具体做法是：一手拿反卷花瓣露出花药的雄花，另一手撑住留瓜节位上当日开放的雌花花瓣，将雄花花药轻轻滚沾雌花柱头各裂，使花粉均匀地散落在柱头上。一般每朵雄花只授1～2朵雌花。为便于以后采收果实，可将同期授粉的无籽果实作同一种标记，并记录好授粉时间和标记特征，以便准确地识别成熟果实及做好上市进度计划。

八、巧施追肥

追肥不但能防止植株生长后期缺肥，而且可调整肥料种类和用量，满足西瓜不同生育时期对各种肥料的需求。

西瓜的追肥应以速效肥料为主，掌握少量多次的原则。生产中主要的追肥有提苗肥、催蔓肥和膨瓜肥。

1. 提苗肥　在西瓜幼苗期施用少量的速效肥，可加速幼苗生长，故称提苗肥。提苗肥是在基肥不足或基肥还没有发挥作用前追施。提苗肥一般施用少量氮素肥料，每株施尿素6～8g（或硫酸铵15g左右）。追肥时，将瓜铲从地膜边沿斜插进去，投入化肥后取出瓜铲封土。也可将化肥充分溶化成水溶液后追施。在幼苗生长不整齐时，还可对小苗、弱苗增施提苗肥（俗称偏心肥），以促其生长。

2. 催蔓肥　西瓜伸蔓以后，在植株侧面追肥，促使瓜蔓迅速生长，故称为催蔓肥。因为西瓜伸蔓期不仅是营养生长期，还是生殖生长中雌花的形成期，不但需要有一定量的氮肥，还需要一定量的磷、钾肥，所以催蔓肥要求是养分齐全、肥效长的肥料。追施方法通常是在植株一侧或两侧的地膜外犁沟，每667m²施入饼肥等优质有机肥料50～75kg和三元复合肥（N：P：K=15：15：15）20kg，并将肥料与土拌匀，封沟整平。为了安全，追肥部位应离西瓜根颈30cm左右。

3. 膨瓜肥　促使西瓜迅速膨大的追肥称为膨瓜肥。地膜覆盖栽培西瓜的膨瓜肥一般结合浇水分2～3次追施速效肥。第一次在西瓜拳头大时（直径约5cm），一般每667m²用尿素5～7kg和硫酸钾5～8kg，对水施入。尿素和硫酸钾必须先用清水全部溶化后随水施入，也可结合浇水追施人粪尿500kg。第二次在西瓜小碗大时（直径约16cm），再次结合浇水施入，一般每667m²追施尿素6～8kg、硫酸钾7～9kg。

此外，在西瓜生长期间，可以结合防治病虫害，在药液中加入0.2%尿素或0.2%～0.3%磷酸二氢钾，作为叶面肥。这种追肥方法用肥少，见效快。

我国南方结合当地的气候特点和栽培经验总结出一套"两促一控"的追肥法。"两促"即前期追肥促苗，后期追肥促果；"一控"即坐果前不追肥，控制茎蔓徒长。这是南方无籽西瓜高产稳产的重要措施，其要点如下。

①酌情追施提苗肥，促苗早生快发。瓜苗定植成活后至倒蔓前，生长缓慢，应施提苗肥2～3次，一般每667m²施充分腐熟的稀人粪尿240～300kg，同时可加入尿素11.5kg。如连续晴天、土壤较干燥时可2～3d追施1次，施用量也可递增，弱苗多施，使瓜苗齐壮。

②重施膨瓜肥，促果迅速膨大。一般在70%～80%的植株坐果、幼果拳头大时施用，促果迅速膨大。一般每667m²施充分腐熟的饼肥50～60kg或腐熟的人粪尿1 000kg、三元复合肥20～30kg、硫酸钾10kg。在大畦中部茎蔓的空隙处挖穴施入。也可结合浇水施用，即将饼肥浸泡液或人粪尿对水浇施。一般每4～5d浇施1次，遇干旱时也可2～3d浇施1次或结合灌水时施用。

③开花前控施氮肥。无籽西瓜倒蔓至雌花现蕾，一般为15～18d，在这个阶段要控施氮肥用量，并注意肥水管理，避免因肥水管理不当而使植株生长过旺，发生徒长现象而影响坐果。

九、适时采收

无籽西瓜的果实品质与成熟度关系极大。成熟度不高的果实含糖量低，食用价值不高。成熟度过高时果肉变软，食用价值显著降低，品质下降。所以，掌握西瓜的采收标准是保证果实品质极为重要的一环。无籽西瓜采收过早或过晚，都会直接影响西瓜的产量和质量，特别是对含糖量以及各种糖分的含量比例影响大。在生产实践中，实际采收成熟度与西瓜的生理成熟度不一定一致，要根据采收目的而确定。一般可根据鲜食、贮藏或加工等不同需求确实其适宜的采收成熟度。生理成熟度就是西瓜果实的发育达到最后阶段，即果实已充分成熟，干物质含量高，胎座组织解离，周围形成较大空隙。由于大量营养物质开始分解与消耗，而使瓜瓤的含糖量和营养价值大大降低，只有供采种用的种瓜才在达到生理成熟度时采收。鲜食的西瓜一般要求在9～10成熟时采收。采收成熟度应根据运输工具和运程确定，长途销售，运程在3～5d的，可采收8～9成熟的瓜；就地销售的可采收9～10成熟的瓜，此时的西瓜能充分表现出品种的特性，如皮色的亮泽度、瓤质、风味等，此时的含糖量和品质可达到最高，也是最佳食用成熟度。

(一) 成熟期与成熟度的判断

无籽西瓜的成熟期与品种、播种期、栽培条件及气候等密切相关，即使是同一个品种，每一年的成熟时期也不尽相同，所以西瓜的采收时间应根据当时的具体情况而定。西瓜采收前应正确判断其成熟度。目前判断西瓜成熟的主要方法有目测法、触摸法和拍打法、比重法、标记法和仪器测定法。

1. 目测法 不同的西瓜品种在成熟时，都会呈现本品种固有的特征，即一定的果形、果皮颜色与花纹；表皮具光泽，瓜面茸毛消失、光滑，用手指压花萼部有弹性感；坐果节及其以下节位的卷须枯萎以及瓜底部不见阳光处变成深黄色（黄皮品种例外）等，均可作为成熟的标志。有些品种成熟时果皮会变得粗糙，有的品种还会出现棱起、挑筋等。

2. 触摸法和拍打法 一般西瓜成熟时，用手触摸瓜皮，有光滑感的为熟瓜，"发涩"的为生瓜，此为触摸法。一手托瓜，另一手在瓜上边轻轻拍打，如托瓜的手心微感颤动，瓜发出"砰砰"的浊音，则所托的瓜为熟瓜；如果托瓜的手不感到颤动，且瓜发出"嘡嘡"的清脆声音，则所托的瓜为生瓜，此为拍打法。拍打法是民间鉴定西瓜成熟度的常见方法。但在早春或低温条件下，所结果实皮层相对增厚，且常有空心果出现，用拍打法判断瓜的生熟准确性较差。

3. 比重法 当西瓜成熟后，比重通常下降，因此，同品种、同体积的西瓜，不熟者比成熟者重，过熟者比成熟者轻。有经验者采用"过手托瓜"的鉴定方法，即二手托两个同样大的瓜，轻者为成熟度较好的西瓜。还可用两手同时挤压果实两端，放在耳边静听，发出嘶嘶瓜瓤开裂声音者是熟瓜。

4. 标记法　西瓜成熟期标记法是测知果实采收期的最好办法。它是以西瓜品种的果实成熟需要一定积温为根据，是通过标记坐果日期和切瓜检查相结合确定西瓜的成熟期的一种方法。具体做法是：开花授粉时，在授粉的雌花节，绑一条颜色鲜艳的尼龙绳或细毛线。每3d更换一种颜色的尼龙绳或细毛线。在一块生长比较整齐的瓜田内，一般3～4种颜色（红、黄、蓝、白）即够用。快到瓜熟时抽样切开查验，熟瓜的标记日期，便是该西瓜品种的成熟期。采收时便可按不同的标记采收。此法有以下好处：第一，在采收之前拟定上市和贮运计划；第二，根据标记采收，便于安排劳力和提高采收速度；第三，根据运输距离和贮藏时间采收不同成熟度的西瓜。在某一地区的气候条件下，每个品种从雌花开放到果实成熟的日数是比较稳定的，一般在种子包装罐或袋上均有说明。

5. 仪器测定法　西瓜的仪器测定法，是使用无损伤瓜果测定仪测定西瓜成熟度的方法。其优点是简单易行，省工省时，准确性较高。测定时只要将测定仪的探头中心线对准果实中心点，仪器显示小于或等于8度时为生瓜，生瓜可继续贮放后熟后食用，大于8度时为熟瓜。目前我国的瓜果无损伤测定仪有两种：一种是上海产无损伤瓜果测定仪，它的工作适温为20～40℃，空气相对湿度小于85%，要求果实新鲜。另一种是山西省医疗器械厂和平陆县土产果品公司联合研制的西瓜生熟测定仪，体积为1150mm×512mm×610mm，重量为75kg，工作效率为380个/h。

(二) 采收时间

无籽西瓜采收时最好选择上午或傍晚气温较低时进行，使西瓜果实经过夜间和下午冷凉之后，散发了大部分热量，采收后不致因西瓜体温过高而加速呼吸，引起质量降低和果皮上病菌滋生，影响贮运。如果采收时间不能集中在上午进行，也要尽量避免在中午烈日下采收。

西瓜成熟后如果正遇连续阴雨天气，来不及采收、运输时，可将整个植株从土中拔起，放在田间，待天晴时再将西瓜果实摘下。

(三) 采收方法

用剪刀从瓜柄与瓜蔓连接处剪下，不要从瓜柄与瓜连接处剪下（即应带瓜柄）。准备贮藏较久的西瓜，最好连同一段瓜蔓剪下，保留瓜柄长度往往可影响西瓜的贮藏寿命，这可能与伤口与瓜体的距离有关。另外，采收后应防止日晒、雨淋，要及时运送出售。暂时不能装运者，要放到地头或路边阴凉处，并要轻拿轻放，瓜下垫一些瓜蔓或草，上面要添加防雨防晒的布。

(四) 无籽西瓜的分级标准

无籽西瓜的分级可根据理化指标与感官指标进行。

1. 理化指标　各类型各等级无籽西瓜果实分级的理化指标见表7-3。

表7-3　无籽西瓜分级的理化指标

（引自GB/T 27659—2011）

项　　目	分　　类	等级		
		特等	一等	二等
近皮可溶性固形物（%）	大果型	≥8.0	≥7.5	≥7.0
	中果型	≥8.5	≥8.0	≥7.5
	小果型	≥9.0	≥8.5	≥8.0
中心可溶性固形物（%）	大果型	≥10.5	≥10.0	≥9.5
	中果型	≥11.0	≥10.5	≥10.0
	小果型	≥12.0	≥11.5	≥11.0
果皮厚度(cm)	大果型	≤1.3	≤1.4	≤1.5
	中果型	≤1.1	≤1.2	≤1.3
	小果型	≤0.6	≤0.7	≤0.8
同品种同批次单果重量之间允许差(%)		≤10	≤20	≤30

2. 感官指标　各类型各等级无籽西瓜果实分级的感观指标见表7-4。

表7-4　无籽西瓜分级的感官指标

（引自GB/T 27659—2011）

项　目	等　级		
	优等品	一等品	二等品
基本要求	果实端正良好、发育正常、果面洁净、新鲜、无异味、无非正常外部潮湿，具有耐贮运或市场要求的成熟度	果实端正良好、发育正常、新鲜清洁、无异味、无非正常外部潮湿，具有耐贮运或市场要求的成熟度	果实端正良好、发育正常、新鲜清洁、无异味、无非正常外部潮湿，具有耐贮运或市场要求的成熟度
果形	端正，具有本品种典型特征	端正，具有本品种基本特征	具有本品种基本特征，允许有轻微偏缺，不得有畸形
果皮底色和条纹	具有本品种应有的底色和条纹，且底色均匀一致、条纹清晰	具有本品种应有的底色和条纹，且底色比较均匀一致、条纹比较清晰	具有本品种应有的底色和条纹，允许底色有轻微差别，底色和条纹的色泽稍差
剖面	具有本品种适度成熟时固有色泽，质地均匀一致。无硬块，无空心，无白筋，秕籽小而白嫩，无着色秕籽	具有本品种适度成熟时固有色泽，质地基本均匀一致，无白筋，无硬块，单果着色秕籽数少于5个	具有本品种适度成熟时固有色泽，质地均匀性稍差。无明显白筋，允许有小的硬块，允许轻度空心，单果着色秕籽数少于10个
正常种子	无	无	1～2粒
着色秕籽	纵剖面不超过1个	纵剖面不超过2个	纵剖面不超过3个
白色秕籽	个体小，数量少，籽软	个体中等、数量少或数量中等	个体和数量均为中等，或个体较大但数量少，或个体小但数量较多

（续）

项　目	等　级		
	优等品	一等品	二等品
口感	汁多、质脆、爽口、纤维少，风味好	汁多、质脆、爽口，纤维较少，风味好	汁多，果肉质地较脆，果肉纤维较多，无异味
单果重	具有本品种单果重量，大小均匀一致，差异<10%	具有本品种单果重量，大小较均匀，差异<20%	具有本品种单果重量，大小差异<30%
果面缺陷	碰压伤	无	允许总数5%的果有轻微碰压伤，且单果损伤总面积不超过5cm²	允许总数10%的果有碰压损伤，单果损伤总面积不超过8cm²，外表皮有轻微变色，但不伤及果肉
	刺磨划伤	无	允许总数5%的果有轻微损伤，单果损伤总面积不超过3cm²	允许总数10%的果实有轻微伤，且单果损伤总面积不超过5cm²，果皮无受伤流汁现象
	雹伤	无	无	允许有轻微雹伤，单果损伤总面积不超过3cm²，且伤口已愈合良好
	日灼	无	允许5%的果实有轻微日灼，且单果损伤总面积不超过5cm²	允许10%的果实有日灼，单果损伤总面积不超过10cm²
	病虫斑	无	无	允许愈合良好的病、虫斑，总面积不超过5cm²，不得有正感染的病斑

十、贮藏保鲜

西瓜的贮藏大体可分为两类，一类是自然贮藏，另一类是冷藏贮藏。自然贮藏是依靠自然的温度和湿度条件，设备简单，操作简便，被广泛采用。

1. 贮藏场地　选择阴凉、通风的房屋或土窖洞里进行贮藏。贮藏前3～4d室内打扫干净，然后用40%福尔马林150～200倍液或6%的硫酸铜溶液喷洒地面和墙壁，或点燃硫黄密闭熏蒸1～2d，进行消毒。

2. 贮藏品种选择　一定要选用中晚熟、果皮较厚且韧、肉质坚实的品种。如洞庭1号、洞庭3号、黑冠军。早熟或沙瓤的品种一般不宜用来贮藏。

3. 果实采收　选择8成熟、瓜形圆整、瓜秧和瓜皮上都没有病虫危害的西瓜，在晴天上午，空气干燥，瓜温较低时采收。采收前1周左右一般不要浇水，采收时在瓜柄前后各留1～2节瓜蔓。采收时轻拿轻放，避免外伤。

4. 贮藏前的准备

（1）西瓜预冷　在入窖贮藏前要对西瓜进行预冷，使瓜体温度尽快散失，最大限度地降低呼吸作用，尽量保持原有品质。方法是将西瓜摆开放到通风背阳处1～2

夜即可。

（2）果实消毒　用10%～15%的食盐水或0.5%～1%的漂白粉溶液、70%甲基托布津可湿性粉剂700倍液浸泡西瓜10～15min，以杀灭西瓜表面的病原菌，防止贮藏期间腐烂变质。

（3）保鲜处理　使用植物生长抑制剂处理瓜面，以延缓瓜皮衰老，从而保持瓜面新鲜；控制果实与外界的气体交换，降低呼吸消耗，从而保持果实的良好品质。

（4）药剂处理　用50～100 mg/L的2,4-D或1 000 mg/L的B₉（比久）、10%的VBAⅠ西瓜保鲜剂、1%的瓜蔓浸提液处理。一般用上述药液之一浸泡2～3min即可。

5. 贮藏保鲜方法

（1）地面草藏法　地面草藏是在地面铺麦秸后，再一层西瓜一层麦秸，西瓜之间要保持一定距离，共摆放3～4层。

（2）地面沙藏法　地面沙藏是用干净的河沙代替麦秸，每层河沙6～10cm厚。

（3）其他贮藏法　将西瓜装箱或装筐摆放贮藏也可以。

6. 贮藏效果及注意事项　采用自然贮藏法一般可以贮藏1～1.5个月。如果条件好，贮藏期可以达到2个多月。贮藏的完好率在90%以上，品质能较好地保存下来。

西瓜贮藏需要注意以下事项：

①防止机械损伤。采收和贮藏期间要轻拿轻放，避免人为机械损伤。

②要注意通风换气。西瓜贮藏期间不要密不透气，而应选择阴凉的时间开启天窗进行通风换气，以避免西瓜的厌氧伤害。

③注意定期拣选瓜。西瓜贮藏期间，特别是贮藏半个月后，要定期检查，对开始出现病害和腐烂的瓜及时挑拣出去或进行必要的处理。

十一、商品瓜包装、标志

商品西瓜的包装、标志应注意以下事项：

①西瓜可根据果型的大小和商品价值的高低采用相应材料进行包装或散装。

②同一批货应包装一致，每一包装件内应是同一产地、同一品种、同一等级的西瓜。

③西瓜的包装材料有纸箱、塑料网袋等。纸箱用瓦楞纸板制成，在两端箱面上应留适当数量的通气孔，纸箱图案应鲜明、美观，突出产品的风格和自有的品牌。包装网袋应无毒、无异味、无污染，结实牢固，不可过大，以搬运方便为原则。

④西瓜用纸箱包装时，视果实的实际大小实行单个或单层装果。装果时应装满，防止箱内果实晃动。如有孔隙，须用清洁柔软的物料填满。有条件时应用发泡塑料网套包装后再装入纸箱，纸箱缝合处用胶带封严。

⑤包装纸箱应在箱的外部印刷或贴上标志，标明产品名称、品种、等级、商标、毛重、净重、产地和验收日期，要求字迹清晰易辨，不易褪色。

第二节　无籽西瓜嫁接栽培技术

枯萎病是目前西瓜生产中危害最严重的病害，轻则减产，重则绝收。防治西瓜枯萎病有四条途径：一是轮作倒茬；二是化学防治；三是利用抗病西瓜品种；四是嫁接栽培。轮作倒茬是防治西瓜枯萎病的传统方法，也是到目前为止最有效地途径。但随着西瓜区域化生产和设施栽培的发展，该途径有很大的局限性。化学防治枯萎病不经济，且效果较差。利用抗病西瓜品种有一定作用，但抗病效果有限。采用嫁接技术是经济有效地防止枯萎病的重要途径之一。

一、选择砧木

砧木可分为瓠瓜砧木、南瓜砧木和野生西瓜砧木3种。目前，生产中大多是应用瓠瓜砧木。瓠瓜又称扁蒲、夜开花、瓠子、葫芦，各地均有栽培，具有生长旺盛、根系发达、吸肥力强、亲和力强、植株强健、结果率高而稳定、耐低温、耐湿等特点。南瓜砧木根系发达，吸肥力特别强，亲和力一般，植株生长旺盛，易造成徒长疯秧，结果率不稳定等，有些品种对西瓜品质有一定的影响。野生西瓜砧木具有亲和力强、生长较旺盛、根系发达、植株强健、结果率高而稳定、耐湿性一般、较耐低温等特点，但在嫁接无籽西瓜时，要求采取措施，使其下胚轴增粗，以提高嫁接成苗率。

因此，在嫁接栽培过程中，砧木选择至关重要。应选择亲和力强、对西瓜品质无不良影响的砧木品种，如博砧1号、重抗1号、丰抗王、华砧1号、京欣砧1号、新土佐、京欣砧3号、京欣砧2号、勇士、丰抗王3号等。

(一) 瓠瓜砧木品种

各地均有地方品种，栽培较普遍。果实长圆柱形或短圆筒形，皮绿色或白色。福建长乐市地方品种葫芦瓠的下胚轴粗短，易嫁接，成活率高，可有效地克服早春低温、阴雨等不利因素。

1. 博砧1号　　由湖南博达隆科技发展有限公司选育而成的杂交一代瓠瓜品种。该品种幼苗下胚轴粗壮，嫁接苗成活率高，嫁接亲和力与共生性强，抗早衰能力强，耐湿热、低温，嫁接后整齐一致，对西瓜品质无不良影响。高抗西瓜枯萎病，兼抗多种其他西瓜病害。千粒重约161g，是当前国内西瓜产区嫁接栽培首选的砧木品种之一。

2. 重抗1号　　由山东省潍坊市农业科学院育成。嫁接成活率高，在重茬地未发现枯萎病。主要特性是根系发达，胚茎粗壮，枝叶不易徒长，有利于嫁接作业，嫁接亲和力强。嫁接苗粗壮，伸蔓迅速，坐果节位较低，果实膨大快，果型较大且不影响果实品质。

3. 丰抗王　　由河南洛阳市农兴农业科技公司育成。为日本甜葫芦和中国瓠瓜的

F_1代杂种。籽大苗壮，下胚轴不空心，容易嫁接，靠接、插接均宜，亲和力强，成活率高。抗病力强，根系发达，吸肥力强，耐热，早发不早衰。产量高，品质好，无异味，无皮厚、空心现象。

4. 丰抗王4号　由河南洛阳市农兴农业科技公司育成。为光籽葫芦与日本甜葫芦的F_1代杂种。下胚轴不空心，易嫁接，靠接、插接均宜。嫁接亲和力强，成活率高。抗病能力强，根系发达，吸肥能力强，产量高，品质好，无异味，无皮厚、空心现象。

5. 华砧1号　由合肥华夏西瓜甜瓜研究所育成。中、大果型西瓜品质的优良钻木。果实长圆柱形，生长势强，根系发达，吸肥力强，亲和力强，嫁接易成活，很少发生嫁接不亲和株。嫁接苗耐低温，耐湿，适应性强，对西瓜品种无不良影响。

6. 华砧2号　由合肥华夏西瓜甜瓜研究所育成。小西瓜的优良砧木品种。果实圆梨形，植株长势稳健，根系发达，下胚轴粗短，嫁接操作方便，嫁接亲和力强。耐低温，耐湿，耐瘠。坐果稳，可促进早熟，对西瓜品质无不良影响。

7. 超丰F_1　由中国农业科学院郑州果树研究所育成的葫芦杂交一代砧用种。1998年通过北京市农作物品种审定委员会审定。该品种不仅具有下胚轴粗短、不易伸长的特性，而且便于嫁接操作，成活率高，共生亲和力强，抗枯萎病，叶部病害明显减轻，耐低温，促进早熟，耐高温，耐湿，耐旱，耐瘠薄，而且有明显的增产效果。它对西瓜品质无不良影响，其西瓜质量接近自根西瓜。种子灰白色，种皮光滑，籽粒较大。千粒重约125g。河南、北京、辽宁、安徽等地有较大的栽培面积。

8. 甬砧1号　由宁波市农业科学研究院蔬菜所育成的中果型西瓜嫁接专用砧木葫芦杂交种（F_1），是早熟栽培西瓜嫁接首选砧木，适宜早佳（8424）等中型西瓜嫁接。嫁接亲和性好，共生亲和力强，耐低温性、耐湿性强，早春生长速度快，高抗枯萎病和根腐病。种子长方形，白褐色，种壳坚硬，千粒重约139g。根系发达，下胚轴粗壮且不易空心，嫁接成活率高。生长势中等，嫁接后植株结果率高而稳定，不影响西瓜品质。

9. 甬砧3号　由宁波市农业科学研究院蔬菜所育成，是中果型西瓜长季节嫁接专用砧木葫芦杂交种（F_1）。嫁接亲和性好，共生亲和力强，高抗枯萎病，耐高温性强。种子长方形，白褐色，种壳坚硬，千粒重约128g。嫁接成活率高，生长势中等，根系发达，不易早衰。下胚轴粗壮不易空心，采收期长，不影响西瓜品质。

10. 京欣砧1号　由北京市农林科学院蔬菜研究中心育成。为葫芦与瓠瓜的F_1代杂种。下胚轴短粗且硬，不易徒长，嫁接苗根系发达，生长旺盛，吸肥力强。抗枯萎病能力强，耐病毒病，后期抗早衰，生理性凋萎病发生少。对果实品质无明显影响。在各地栽培表现良好。

此外，还有青研砧木1号、航兴砧1号、水瓜砧木等砧木。

(二) 南瓜砧木品种

1. 新土佐　是笋瓜与中国南瓜的种间杂交种，由日本选育。普遍用作西瓜、甜瓜的专用砧。其主要性状是生长强健，分枝性强，吸肥力强，耐热。蔓细具韧性。叶心形，边缘有皱褶，叶脉交叉处有白斑。果皮墨绿色，具浅绿色斑，有棱及棱状突起。果实圆球形，肉橙黄色，种子淡黄褐色。嫁接苗亲和力强，较耐低温，可提早成熟，增加产量。但在高温下易患病毒病。

2. 丰抗王2号　由河南洛阳农兴农业科技公司育成。为印度南瓜与中国南瓜的F_1代杂种。嫁接亲和力强、成活率高。嫁接苗抗多种土传病害。根系发达，吸肥能力强，生长势强，耐寒性强，不早衰。产量高，不影响品质，无异味，无皮厚、空心现象。

3. 京欣砧2号　由北京市农林科学院蔬菜研究中心育成。为印度南瓜与中国南瓜的F_1代杂种。其嫁接苗在低温弱光下生长强健、根系发达，高抗枯萎病，后期耐高温抗早衰，很少发生生理性急性凋萎病。对果实品质影响小，适于早春和夏秋栽培。

4. 京欣砧3号　由北京市农林科学院蔬菜研究中心育成。为印度南瓜和中国南瓜的F_1代杂种。对品质风味无不良影响。下胚轴腔小紧实而短粗，嫁接后易坐果。抗多种土传病害，后期耐高温、抗早衰。

5. 南砧1号　由辽宁省熊岳农业职业技术学院选育的南瓜砧木品种。果实扁圆形，成熟时外表皮具有红绿相间的花纹。种子表皮黄白色，千粒重约250g。与西瓜亲和力强，植株生长强健，高抗枯萎病，丰产。据河北农业技术师范学院试验，南砧1号与西瓜嫁接成活率约90%，在结果初期发生叶片黄化不亲和株30%，果实品质较差。因此，利用南砧1号嫁接时应慎重。

(三) 野生西瓜贴木

1. 勇士　台湾农友种苗有限公司育成的野生西瓜一代杂种。其主要性状是抗枯萎病，生长强健，在低温下生长良好。嫁接西瓜亲和力良好，坐果稳定，西瓜品质、风味与自根苗一样。肉色好，折光糖含量较稳定。种子大，胚轴粗，嫁接操作比较容易。嫁接苗初期生长慢，但进入开花结果期生长渐趋强盛，不易衰老。

2. 丰抗王3号　由河南洛阳农兴农业科技公司选育而成。嫁接亲和力强，成活率高，嫁接苗抗各种土传病害。根系发达，吸肥能力强。生长势强，耐热性好，不早衰。产量高，品质好，无异味，无皮厚、空心现象。在南方种植表现突出。

二、嫁接技术

嫁接方法的好坏直接影响到嫁接无籽西瓜的成活率。目前，我国各地已经研究或引进了很多西瓜的嫁接方法，归纳起来有插接、靠接、劈接、芯长接、二段接等几种。但在无籽西瓜大面积嫁接栽培中，主要采用插接和靠接两种。

(一) 嫁接前的准备工作

1. 接穗的培育　西瓜种芽催出后撒播于河沙或精细整理的苗床上或育苗盘中，密度以出苗前后叶不搭叶为度，种子间距1.5~2cm，播后覆土盖膜。

2. 砧木培育　葫芦的种子种皮厚，自然发芽率低，应用55℃温水浸种，搅拌后浸种36~48h，用干布搓去种皮上的黏液，嗑籽后置于30~32℃条件下催芽，发芽后播种于营养钵中。苗床管理同西瓜常规育苗，但应及时除去其生长点，促使胚轴增粗。

3. **适期播种砧木与接穗** 为使砧木与接穗嫁接适期相遇，砧木应比接穗提前7~10d播种，即当砧木出苗时播种发芽接穗。一般而言，早熟栽培以1月底至2月初，春栽以2月底至3月初，秋栽以6月中旬播种砧木为宜。

4. **嫁接场所** 要求在背风向阳的高燥处建棚，且遮阳防直射光，以保持棚内温度20~25℃（以25℃为宜）相对湿度80%以上。

5. **嫁接用具**

（1）刀片 选用锋利的剃须刀片，用作切削接穗的接合面（图7-9）。

（2）竹签 插砧木孔用，多用竹筷削成，长7~8cm，粗细与接穗下胚轴相当，先端渐尖，断面呈马耳形（图7-10）。

图7-9 西瓜嫁接用刀片　　　图7-10 西瓜嫁接用竹签

（3）苗厢 用于装运瓜苗。

（4）其他 喷雾器、水桶、喷水壶、铲子、遮阴材料、干湿温度计等。

（二）嫁接方法

1. **插接法** 插接也叫顶接，是无籽西瓜嫁接的主要方法之一。采用顶插嫁接方法，首先应考虑三个有利：即有利成活、有利操作、有利管理。当砧木第1片真叶刚展开，接穗子叶刚伸展转绿时为最佳嫁接期。应选择无风、气温较高的天气，集中人力物力进行嫁接。嫁接前对砧木和接穗以及嫁接场所要喷施瑞毒霉等杀菌剂进行消毒处理。具体操作方法是：嫁接时，先用刀片削除砧木生长点，然后用左手拇指与食指，从子叶基部捏住砧木的茎，然后将竹签斜面向下，从砧木一侧子叶中脉与生长点交界处沿胚轴内表皮呈30°~45°斜插0.8~1cm的孔，竹签略微穿透下胚轴一面，接着将接穗两片子叶合拢捏紧，使苗茎放在水平面上后，用刀片自子叶下1cm处，削成长0.8~1cm的斜面接口，然后拔出竹签，立刻将接穗插入砧木孔中，并使接穗前端稍露出砧木下胚轴插口外（图7-11）。斜戳和接穗前端稍露出均是为了增加砧木与接穗的接合面，以提高嫁接成活率。无籽西瓜接穗，应以子叶出土脱壳后见1~2d阳光的子叶苗为宜。在嫁接前可分批将接穗浸入800倍液的甲基托布津液中浸约2h，以提高接穗在苗床管理期间的抗病性。

为使砧木和无籽西瓜接穗适期相遇，春季栽培砧木应提前7~10d播种，在砧木

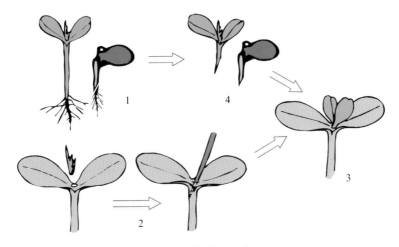

图7-11 插接法示意
1.接穗（无籽西瓜） 2.砧木 3.插接苗 4.接穗切面

出土前1～2d无籽西瓜开始催芽，砧木真叶展开方可嫁接或根芽嫁接。

顶接法适用于瓠瓜和野生西瓜等胚轴粗大的砧木种类（如博砧1号等）。接穗无籽西瓜应选种子饱满、发芽率高、发芽势强的品种，西瓜接穗应培养成根芽。砧木应培养成健壮的幼苗，砧木过早嫁接因砧木过小、柔嫩，不便操作；过晚嫁接则砧木下胚轴发生空心，影响砧木与接穗切面接触。

顶插嫁接法是一项操作简便、快速、高效的方法。图7-12为洞庭1号西瓜嫁接苗及移栽大田的生长状况。

图7-12 洞庭1号西瓜插接苗与移栽后长势

2. **靠接法** 靠接法是常见的无籽西瓜嫁接方法。由于靠接法对砧木和接穗大小要求比插接法相对宽松，且对环境及管理要求可适当粗放，成活率高，农户容易接受，便于在农户中推广。嫁接时先将砧木和接穗放入70%的甲基托布津800倍液中浸泡2h后捞起嫁接。嫁接时削去砧木生长点，在砧木下胚轴上端靠近子叶节的部位用刀片向下斜削约45°角的切口，深及砧木下胚轴2/5 ~ 1/2，长约1cm。再将接穗自下而上同样斜削1个约45°角的切口，切口长度与砧木斜削口吻合。同时用刀片在接穗已形成刀口并外露的部分的另一面轻轻削去一层表皮，目的是使接穗插入砧木后上下部均有结合的伤口，以增加接穗与砧木的总接合面，提高成活力。将砧木和接穗二者的切口相互嵌合，再用塑料条或专用塑料嫁接夹固定即可（图7-13）。嫁接完后立即把嫁接小苗栽入营养钵内，砧木和接穗根系相距不超过1.5cm，以便成活后切除接穗之根。接口应距地面2cm以上，防止发生自根。

此法嫁接时，接穗的播种期应较砧木提前5 ~ 10d，接穗、砧木均播种于疏松营养土中。靠接法既可把砧木接穗分开播种，一个播于营养钵中，一个播于营养土中，嫁接时把接穗或砧木移到砧木或接穗营养钵中嫁接，然后用土盖根；或者砧木和接穗分别播于营养土中，嫁接完成后，将砧木和接穗定植于营养钵中；还可以把砧木或接穗直接播种于同一个营养钵内，在营养钵内直接嫁接。

嫁接约7d后接口愈合时应切断接穗自根，切口位置应紧靠接口下部。嫁接后10 ~ 15d可完全愈合，塑料条带等捆扎物在嫁接成活后要及时解除。该法接口容易愈合，成苗生长旺盛，但操作麻烦，工效较低，但对种子价格较高，单位面积种植株数较少的无籽西瓜来说，容易被农户接受。

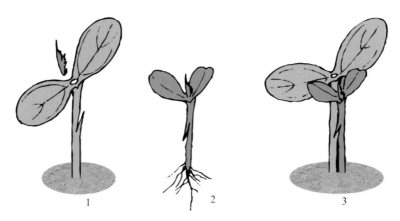

图7-13　靠接法示意
1. 砧木　2. 接穗（无籽西瓜）　3. 靠接苗

(三) 嫁接操作注意事项

1. 砧木苗应壮实，插孔不能过大，切勿损伤胚轴表皮，以使接穗插入后有一定压力。

2. 所用刀片必须锋利，使切面平直，以利与砧木孔紧密结合。

3. 砧木与接穗刀口接触面长度不小于0.8 ~ 1.0cm。

4. 将接穗带皮插入插孔一点，以减少水分散失。

5. 动作要轻、快、准，随拔竹签随插接穗，且保持嫁接口清洁。

6.随嫁接随扣小拱棚遮阴保湿、保温。

三、嫁接苗床的管理

无籽西瓜嫁接苗成活率高低，除嫁接技术外，嫁接后的苗床管理是整个嫁接过程最关键时期。嫁接4d内必须在保温、保湿、遮光的相对密闭的环境中进行培养，促进砧木和接穗的伤口充分愈合，使砧木与接穗的双韧维管束相互接通，保障相互间的营养物质、水分等的上下疏通。一般认为，砧木与接穗只要有1/2维管束接通，即可确保正常生长发育。若只有1/4维管束接通，则嫁接苗需较长时间才能恢复，甚至不能正常生长发育。在嫁接操作中，要达到1/2以上的接通目标是容易做到的，而且嫁接操作技术并不复杂，最关键的是嫁接后的苗床管理，即苗床的温度、湿度和光照的调控。

无籽西瓜的嫁接操作应选择在遮阴避风的环境下进行，嫁接场所距苗床不要太远，嫁接工具和苗床要先用800倍液的甲基托布津等药剂消毒。嫁接前苗床应浇足底水，扣好小拱棚，准备好遮阴草帘。苗床的平均温度必须在20℃以上，若低于20℃，苗床内应配置地热线加温。苗床可设在向阳的大棚或温室中，并尽可能选晴天进行嫁接。精心管理是提高嫁接苗成活率的关键，特别是嫁接后前6d的环境条件，对嫁接口的愈合和促进嫁接苗的生长至关重要，管理要点基本分为三个阶段。

1. 第一阶段（嫁接后前3d）的管理

（1）温度管理　温度白天25～30℃，夜晚20℃左右，不低于18℃。

（2）湿度管理　嫁接前1～2d砧木和接穗的苗床应浇1次透水。保持嫁接过程和接后苗床内充分湿润，嫁接时接穗不至于失水。嫁接瓜苗从进入苗床开始封棚，保持空气湿度达到饱和状态（以塑膜上挂有水珠为度）。

（3）光照管理　实行全避光，只通过微弱的散射光，把嫁接苗的水分蒸腾量控制到最低。

2. 第二阶段（嫁接后4～6d）的管理

此时已进入融合期，既要防止接穗凋萎，又要逐渐降低湿度，掌握在早晨和傍晚，湿度较高时短时间通风排湿，并揭去遮盖物，以使嫁接苗接受散射光，做到通风排湿与增光时间由短到长。

（1）温度管理　白天温度控制在25℃左右，夜间18～20℃。

（2）湿度管理　3d后开始通风换气，逐步加大通风量，相对湿度控制在85%～90%。应在两侧通风，勿两头通风。

（3）光照管理　3d后开始透光，逐步揭去遮盖物，从散射光、侧射光逐步增加见光强度和时间。

3. 第三阶段（嫁接后6d至移栽前）的管理

（1）温度管理　嫁接后6d的嫁接苗开始生长新叶，以白天气温25～30℃、夜间不低于15℃为宜。移栽前7d，对嫁接苗进行变温锻炼（最低15℃，最高38℃），以提高嫁接苗对外界环境的适应性。变温锻炼开始时温度变幅适当小些，以后逐渐增大。炼苗期间白天气温22～25℃，夜晚不低于12℃。气温高于40℃或低于10℃均会影响成活率。

（2）湿度管理　每天逐渐延长通风时间和加大通风量，使床内相对湿度由80%～90%逐渐下降至70%左右。嫁接10～12d后苗床的管理可恢复到一般苗床管理。

（3）光照管理　嫁接后10d的嫁接苗基本成活，可按常规进行管理，仅在晴天中午前后短时遮光。所以应做到晴天遮光防高温，夜间覆膜防低温。要逐渐增加透光时间，阴雨天不遮光。

4. 砧木除萌芽与接穗断根　除萌芽是嫁接无籽西瓜栽培管理中的一项重要工作，在嫁接过程中虽用刀片等削去砧木的顶芽，但随着嫁接苗的生长，一部分砧木子叶节出现不定芽，且生长速度快，应及时切除，否则与无籽西瓜接穗争夺养分，影响接穗成活与生长。在大田管理中还要随时抹除继续产生的砧木萌芽。

一般插接苗12d后，靠接苗10d后即可判断成活与否。靠接的嫁接苗成活后，应及时从接穗接口下切断接穗的根，断掉其自根营养，迫使从砧木根系获取营养，并应及早解除夹子等捆绑物。

四、定植密度与整枝

嫁接苗一般采用稀植栽培，一般每667m²定植180～350株；整枝方式为4～6蔓或不整枝。南方栽培植株行距为0.8m×5.5m，北方为0.7m×5.0m。前期由于分枝较少，地面间隙较大，因此应少整枝或不整枝，以使瓜蔓较快覆盖地面。

五、坐瓜节位与留瓜

1. 坐瓜节位的选择　坐果节位对于无籽西瓜产量和品质的影响比普通二倍体西瓜更为明显。无籽西瓜坐果节位低时，不仅果实小，果形不正，果皮厚，而且白秕籽大而多，并有硬的着色秕籽，易空心。适宜的坐果节位结的西瓜，其果实大，形状美观，瓜皮较薄，白秕籽小而少，无着色秕籽，不空心，品质优。坐果节位过高时，正值植株生长发育后期，生长势大为减弱，不仅坐果困难，而且西瓜品质和产量也大为降低，并常出现畸形果和空心果。无籽西瓜适宜的坐果节位应根据西瓜品种的特征特性而定，中、大果型品种生产上一般选留主蔓第三、第四雌花或侧蔓第二、第三雌花坐果。图7-14为洞庭1号无籽西瓜嫁接苗的坐果表现。

2. 留瓜　留瓜是指选留最佳节位的健康幼果，使其发育成正常果实。开放的雌花无论是自然授粉还是人工授粉，都不可能100%坐果。识别无籽西瓜雌花能否坐住果，对于及时准确地留果，并获得优质高产的商品无籽西瓜具有十分重要的意义。识别无籽西瓜雌花能否坐住果的依据主要有以下几点：

①根据雌花形态。无籽西瓜多为单性雌花，也有少数雌性两性花，均能正常

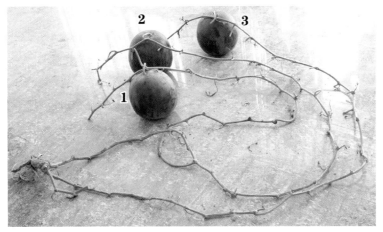

图7-14　洞庭1号嫁接苗坐果表现
（1号瓜10kg、2号瓜8kg、3号瓜9kg）

坐果。花柄呈"钓鱼钩"形的雌花易坐果，花柄笔直或弯曲角度较小的雌花不易坐果。子房大而长（同一品种的花相对比较）、花柄粗而短的雌花一般均能发育成较大的果实。雌性两性花易坐果，幼瓜发育快，容易长成大瓜。

②根据子房发育速度。能正常坐果的子房，经授粉和受精后颜色鲜亮，发育很快，授粉后的第二天果柄即伸展钩状弯曲，子房明显膨大，授粉后第三天子房横径可达2cm左右。如果开花后子房发育缓慢、色泽暗淡、果柄细短，这样的瓜胎就很难坐住，应及时另选适当的雌花坐果。

③根据雌花着生部位。雌花开放时，距离所在瓜蔓生长点（瓜蔓顶端）的远近，也是识别该雌花能否坐住瓜的依据之一。当雌花开放时，从雌花到所在瓜蔓顶端的距离为30～40cm时，一般都能坐住瓜，距离为60cm以上或30cm以下时，一般都坐不住瓜（短蔓西瓜例外）。此外，无籽西瓜具有1株多果习性，在同一条蔓上或同株不同蔓上可同时坐果，根据品种和坐果时条件的不同，可同时留多个果实，一般选留2～3个（嫁接无籽西瓜多采用）。

六、整瓜与翻瓜

1. 整瓜　整瓜就是在瓜生长期间于瓜下松土、垫土和翻转西瓜等。为了取得西瓜的优质高产，对已选留的瓜应加强管理和保护。特别是幼瓜皮嫩极易受伤，若因风吹动或其他原因造成幼瓜磨伤变黑，可使幼瓜发育受阻。整瓜可以促进西瓜发育，提高商品果率。北方地区栽培，当西瓜长到1～1.5kg时，即可在瓜下松土。松土深度约2cm，地面土壤整平。当西瓜长到3～4kg时，再以同样操作松动瓜底土面1～2次，并随瓜的长大而扩大瓜下的松土面积。坐果处低洼或瓜生长于多雨季节时，应将瓜下地面垫高，铺一层细沙土或蒿草，松土和垫瓜可结合进行。而南方地区栽培，一般不采取整瓜方式，以瓜畦垫草为多。

2. 翻瓜　当果实进入成熟期时，要进行翻瓜。因为西瓜着地面不见阳光，常呈黄白色，不但影响美观，而且背光面瓜皮厚，瓜瓤颜色浅，含糖量低、味淡。翻瓜能使瓜面受光均匀，颜色一致，外形圆整美观，瓜瓤成熟度均匀，品质好。

3. 翻瓜注意事项

①一般在晴天午后进行，以免折伤瓜梗和蔓叶。

②要求双手操作，一手握住瓜蔓，另一手扶持瓜柄，轻轻扭转。

③每次翻瓜沿同一方向进行。

④每次翻动角度为30°～50°，不可过大，以防日灼。

七、二次结瓜技术

由于砧木根系强健、生命力强，头茬瓜定个后，一般瓜秧不会出现衰败，利用这一特点，可以进行二次结瓜。方法是第一瓜定个后，选留健壮侧枝上的第三或第四个雌花进行人工授粉，至鸡蛋大小时定瓜，这时第一批瓜已收获，结合浇大肥大水，一般每667m²追尿素10～15kg、硫酸钾8～10kg，促进果实的膨大与生长。二次结瓜应掌握抢在第一批瓜八成熟左右时，进行二次结瓜的授粉工作。这样既可缩短生育期，又可为下茬作物及时腾茬。

八、嫁接栽培注意事项

嫁接无籽西瓜受砧木的影响，生育及生理特性发生了较大的变化，只有采取相应的栽培技术措施，才能发挥其抗病丰产的效果。

由于嫁接技术等原因，嫁接苗不一定全部成活，成活的嫁接苗生长情况也不完全一致。因此，应剔除未嫁接成活的砧木，将成活的大小苗分开定植，分别进行管理。

嫁接苗定植不宜过深，以防止无籽西瓜接穗下胚轴接触土壤遭到枯萎病病菌的侵染或产生自生根而失去嫁接防病意义。出现自生根入土时，应及时切断，并扒开周围土壤，防止再产生自生根。

嫁接苗应采用稀植栽培。

嫁接可防止无籽西瓜枯萎病，但也应注意茬口安排和轮作周期，防止疫病、炭疽病及其他病害的连作危害，同时要注意采用综合性农业防病措施。

无籽西瓜采用嫁接栽培，砧木根系发达，吸水吸肥能力增强，特别是对氮素的吸收，营养生长旺盛。要注意增施有机肥，每667m²最少施农家肥1 500kg以上，按垄进行条施。

嫁接无籽西瓜生长势强，在低节位坐果更容易出现空心、皮厚和畸形果等现象。为提高无籽西瓜的商品性和产量，以20节以上出现的第三雌花坐果为宜。单株可选留3～5个果形端正的果实。在第一、二果坐稳后，每667m²追施50kg复合肥，分

3～4次追施。同时，为确保嫁接无籽西瓜的产量，促进果实迅速膨大，需保持田间较大的含水量，果实坐齐坐稳后不再整枝，以保证无籽西瓜高产所必需的营养需求。

第三节　无籽西瓜水浮育苗嫁接技术

无籽西瓜水浮育苗嫁接技术是采用多孔聚乙烯泡沫育苗盘为载体，以混配基质为育苗基质，将栽有砧木种的育苗盘放入营养液水浮苗床中进行培育，再通过嫁接技术，将无籽西瓜幼苗（接穗）嫁接到砧木上进行育苗的技术（图7-15）。这种嫁接育苗技术能达到成苗快，成苗率高，幼苗整齐一致；幼苗移栽后缓苗快或不缓苗，幼苗的耐低温和抗病性显著增强；而且便于工厂化、集约化、规模化生产，有利于统一供种、统一供苗、统一管理，规避传统的小家庭式育苗风险，有利于形成产业化和高效化产业；同时还可以达到节约用种、节约成本的目的。笔者从2007—2012年开展研究，经过6年多的科学试验与示范推广，获得了成功。现将该技术阐述如下。

图7-15　嫁接无籽西瓜水浮育苗现场

一、水浮育苗床的选择与建立

1. **苗床选择**　选择背风向阳、地势平坦、管理方便的地块做苗床。工厂化、规模化生产的在单体大棚或连体大棚内建立苗床。

2. **苗床与育苗盘规格**　采用长70cm、宽40cm、高6cm、有108孔的泡沫育苗盘，穴孔为圆锥形，上口径4.5cm、下口径2cm、深5.5cm。苗床宽约120cm，深15cm，育苗盘按1横1竖排放。

3. 苗床建立　在选定的场地，用铁锹或锄头挖出苗床，夯实、平整底层和四周，清除石块、植物根茎和尖锐硬物等，在床底垫上一层塑料薄膜（0.1mm厚），使得育苗床能盛装10～12cm深的营养液，待其育苗。

二、基质的准备与使用

1.基质准备　选用高效混合基质，有机质含量≥30%，N、P、K含量≥2%，每袋（45L+6L）可装10个108个孔的育苗盘。

2. 基质使用　将基质从基质袋倒出后，用50%的多菌灵可湿性粉剂600倍液喷湿并搅拌，使基质含水量达到自身重量的60%左右即可，准备好的基质手捏成团，下落后自然散开。装基质时，先将基质均匀倒入育苗盘内，然后用1cm厚、50cm长的小木板将育苗盘表面的基质压实刮平，再用打孔器在各穴孔中心点相对应位置打上108个小孔，待播种发芽的砧木种子。

三、水浮育苗营养液的配制

1. 营养液的配方与准备

（1）配方　根据无籽西瓜嫁接育苗的特点，以博砧1号和洞庭1号、洞庭3号无籽西瓜为试材，配制多种营养液进行了水浮育苗研究，通过试验、示范及应用推广，成功优选如下配方：

①大量元素配方（1L水的含量）：硝酸钙862mg、硝酸钾649mg、磷酸二氢钾150mg、硫酸镁385mg。

②微量元素配方（1L水的含量）：乙二胺四乙酸二钠铁25mg、硼酸（H_3BO_3）2.86mg、硫酸锰（$MnSO_4 \cdot 4H_2O$）2.13mg、硫酸锌（$ZnSO_4 \cdot 7H_2O$）0.22mg、硫酸铜（$CuSO_4 \cdot 5H_2O$）0.08mg。

（2）贮液罐（密封塑料桶）的准备　营养液配制时需准备3个母液罐，分别标记为A母液罐、B母液罐、C母液罐。A母液罐：溶解硝酸钙；B母液罐：依次溶解硫酸镁、磷酸二氢钾、硝酸钾；C母液罐：将所有微量元素按照配方顺序依次溶解在一起。A母液罐和B母液罐的容积以25kg或50kg为宜，一般配成100倍浓缩母液；C母液罐的容积以5kg或10kg为宜，一般配成1 000倍浓缩母液。母液罐均以深色不透光的为好，罐的下方可安装水龙头，供取母液之用。

（3）水质要求　在配制营养液时常使用自来水，应加入少量的乙二胺四乙酸钠或腐殖酸盐化合物来处理水中氯化物和硫化物。配制营养液最好采用无污染的河水或湖水配制。

2. 营养液的配制

（1）称取原料　根据配方，计算出各种所需成分的质量，并分别称取，置于干净的容器或塑料薄膜袋中，待配制母液之用。

（2）配制母液　在配制时，先取少量50℃左右的温水将各种肥料分别溶化，然后按照母液标记分别倒入装有75%水量的所定容量中，边倒边搅拌，再按母液浓缩倍数，将水加到足量，搅匀后备用。

（3）配制营养液　即将母液稀释配成所需的营养液。方法是：先在供液池中放入大约需要配置体积的70%的清水，再量取所需A罐母液的用量倒入并搅匀，然后量取B罐母液所需用量，缓慢地将其倒入供液池内，边倒边搅匀，最后量取C罐母液所需用量，缓慢地将其倒入供液池内，边倒边搅动，经充分搅匀后即可。配制好营养液后，随即调整营养液的pH（调至6.2～6.8），并测定EC值（电导率，一般为0.5～1.0mS/cm），然后放入育苗床内使用。

3. 配制营养液时注意事项

①根据配方，精确计算营养液原料即所需各化合物的质量并认真核对。

②严格建立作业的记录档案，对各种所配原料用量、配制日期和配制人员，要有详细记录，以备查验。

③配制营养液时，严禁使用金属容器装配或存放营养液。

4. 营养液的管理

（1）供液方式　采用下灌溉方式供液，把营养液蓄在不漏水的育苗床内，让营养液在基质的毛细管作用下由基质内部自下而上地上升来供应幼苗水分和养分。

（2）营养液的补充　在整个育苗期间，由于砧木和接穗生长量较小，一般只需供液2次，第一次在砧木出苗后加入，第二次在嫁接苗成活后及时补充。营养液均采用半量式（即配方浓度的0.5倍）供液。在育苗期间及时补加清水，使营养液保持在8～10cm的深度即可。

（3）定期检测　在无籽西瓜嫁接育苗期间，定期检测营养液的pH的变化，并及时进行调整，一般5d检测一次，通常用硫酸和氢氧化钾进行调整，严格控制pH6.2～6.8。

四、水浮育苗砧木与接穗的培育

1. 砧木培育

（1）品种选择　选用亲和力强，对西瓜品质无不良影响，嫁接后西瓜产量高、抗病性强、抗早衰能力强等优点的砧木品种。如博砧1号，千粒重约161g。在生产中按照大田西瓜的定植数量再加20%～30%作为播种的基本量。

（2）播种时间　根据各地气候与生产条件来确定播种时间。如长江中下游地区一般在3月上、中旬开始播种。

（3）浸种催芽　博砧1号一般浸种时间约48h，期间换水2～3次并搓洗，并在浸种期间用50%的多菌灵可湿性粉剂600倍液浸种1h，或0.3%高锰酸钾液浸种30min，进行种子消毒，然后用清水冲洗干净，再人工破壳，以便催芽。催芽采用湿毛巾拧干，包好种子，用催芽盘或催芽器具装好保湿，放置28～32℃恒温箱或电热毯催芽。催芽28～30h后，芽齐芽壮、芽长0.5～1cm时即可播种。

（4）播种　播种前，苗床应用70%甲基托布津1 000倍液进行基质与场地消毒，将催好芽的砧木种子轻轻放入育苗盘孔中，每个孔1粒，芽尖向下，种子平基质的表面，要求种子平面朝一个方向（出苗后以便于嫁接操作），随播随覆盖基质（6L装），覆盖厚度约1cm，覆盖后不可再浇水。播完一个苗床，随即覆盖好塑料薄膜，并用木方或砖头密封好苗床四周。待其出苗后，将配制好的营养液放入苗床中，进行育苗。

（5）苗床管理　出苗前原则上不放风，不浇水，空气相对湿度应维持在80%左右。若遇晴天床内气温超过35～40℃时，可打开一端或两端薄膜通气，待下午气温降低时再盖严。有80%以上的幼苗出土时便可进行去壳，去壳宜在上午种壳湿润时进行，去壳时动作要轻，最好要两只手同时进行。育苗期间若遇强风、大雨或寒流天气，仍应盖膜护苗。当砧木齐苗、子叶平展时，用12 000倍的多效唑进行喷洒，使砧木下胚轴增粗以利于嫁接，提高嫁接成活率。砧木以第一片真叶出现到刚展开时为最适宜嫁接期。

2. 接穗培育

（1）品种选择　根据湖南、湖北、江西、广东、重庆等无籽西瓜消费市场的需求，一般选择品质优良的洞庭1号、洞庭3号等无籽西瓜品种。洞庭1号种子千粒重为60g，洞庭3号种子千粒重为69g，在生产中按照大田的定植数量再加20%～30%作为播种的基本量。

（2）播种时间　为使砧木和无籽西瓜接穗嫁接适期相遇，砧木应提前7～10d播种，在砧木出土前1～2d无籽西瓜开始催芽。

（3）浸种催芽　无籽西瓜一般浸种时间为3～4h。用0.5%的盐酸液浸种3～4h后，清水洗净；再用饱和生石灰水去滑，然后用清水搓洗干净，再进行人工破壳；将破壳好的种子，用催芽盘或催芽器具装好保湿，放置33℃恒温箱或电热毯催芽，经24～36h后，芽齐芽壮、芽长0.5～1cm时即可播种。

（4）播种　播种前，用70%甲基托布津800倍液浇施基质消毒，将催好芽的种子轻轻地、集中密播、均匀地平放在3cm厚的基质（含水量75%左右）育苗盘中，随播随覆盖基质（6L装），覆盖厚度约1cm左右，覆盖后不可再浇水，播完后随即送入催芽箱或催芽房，温度保持33℃左右进行接穗培育。

（5）苗床管理　出苗前原则上不放风，不浇水，空气相对湿度维持在75%左右。若温度超过35℃时，及时通风降温；有80%以上的幼苗出土时便可进行去壳，并将其移出，放置于能照射阳光的小拱棚或大棚内；去壳宜在上午种壳湿润时进行，如遇种壳干燥时，可喷雾0.05%的高锰酸钾液，以利去壳。去壳时，动作要轻，最好要两只手同时进行，以免损伤子叶。

五、水浮育苗嫁接技术要点

(一) 嫁接方法

主要采用插接法，插接是无籽西瓜嫁接的主要方法。

1. 严格消毒 嫁接前，用酒精棉球蘸0.05%的高锰酸钾液对手和嫁接常用的刀片、竹签（前端为楔形）、剪刀等工具进行消毒处理，操作时每隔1～1.5h处理1次。同时，在嫁接前应对砧木和接穗用70%甲基托布津500倍液进行消毒，以免人为造成病害的传染。

2. 操作技术 嫁接时先用刀片削除砧木生长点，然后用竹签（平面朝下）在砧木切除点并与胚轴成45°角斜戳0.8～1cm的孔，竹签略微穿透下胚轴另一面皮层，使顶在该部位的手指有触感，能看见竹签头但不破皮层为宜。紧接着取接穗苗，在离接穗子叶1cm处的下胚轴上，往下斜削，刀削面长0.8～1cm，呈楔形，要求刀削面平滑整齐，斜面前端不带毛边或残留表皮。拔出竹签，迅速将接穗（刀削面朝下）紧插入砧木的孔中，使砧木与接穗子叶呈"十"字状。接穗插入要求紧实（松紧度以拇指与食指轻提接穗子叶，向外轻拔，以不能拔出为宜），使砧穗紧密结合，以利于愈合。

在嫁接前可分批将接穗浸入800倍液的甲基托布津液中浸约2h，以提高接穗在苗床管理期间的抗病性。接穗无籽西瓜应选种子饱满、发芽率高、发芽势强的品种。接穗脱壳后见1～2d阳光，当子叶有1/3以上转绿时即可嫁接，但以接穗子叶变绿3～4d嫁接最佳。

(二) 嫁接苗的管理

1. 嫁接愈合期的管理

（1）温度 无籽西瓜嫁接苗愈合的适宜温度，白天25～28℃，夜间18～20℃，温度过高或过低均不利于嫁接伤口的愈合，并影响成活率。在成活期间白天温度控制在28℃，夜间稳定在18℃以上。白天温度不超过33℃，夜间不低于18℃。

（2）湿度 水浮培育无籽西瓜嫁接苗，苗床内有营养液，湿度能保持在95%以上，采取的措施是嫁接后立即覆膜保湿。3d后撤除薄膜，适当通风降温，7d后逐渐加大通风量。

（3）光照 嫁接后前3d内实行全面遮光，3d后开始通风换气，逐步加大通风量。第四和第五天每天10：00～15：00遮光，第六和第七天撤除遮光物，实行全天见光。12d后恢复到一般苗床管理。

2. 嫁接愈合后的管理 嫁接后一般8～12d嫁接伤口完全愈合，嫁接苗开始生长，可恢复到一般苗床管理。在嫁接后6～8d，要及时除去砧木上长出的不定芽，对大子叶砧木可进行1/3 ～1/2剪除，以免遮住接穗的光照。水浮培育无籽西瓜嫁接苗，在苗期较少发生病虫害，但要重视苗期病虫害的预防。苗期病害主要有猝倒病、立枯病、炭疽病等，虫害有黄守瓜、蚜虫等。病害用75%甲基托布津500倍液、99%恶霉灵2500倍液交替使用进行防治。虫害用10%吡虫啉1800倍液进行防治。定植前10d左右进行变温炼苗处理，以提高嫁接苗对外界环境的适应性。

(三) 适时移栽

当无籽西瓜嫁接苗2~3片真叶时，选择晴（阴）天及时定植。要求按幼苗的大小分级移栽。栽培密度每667m²定植260~350株，行距5.5~6m，株距65~75cm，同时应配栽8~10：1的有籽西瓜嫁接苗作为授粉株。嫁接苗不应定植过深，嫁接接口应高出地面1~2cm。在生长过程中要及时摘除砧木上的不定芽，接穗上的不定根也应及时摘除，压蔓只能采用明压。当瓜苗长至6~7片真叶时及时摘心，摘心后及时浇肥水，以利侧蔓发生。嫁接无籽西瓜一般采取3~5蔓或多蔓整枝，并将瓜蔓理顺理直，生长过程中应及时剪去多余孙蔓。也可以不摘心，采用3~4蔓式整枝。

第四节　无籽西瓜间作套种高效栽培技术

根据无籽西瓜生长期短，前期行间空隙大，种植无籽西瓜时施入的肥料比较多等特点，科学地采用间、套种栽培技术能有效地利用光能与水肥等条件，充分提高土地利用率和发挥单位面积效应。主要优点有：第一，充分利用空间和土地。西瓜属匍匐蔓生植株，通过间作套种高秆作物，能多层次利用阳光，增加光合产物；能充分利用有限的土地资源，提高单位面积产量，增加单位面积的产值。第二，作物之间能形成互补作用，通过间作套种，能改善田间小气候条件，使西瓜与间作套种作物互为有利。第三，作物对土壤养分的利用有互补作用，间作套种能改良土壤。第四，间作套种符合我国人口众多而土地资源有限的国情需要。随着农业结构的优化和集约化农业的发展，提高土地复种指数的间作与套种技术势在必行。

无籽西瓜可与水稻、棉花、小麦、玉米、油菜、花生、马铃薯、辣椒等作物间作、套种栽培，已形成了瓜—棉、麦—瓜、油—瓜、瓜—菜等一系列间作套种栽培模式。下面重点阐述几种间作套种的基本方式和栽培模式。

一、间作套种基本方式

1. 前期套种越冬作物类　如在无籽西瓜前期套种麦类、油菜、大蒜或早春速生蔬菜类等。这种套种方式一是考虑西瓜不能露地越冬，瓜地或瓜行土地冬闲。二是充分利用西瓜幼苗生长缓慢、早春气温低、又因行株距大、行间空地多等特性。如把幼苗定植在麦类作物预留行间内，对无籽西瓜前期生长无不良影响，而且还有一定的防风、增温、促苗的效果。

2. 与基本同期生长的高秆作物套种　如无籽西瓜与棉花、玉米、花生、辣椒等套种。这种套种方式是充分利用无籽西瓜匍匐生长、行距大、株数少、空间和光照利用不充分的特点进行间、套种，形成高低错落的复合群体，其叶层分布合理，通风透光，能有效提高光能利用率。

3. 生长中、后期套种夏秋作物 如利用无籽西瓜生育期短的特性，生长中、后期与玉米、夏播棉花、甘薯、甜椒等套种。利用上述作物前期生长弱的特点，在无籽西瓜进入生长中后期，一般在坐果以后进行播种或移栽，西瓜收获后这些夏秋作物立即进入旺盛生长期。共生期20~40d。

4. 与耐阴作物间种 如无籽西瓜与生姜、百合间作等。在生姜、百合的畦间间作无籽西瓜，由于这些作物叶片少、叶形小、耐阴，而无籽西瓜爬地生长，占地范围广，叶面积大，后期对生姜、百合有一定的遮阴效果，能起到互补作用。

二、间作套种时期

无籽西瓜间作套种栽培模式很多，在各地生产过程中创造出了很多成功经验。间作套种时期主要是利用无籽西瓜生长的前、后期，对可利用的土壤和可利用的空间加以利用，进行其他间作套种作物的生产。如果将整个瓜田分为两个部分，即瓜畦部分（种瓜行）和瓜畦间部分。根据这两部分不同时期的空闲情况，可分为5个不同时期的作物种植区（简称作区），每个作物种植区的可利用时期和适宜种植作物见表7-5。

表7-5 瓜田间作套种区划特点与可适种植作物表

区名	瓜畦前作区	瓜畦间前作区	瓜作区	瓜畦后作区	瓜畦间后作区
可利时期	瓜畦部分种瓜前期	瓜畦间部分种瓜前时期	两部分西瓜生长及后时期	瓜畦部分西瓜生长后期及采收后期	瓜畦间部分西瓜生长中后期
适宜种植作物	苋菜、菠菜、小白菜、生菜、娃娃菜等	小麦、油菜、大蒜、马铃薯等	商品西瓜、制种西瓜	玉米、棉花、花生、晚稻、秋甘蓝等	玉米、棉花、花生、大豆、晚稻、秋甘蓝等

三、无籽西瓜与棉花套种栽培技术

西瓜与棉花均为喜温经济作物。西瓜瓜蔓为匍匐生长，生育期短，种植密度小。棉花根系分布较深，枝叶纵向生长，前期生长缓慢，遮阴面积小，大多采用稀植。这两种作物相互间争夺光照、水肥矛盾少，共生期短，相互间的影响少，比较适合进行套种。其栽培关键技术如下。

(一) 品种选择

西瓜和棉花品种应选用国家审定或省级审定的正规育种单位选育的优质、高产、多抗等综合性状优良的无籽西瓜品种。主要无籽西瓜品种有：洞庭1号、洞庭3号、博达隆1号、博达隆2号等，授粉品种可选择泉鑫1号、大果泉鑫、东方冠龙、东方娇子等。主要棉花品种有湘亿棉1号、中棉所38、中棉所60、中棉所72、湘亿棉

168、湘亿棉898、湘杂棉8号、湘杂棉17号、鄂杂棉16号、鄂杂棉18号、太D6号、太D9号等。

（二）土壤选择与准备

瓜棉套种地宜选地势高燥，地下水位低，排灌便利，土层深厚，疏松肥沃，未种过瓜类作物的土壤。前茬收获后，立即清园备耕。冬前进行土壤深翻约30cm，进行深耕冻垡，并开好围沟和厢沟，畦宽5m。早春抢晴天重复耕一次并作成龟背形高畦，疏通排水沟，做到沟沟相通，雨后无渍水。

（三）育苗技术

无籽西瓜和棉花的壮苗培育是瓜、棉套种的关键，是高产稳产和获取高效益的前提。下面主要介绍无籽西瓜育苗和棉花育苗的技术要点。

1. 无籽西瓜育苗

（1）温床或冷床育苗　苗床应选地势高、排水性好、避风向阳、临近瓜田的地块。蚯蚓多的床地应适当喷施敌百虫，以防蚯蚓等地下害虫的危害。苗床一般宽1.1m左右、长5m左右，周边开好排水沟。

（2）嗑种　选择晴天先将种子晒半天，然后用网袋装好种子在常温下用水浸泡4～6h，再用35%的石灰水浸泡10min去滑，然后用清水冲洗干净，沥干水后进行嗑种。将种子用嘴或镊子嗑开脐部的1/3，以备催芽。

（3）电热毯催芽　把电热毯铺开平放，上垫农膜隔湿，膜上放3cm厚的湿润锯木屑，再铺纱网布，把破壳处理后的种子均匀平放在上面，再盖温热湿毛巾，最后盖旧棉被保温。将电热毯的开关置于低档，温度保持32～34℃进行催芽，芽长0.5cm时及时降温，温度保持25℃左右。催芽26～30h后，芽齐芽壮，芽长1～1.5cm时即可播种。

（4）播种量与播种时间　每667m²用种量为50～75g，无籽西瓜与有籽西瓜比例为8～10：1。日平均气温稳定在15℃以上时方可播种，具体时间参照当地的种植习性及气候条件而定。选晴朗无风天气播种，注意根芽保温。有保护地栽培条件的播种期可提早到2月下旬至3月上旬。

（5）苗床管理　出苗前原则上不放风，不浇水。若遇晴天床内气温超过35～40℃时，可打开一端或两端薄膜通气，待下午气温降低时再盖严。出苗后应及时进行人工辅助去壳，还应及时通风降湿。苗床内要防止过干过湿，保持适宜的土壤湿度，以防高脚苗和猝倒病的发生。当幼苗1叶1心时，可追施0.3%～0.4%的复合肥水液或腐熟的稀人粪尿水进行提苗。

2. 棉花育苗　棉花的播种要抢晴天进行，采用营养钵育苗，做到湿钵、干籽，湿土覆盖1.5～2cm。有条件的地区也可以采用无土育苗后再进行移栽。

（四）肥水管理

1. 无籽西瓜的施肥

（1）基肥　基肥以腐熟的有机肥为主，一般每667m²施猪、牛厩肥1 000kg左右或鸡、人粪500kg左右混合火土灰1 000kg，养分总量为45%的复合肥30～40kg作为基肥。采用沟施或穴施与土壤充分混合。

（2）追肥　追肥分为提苗肥、伸蔓肥和膨瓜肥。

提苗肥：定植1周后开始追施提苗肥，苗期一般施2～3次，以腐熟稀人粪尿或0.3%复合肥水淋蔸。

伸蔓肥：瓜蔓40cm时，在距瓜蔸50cm处开沟追肥，每667m²施硫酸钾15kg、尿素5kg或进口复合肥15kg，施后锄匀整平。干旱情况下应将肥料溶于水后施入。伸蔓肥可根据苗情长势增减施肥量，生长势较旺的应控制施肥量。

膨瓜肥：坐果后每667m²施硫酸铵15kg或尿素10kg、硫酸钾15kg，分2～3次施用，每隔4～5d施一次。施用方法为在膜内侧将肥料溶于水后施入或埋入土壤中。果实膨大期，若遇干旱，应及时灌溉。

2. 棉花的施肥　总的要求是：基肥足，苗肥早和速，蕾肥稳，花铃肥重，盖顶肥适，壮桃肥补，叶面肥保。

（1）基肥足　棉苗移栽前，中等肥力棉田，每667m²施尿素10kg、氯化钾5kg、磷肥30～40kg。

（2）苗肥早和速　移栽后结合淋定蔸水，每667m²施尿素7～8kg，以促早发。

（3）蕾肥稳　要控制速效氮肥施用，蕾肥主要以饼肥及氯化钾为主，一般于6月15～20日，每667m²施氯化钾15kg、菜籽饼30kg，长势较差的棉田可酌施5kg尿素。

（4）花铃肥重　7月上中旬当棉株有一个硬桃后，每667m²施尿素15～20kg，缺钾棉田应增施氯化钾5kg。

（5）盖顶肥适　盖顶肥是防早衰争秋桃、壮伏桃，夺高产的关键肥，一般于立秋前后每667m²施尿素10kg。

（6）壮桃肥补与叶面肥保　在8月中旬末，根据天气和结铃情况补肥，一般每667m²追施尿素3～4kg。在8月中下旬，可用喷雾器施叶面肥保证后期壮桃，在棉花整个生长过程中注意补充硼肥等微肥。

（五）瓜棉套种比例

要进行瓜棉套种，首先必须了解两大作物的生长特点，较好地处理其共生矛盾，把握好两种作物各自占的土地面积比例，做到合理布局，互不影响。

瓜棉套种时畦宽为5m，西瓜采用双行对爬，在两边和中间各套种1行棉花。西瓜株距为0.6m，棉花株距为0.45m。西瓜每667m²栽450株，棉花每667m²栽900株（图7-16）。洞庭1号无籽西瓜与棉花套种丰产表现见图7-17。

（六）无籽西瓜与棉花的播种期与定植

根据无籽西瓜幼苗期需要较高温度的特点，日平均气温稳定在15℃以上时方可播种。棉花一般在4月上中旬抢晴天播种（具体种植时间请参照当地的种植习性及气候条件而定）。

西瓜幼苗长至2～3片真叶时即可定植。要求幼苗分级定植，双行对爬。定植后

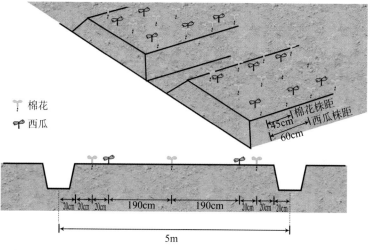

图7-16　瓜棉套种示意

图7-17　洞庭1号西瓜套种棉花田间丰产表现

浇足定根水并及时盖好地膜。

棉花于5月上中旬在西瓜预留行中定植。

（七）无籽西瓜与棉花共生期的管理

1．西瓜的管理

（1）严格整枝　西瓜采取"一主一侧"双蔓整枝方式，整枝一般在主蔓长30～40cm时进行。为了固定瓜蔓，可在畦面均匀铺上麦秆、油菜秆或山茅草等。选留主蔓第3～5雌花（第20～30节位）或侧蔓第2～3雌花（第15～20节位）坐果。当幼果长至1kg时进行摘心，有利于保果和膨瓜。

（2）人工辅助授粉　晴天每天早晨7：30前集中摘取当天要开放的有籽瓜雄

花，并注意保湿，待雄花有花粉后，剥去花瓣，将花粉均匀涂抹在无籽西瓜雌花柱头上。如遇阴雨天气，应将当天即将开放的有籽瓜雄花提前集中采摘，无籽瓜雌花在开放前套袋，待开放时授粉再进行套袋。

2. 棉花的管理　根据棉花长势长相，掌握前轻、中适、后重、少量多次、宜轻不宜重的原则进行合理化调。

3. 棉瓜套种时应注意的事项

①瓜棉套种时，前期的管理重心应放在西瓜上，西瓜进入授粉期应控施氮肥，防止营养过旺，因西瓜出现徒长时难坐果。

②西瓜整枝时应及时去掉缠在棉苗上的西瓜卷须，并固定好瓜蔓。

③西瓜收获后应及时拔除瓜秧，进行除草、追肥、封沟、培土，防止棉花后期倒伏和蕾铃脱落。

④棉花进入盛花期时，是营养生长和生殖生长齐头并进的时期，也是棉花肥水量需求最大的时期，应加强肥水管理和病虫害防治。

⑤棉花进入中后期时，以生殖生长为主，除防治病虫害外，还要及时打顶，同时打去中下部空枝老叶，以增加通风透光，防止蕾铃脱落和烂桃。

(八) 病虫害防治

瓜棉套种时要加强对棉红蜘蛛、蚜虫、斜纹夜蛾等的防治。西瓜主要是加强猝倒病、立枯病、炭疽病、疫病、枯萎病等的防治。

四、无籽西瓜与小麦套种栽培技术

(一) 麦地预留行安排

1. 单行单向栽培模式　畦宽3m，小麦种植行2.0m，西瓜预留行1.0m，西瓜株距40cm（图7-18）。

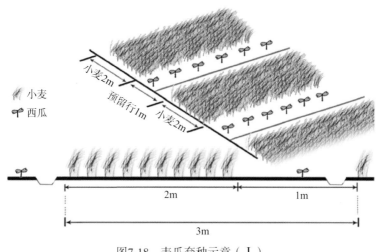

图7-18　麦瓜套种示意（Ⅰ）

2. 双行对爬栽培模式 畦宽5.5m，小麦种植行3.5m，西瓜预留行2.0m，西瓜株距50cm（图7-19）。

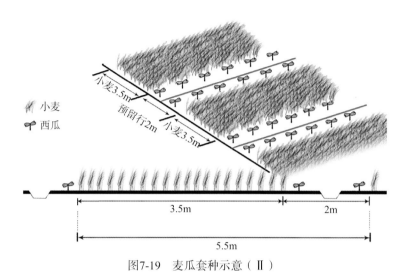

图7-19 麦瓜套种示意（Ⅱ）

(二) 适时培育壮苗

1. 营养土准备 营养土要求疏松、肥沃，无病虫、杂草种子等。年前8～9月将备好的塘泥80%、腐熟有机肥10%、火土灰10%充分混合过筛，再加0.2%的三元复合肥（N：P：K=15：15：15）混合堆沤4个月以后备用。

2. 苗床准备 一般每667m²大田需苗床4.5m²，将苗床平整后作成宽1.1m、长4.5m的苗床，选用8cm×10cm规格的塑料营养钵，装上已配制好的营养土成行排列，以待播种。

3. 播种时间 华北地区，冷床育苗应选择4月下旬进行播种。

4. 催芽 用55℃的温水浸种，让其自然冷却，浸种时间为3～4h，温水用量一般为种子重量的3～4倍。浸种前15min要不断搅拌，以防水温过高烫伤种子。将浸好的种子取出，放入35%的石灰水中搓洗去除种子表面的黏性物质，再用清水冲洗干净，沥干水，用毛巾擦拭干净后准备嗑种。嗑种采用牙嗑法，轻轻地嗑开种脐部的1/3，嗑种时听到响声即可，注意不要咬破种胚。将嗑好的种子用拧干的湿毛巾包好，置于32～35℃的环境条件下催芽。

5. 苗床处理 播种前用洒水壶将苗床浇透水，然后用70%甲基托布津1 000倍液或70%百菌清800倍液浇透苗床消毒。

6. 播种方法 播种以晴天为好。先用小木棍在营养钵中央扎一个与种芽等长的小孔，将芽尖向下，平放于营养钵中，再盖过筛细土1.0～1.5cm厚，以不见种子为度。最后插好竹片拱架，覆盖拱膜，开好排水沟。

(三) 苗期管理

播种后前3d原则上不浇水、不通风，当晴天膜内温度达到40℃时，可以适当打开一端或两端通风降温，也可用遮阳网遮阴降温。当出苗80%左右时，于早晨露水未干时揭开薄膜进行人工辅助去壳，随后覆盖拱膜，将两端敞开通风降温降湿，防止高脚苗和猝倒病的发生。一般9：00揭膜通风，17：00覆膜保温，让瓜苗充分接受阳光。出苗后至第一片真叶展开前尽量少浇水，而后视营养土的墒情适当浇水，做到表土不发白不浇，要浇就要浇透。浇水宜在晴天午后进行，16：00左右最好，浇水后必须让营养钵表面水分晾干后再盖膜。移栽前5~7d停止浇水，早晚拱膜全部揭开炼苗，炼苗1周有利于提高移栽后成苗率。移栽前喷一次防治病虫害的农药。

(四) 整地施肥

在定植前10d进行整地施肥，一般每667m²撒施腐熟猪牛粪1 000~2 000kg，总养分45%的硫酸钾复合肥35kg，发酵腐熟菜籽饼50kg，用大犁深翻一遍。深翻时垄好畦，深翻后开好沟，将畦面整平，喷施除草剂，盖上70cm宽的地膜，增温保湿。

(五) 适时定植

苗龄20~30d（2~3片真叶）便可移栽。移栽前先在地膜上按株距打好定植穴，脱钵带土定植，让钵土面平齐畦面。定植时每穴浇灌抗重茬药液500g左右作为定根水并配合土壤杀菌。定植后5d查看大田，发现死苗的要立即补蔸，对于僵苗可用生根壮苗剂或钾宝920加枯萎必克进行浇施，效果较好。

(六) 整枝打杈

严格按照双蔓整枝，一般采取"一主一侧"方式，留1条主蔓和1条健壮子蔓，其他全部剪除。也可在瓜苗4~5片真叶时打顶摘心，瓜蔓长至30~40cm时选留2条健壮子蔓，其他不管是瓜前或瓜后的瓜杈全部剪掉。整枝打杈一直到坐瓜后10d，西瓜长至约1.5kg时方可停止。

(七) 肥水管理

1.掌握轻施提苗肥，巧施伸蔓肥，开花期控肥水，坐果后大肥大水，采收前控肥水的原则。一般移栽后5d用0.2%复合肥溶液或0.2%冲施肥水溶液施提苗肥一次，以后视瓜秧长势追施2~3次。华中北地区天气前期干旱，一般麦收后需浇一次透水，这次浇水非常关键，一般采取沟灌方式，一定要浇透，这样瓜苗才长得快长得壮。

2.坐果前根据植株生长情况酌情追肥，一般不追肥。

3.当西瓜鸡蛋大小时追膨瓜肥，每667m²施硫酸钾三元复合肥15kg，干旱时需浇水，以后每隔7d左右施10kg硫酸钾三元复合肥或高含量冲施肥5kg。同时，可用0.3%磷酸二氢钾加西瓜催长素进行叶面喷施，5d一次，以防止植株早衰，提高品质。膨瓜期应保持田间湿润，浇水时做到一次浇透，不漫灌不积水。采收前7d控水控肥，否则影响西瓜品质。

(八) 人工辅助授粉和坐果期管理

坐果节位应严格控制在第3~5朵雌花，一般在第20~32节，对低节位瓜应及早摘除。开花期在上午6：00~9：00采摘有籽西瓜雄花，进行人工辅助授粉，天气晴好时授3~5d即可，同时做好标记。如遇植株徒长坐果困难，可用高效瓜果多喷施

1～2次提高坐果率。待幼瓜长至鸡蛋大小时进行疏果，选留果形端正，茸毛较密的幼瓜，每株留1果。瓜地土质肥力高，长势较好的瓜苗可留2果。

（九）病虫害防治

坚持预防为主、防重于治的原则，选用高效、低毒、安全、环保、低残留的农药。根据各种不同的病虫害选用各种对口的农药。

（十）适时采收

根据坐瓜标记计算授粉后天数，按照西瓜品种特性准确判断成熟度，并及时采收。此外，也可根据目测法判断成熟度，例如：洞庭1号西瓜成熟时果面覆蜡粉，果脐部、蒂部收缩，显现出洞庭1号特有的特征和正常风味，坐果节位卷须干枯，果柄茸毛稀疏，用手指弹敲发出浑浊的声音。采摘成熟度标准应视运输远近而定，就地销售的可在9～10成熟时采收，外运销售宜在8～9成熟时采收。

五、麦—瓜—花生间套作

麦—瓜—花生间套作是华北地区三种三收的成功模式。

1. 田间布局　以2m行宽为一带，按东西向播种6行小麦。行距23cm，播幅1.5m。预留瓜行85cm，种1行西瓜，株距50～60cm。在6行小麦间及其南边行的外侧约12cm处点播6行花生，宽穴距30cm，窄穴距15cm，宽穴距应对准西瓜爬蔓的方向。

2. 播种期安排　豫东地区小麦在前一年的10月5～15日播种；西瓜于翌年4月上、中旬播种；花生则于翌年5月中下旬套种于麦行。

3. 管理措施　增施肥，一般需增施20%～30%的肥料；合理巧用水，西瓜用水应分别和小麦灌浆、花生结夹结合到一起；西瓜地膜覆盖，育苗移栽，促进早熟，缩短共生期；适时采收、及时灭茬，间套作小麦要优先收，西瓜不留二茬瓜。

六、麦—瓜—稻间套作

麦—瓜—稻间套作是南方地区粮瓜双收的最佳模式。其关键栽培技术措施如下。

1.冬季麦播前做宽4～4.5m的高畦，在畦的两侧各留0.8m宽的预留行（瓜畦），畦的中部播种2.4～2.8m宽的大麦或小麦。也可预留保证西瓜生长的空间，避免影响麦、瓜共生期间影响光照和瓜蔓的生长。

2.套作的麦类应尽量选择早熟品种，并适当提早播种以减少麦、瓜共生期间的矛盾。

3.麦类作物在管理上要促冬发，争取冬前有2～3个分蘖，后期要控制肥水防止麦类作物贪青倒伏，力争提早收获，以便有较多的土地和时间供西瓜生长。

4.麦、瓜套作的畦应取东西向，以加强前期麦类作物对西瓜苗的防寒保温效应，减少后期的遮光影响，有利于西瓜生长。

5.西瓜的栽培品种需选择早中熟品种，采用培育大苗移栽、地膜覆盖栽培等措施，促使西瓜能早熟，争取在7月中下旬采收，保证7月底以前能种上晚稻，不误农时，保证晚稻丰收。

七、无籽西瓜与玉米或秋甘薯套种

北方地区西瓜与秋玉米（图7-20）、秋甘薯套作是一种主要的套作模式。一般在西瓜采收前3周左右，在西瓜田畦面上点播玉米或栽植甘薯，套作的玉米、甘薯在西瓜蔓覆盖下出苗、生长。待西瓜采收完后立刻清秧，加强对套种作物的肥水管理，促其迅速生长获得丰收。套作栽培的技术要点如下。

图7-20 无籽西瓜套种玉米

1.注意安排好玉米、甘薯的适宜播种期，避免播种过早影响西瓜后期生长、播种过晚降低玉米或甘薯产量。一般播种期选在当地西瓜幼果已经坐住，距果实成熟20d左右较好，这样玉米出苗生长到30cm左右时，西瓜可成熟采收清秧，对西瓜果实发育和玉米的生长均影响较小。

2.为缩短西瓜与玉米的共生期，西瓜应选择开花至成熟在30d内的早熟品种。有条件的地方西瓜采取早熟小拱棚半保护地栽培效果更好。

3.西瓜采收后要抓紧清理瓜蔓，及时中耕除草，追施速效肥，促进玉米的生长。

4.选择合理的套作密度。一般西瓜的行距为2.0m，株距为70cm；玉米每667m²栽种2 200株，间距西瓜行根部30cm和50cm处各播1行玉米，玉米的行距为20cm，株距为30cm。在瓜畦中部保留80cm的畦面，这样瓜蔓拔除后，玉米形成具有边行优势的宽窄行种植，能获较高的产量。

八、菜—油（麦）—瓜间作套种栽培技术

冬菜、油菜与西瓜的间作套种模式，是一种立体式的高效种植模式，其技术要点如下。

(一) 品种选择

蔬菜种类主要是越冬蔬菜（如莴笋、甘蓝、马铃薯、大白菜、萝卜类、大蒜、菠菜、茼蒿等）（图7-21）；油菜选用半冬性甘蓝型、"双低"、抗病、丰产类型的油菜品种（如沣油682、亚科油68、湘杂油5号、湘杂油188、中油98D、华双3号、中油杂9号、中双4号、中油杂2号、华油杂15等）；小麦可选用高产、抗倒伏、抗旱、抗病的品种（如百农207、洛旱11、临麦4号、平安8号、鄂麦18、鄂麦23、襄麦25、杨麦21、矮抗58等）；无籽西瓜选用抗性强、品质优、产量高的品种（如洞庭1号、洞庭3号、黑冠军、黑神98、全新花皮无籽、蜜红等）。

图7-21　无籽西瓜套种前茬作物

(二) 间作套种方式

一般畦宽4.5m，畦两边各留1m冬菜种植带，畦中间为油菜种植带，即每点播（或移栽）10行油菜，行距25cm，穴距20厘米，每667m²栽种7 500株左右。冬菜收获后种植带为西瓜定植区，行距3.5m，株距60~70cm，每667m²定植西瓜450~500株。

(三) 季节安排

油菜10月上中旬播种(育苗移栽的应于9月20日左右育苗，苗龄30d)；西瓜应在3月中下旬进行小拱棚营养钵育苗，在4月底前冬菜收获后，进行开沟、作瓜畦、施肥与覆膜，将瓜苗移栽到冬菜种植带（即油菜田间预留行中）。当油菜收割后，立即进行翻耕、平整。

(四) 田间管理

1.油菜种植应进行土壤深耕，重施基肥。每667m²施土杂肥1 000kg左右，碳铵50kg，过磷酸钙40kg，硼砂0.5 ~ 0.75kg。采用直播方式，在3叶期间苗，5叶期定苗。一般1月中下旬追腊肥，每667m²追施尿素10 ~ 15kg，结合追肥并进行除草。3月初喷硼，加强菌核病的防治，即初花期每667m²用硼砂100g与40%菌核净可湿性粉剂100g混合，对水40kg喷施。隔5 ~ 7d盛花期再喷1次。

2.加强冬菜、油菜的后期管理并及时收获。

3.当冬菜收获后，及时平整土壤，每667m²施腐熟有机肥1 000kg左右，三元复合肥40~50kg，结合作瓜畦，将肥料与土壤充分拌匀，待4月下旬或5月上旬定植瓜苗。

4.加强西瓜前期及中后期管理。

九、无籽西瓜与蔬菜间套作

主要是利用西瓜栽培的行距较大，前期可套作生长期短的蔬菜，在不影响西瓜种植的前提下能多收获一茬蔬菜。例如：在南方采用麦—瓜—稻栽培的地区，预留种西瓜的地带在种西瓜之前可种耐寒的菠菜，小油菜等早春蔬菜。在华北地区可将西瓜与茄子、甜椒等间套作，西瓜与茄子、甜椒一起在3月中旬播种育苗，西瓜4月中旬大田定植，待5月下旬至6月上旬西瓜开花坐果后，在坐瓜畦内套种两行茄子或甜椒。6月下旬至7月上旬第一茬西瓜采收后，开始采收甜椒或茄子。7月中下旬西瓜采收结束清秧，茄子、甜椒进入旺采期，主作和间作都能取得较好的收益。西瓜与蔬菜间套作时应注意以下事项。

1.明确以西瓜为主作，避免间套作物对西瓜的不利影响。

2.套种作物在两茬之间应留出一定休闲期，起到改善土壤和控制病虫害的作用。

3.对西瓜与间套作蔬菜存在的争光、争肥、争水等共生矛盾，要注意选择适宜的种类和品种，在株型高低、根系深浅等方面合理搭配，同时加强栽培管理措施等进行调节与缓解。

4.在作物种类选择上注意避免西瓜与间作蔬菜的共生病虫害，如茄果类蔬菜与西瓜有一些共同病害，应加强防治。

第五节　无籽西瓜设施爬地栽培技术

利用塑料大棚和中棚进行保护地爬地栽培是西瓜早春栽培和秋延迟栽培最主要的栽培方式。早春栽培利于提早上市，且栽培效益高。

一、大棚的建造

1. 结构　由棚架和棚膜两部分组成。棚架由水泥立柱、拱杆、边杆、拉条或压条或压绳组成。大棚以南北纵向为宜。长50m、跨度8～12m、中高2～2.4m、边柱高1～1.3m。水泥立柱规格为10cm×10cm，一般为5排立柱，方向与棚向一致，棚内立柱间距离为2～2.5m。

2. 施工　建造西瓜大棚应选择地势高、排灌方便、土层深厚、土质疏松肥沃、通透性良好的沙质壤土地块。先埋好水泥立柱，立柱埋入地下40cm，下垫基石。再选用直径6～8cm粗的竹竿作拱杆，横向固定于立杆顶端，横杆两端用边杆（竹片）倾斜延伸固定到地下。在拱杆以下20～25cm处横向固定拉条（铁丝），作为内膜的支撑。棚膜分外膜、内膜。外膜为四大块三条缝形式，两块棚膜交接处要相互重叠20～30cm。内膜可稍薄，或用上年外膜，搭挂于拉条之上，两侧斜垂于地下。在外膜之上两立柱之间设压条或压绳，两端用地锚固定。最后埋住棚膜四周，从大棚的一头开一小门。门最好面向南，以利于保温。

二、关键栽培技术

(一) 品种选择

选择品种应遵循以下原则：一是市场需要，外观和内在品质好；二是耐低温，耐弱光，耐湿，抗病虫，易坐瓜；三是外地市场销售的要求耐贮运性好。一般可选用黑童宝、博帅、金丽王、博达隆1号等优质无籽西瓜品种。采用嫁接栽培的，为保证西瓜质量和嫁接成活率，一定要用葫芦种做嫁接砧木，如博砧1号等。

(二) 培育壮苗

1. 营养土的配制　一般用田土和腐熟的有机肥料配制而成，忌用菜园土或种过瓜类、花生、甘薯等作物的土壤。按体积计算，田土和充分腐熟的厩肥或堆肥的比例为3∶2或2∶1；若用腐熟的鸡粪干，则可按5∶1的比例混合。

2. 苗床准备与装营养钵　早春育苗可在大棚内进行，按1.1m×5～10m规格平地作苗床，苗床两侧应留出适当的种植行或操作便道。将配好的营养土装入高8～10cm、直径7～8cm的塑料营养钵内，钵内营养土要求表面距营养钵上口1～1.5cm，然后把营养钵整齐地摆放到苗床上。

3. 种子处理　将备播的种子于晴天在太阳下适当晒1～2d，然后用50%多菌灵300～500倍液浸泡30min，将种子表面药液清洗干净后浸种。浸种时将种子放入55℃的温水中，迅速搅拌10～15min，当水温降至40℃左右时停止搅拌，继续浸泡1.5～2h后洗净种子表面黏液，擦去种子表面水分，晾到种子表面不打滑时进行破壳。破壳时用牙齿或钳子轻轻嗑一下种脐，使其略开一小口（约占种脐长度的1/3）即可，注意不要伤及种仁。作嫁接用的葫芦瓜种子，常温水浸泡48h。

4. 催芽　将处理好的无籽西瓜种子用湿布包好后放入33～35℃的温度下催芽，嫁接用的葫芦种可放入30～35℃的温度下催芽。一般无籽西瓜种子催芽24～28h，芽长0.5～1.0cm时即可播种；葫芦种子催芽48h即可出芽，当大部分种子露白、胚根长0.5cm时即可播种。

5. 播种育苗　大棚双膜覆盖栽培，北方一般可在大寒至立春之间播种。大棚多膜覆盖或用冬暖式大棚栽培时冬至即可播种。长江流域可在2月中下旬开始播种。播种应选晴天上午进行。葫芦种子比西瓜种子早播5～7d。

葫芦种子播在营养钵中，播种前1d用喷壶喷足底水。播种时先在营养钵中间扎一个1cm深的小孔，再将种子平放在营养钵上，胚根向下放在小孔内，随播随盖营养土，厚度1.5cm。播种后及时盖上塑料小拱棚，保持棚内温度25～30℃，注意不要超过35℃，一般2～3d开始出苗。出苗后降低棚内温度，白天25℃、夜间18℃为宜。

无籽西瓜出苗时，种壳有较难脱落的现象，要及时去除子叶上的种壳。

壮苗标准：苗龄25～30d，子叶平展肥大，真叶2～3片，茎高3～4cm，茎粗0.4～0.6cm。

（三）整地与施肥

1. 整地　冬前深翻后开厢作畦，畦宽 3.0～3.5m，沟宽25cm，沟深20～25cm。

2. 施肥　根据土壤养分含量和西瓜的需肥规律进行平衡施肥，限制使用含氯化肥和硝态氮肥。在中等肥力土壤条件下，结合整地，每667m²施腐熟有机肥（以优质猪厩肥为例）2 000～2 500kg，腐熟饼肥100kg，有机肥一半撒施，一半施入瓜沟，三元复合肥35kg作基肥全部施入瓜沟，肥料深翻入土，并与土壤混匀。

（四）定植

大棚双膜覆盖栽培，定植密度根据品种和整枝方式的不同而异，一般无籽西瓜每667m²定植550株；嫁接栽培则一般每667m²定植250株。为了提高地温，定植前5～7d在瓜畦上提早覆盖地膜，地膜之上再搭设小拱棚。定植时，将幼苗从营养钵中取出，栽入定植穴内，将瓜苗引出到地膜外面，定植深度以高出畦面1～2cm为宜。定植时应按9～10：1配种有籽西瓜授粉株。

（五）田间管理

1. 缓苗期管理　定植后应立即扣好棚膜，白天棚内气温要求控制在28～30℃，夜间要求保持在15℃左右，最低不低于10℃。此期一般不需浇水。注意及时补苗，防治病虫害。

2. 伸蔓期管理

（1）温度管理　棚内温度，白天控制在25～28℃，夜间控制在13～20℃。

（2）肥水管理　缓苗后浇一次缓苗水，水要浇足，一般开花坐瓜前不再浇水。如确实干旱，可在瓜蔓长至30～40cm时再浇1次水。为促进西瓜营养面积迅速形成，在伸蔓初期结合浇缓苗水每667m²追施速效氮肥5kg，在根部一侧10cm处开沟或挖穴施入。

（3）整枝压蔓　采用双蔓或三蔓整枝。第一次压蔓应在蔓长40～50cm时进行，以后每间隔4～6节再压一次。压蔓时要使各条瓜蔓在田间均匀分布，主蔓、侧蔓都要压。只保留坐瓜节位的瓜杈，其余瓜杈要在坐瓜前及时抹除，坐瓜后应减少抹杈次数或不抹杈。

3. 开花坐瓜期管理

（1）温度管理　白天温度要保持在30℃左右，夜间不低于15℃，否则将坐瓜不良。

（2）肥水管理　严格控制肥水，只在土壤墒情差到影响坐瓜时才浇小水。

（3）人工辅助授粉　适宜的授粉时间为晴天7：00～9：00，阴天8：00～9：30。把当天开放且已散粉的授粉株上的雄花采下，将雄蕊对准无籽西瓜雌花的柱头，轻轻沾几下，看到柱头上有明显的黄色花粉即可。一朵雄花可授2～3朵雌花。

（4）选留瓜　无籽西瓜应选留主蔓上第三雌花留瓜，侧蔓上的雌花作留瓜后备。待幼瓜生长至鸡蛋大小、开始褪毛时每株仅选留1个瓜。

4. 膨大期和成熟期管理

（1）温度管理　适时通风降温，把棚内气温控制在35℃以下，但夜间温度不得低于18℃。

（2）肥水管理　在幼瓜鸡蛋大小开始褪毛时浇第一次水，此后当土壤表面早晨潮湿、中午发干时再浇一次水，如此连浇2～3次水，每次浇水一定要浇足，当瓜定个（停止生长）后停止浇水。结合浇水追施膨瓜肥，以速效化肥为主，每667m²施复合肥15～25kg，也可沟施腐熟饼肥75kg。化肥以随浇水冲施为主，尽量避免伤及西瓜的茎叶。为保证西瓜质量，收获前7～10d应停止浇水。

（3）护瓜　在幼瓜拳头大小时将瓜柄顺直，然后在幼瓜下面垫上麦秸，或将土壤拍成斜坡形，把幼瓜摆在上面。西瓜停止生长后要进行翻瓜，翻瓜要在下午进行，顺一个方向翻，每次的翻转角度不超过30°，每个西瓜翻2～3次即可。随着温度的升高，还要在西瓜上面盖草或牵引叶片以遮阴防晒。

（4）选留二茬瓜　一般在头茬瓜采收前10～15d，在生长健壮的侧蔓上选留二茬瓜。

(六) 病虫害防治

主要病害有猝倒病、炭疽病、枯萎病、病毒病等，主要虫害有种蝇、瓜蚜、瓜叶螨等。应优先采用农业防治、物理防治、生物防治等措施进行综合防治。如育苗期间尽量少浇水，加强增温保温措施，保持苗床较低的湿度和适合的温度，以预防苗期猝倒病和炭疽病的发生。在酸性土壤中可施入石灰，将pH调节到6.5以上，以抑制枯萎病的发生。春季彻底清除瓜田内和四周的紫花地丁、车前草等杂草，以消灭越冬虫卵，减少虫源基数，减轻蚜虫危害。要及时防治蚜虫，防止蚜虫和农事操作传毒，以预防病毒病的发生。叶面喷施0.2%磷酸二氢钾溶液，以增强植株对病毒病的抗病性。按糖、醋、酒、水和90%敌百虫晶体3：3：1：10：0.6比例配成药液，放置在苗床附近以诱杀种蝇成虫。覆盖银灰色地膜，以忌避蚜虫等。为了保证西瓜质量安全，在特殊情况下必须使用农药时，应按照A级绿色食品生产农药使用准则进行。优先使用绿色食品生产资料类农药，其次使用中等毒性以下的植物源农药、硫制剂和铜制剂。允许使用的部分有机合成农药，在西瓜生长期内只允许使用一次，并严格执行农药安全使用标准，以及农药合理使用准则关于农药用量、安全间隔期等相关规定。严禁使用剧毒、高毒、高残留农药。

(七) 采收

为了保证西瓜质量，一定要在西瓜完全成熟时采收，一般在授粉后32～40d采收，并在上市前进行质量检测。采收时用剪刀将瓜柄从基部剪断，每个瓜保留一段绿色瓜柄。

第六节　无籽西瓜设施立架栽培技术

无籽西瓜设施立架栽培，主要是采用日光温室和塑料大棚栽培，由于设施的保温性能好，能使西瓜提早上市，经济效益显著。

一、日光温室和塑料大棚的利用与建造

建造日光温室和塑料大棚时，必须考虑到立架栽培西瓜所要求的特殊条件，适当增加温室和大棚的高度。具体标准和方法如下。

1. 日光温室　建造日光温室要选择地势较高、排灌方便、土质适宜、背风向阳、交通便利的地方。日光温室必须坐北朝南，长度依地形和实际需要而定，东西长度一般为50～100m。南北跨度以8～10m为宜。为了保证西瓜在强冷空气侵袭时能够正常生长，温室要有两膜两苫四层覆盖，即温室内用塑膜小拱棚覆盖，小拱棚上用稻草苫覆盖，温室棚膜上再用草苫覆盖。拱棚骨架可以用水泥、钢筋或竹竿制作，棚膜最好选用无滴膜。温室的其他设施和管理与普通温室基本相同。

2. 塑料大棚　塑料大棚的选址要求与日光温室相同。南北长走向，拱棚跨度为6～10m，长度根据实际需要和地形、地势而定，一般为50～100m。大棚中间最高处为2.6～2.8m，两边最低处以1.5～1.8m为宜。大棚的建造材料和其他设施与普通大棚相同。

二、优良品种的选择

1. 小果型品种　博帅、黑童宝、神玉、小玉红、墨童、蜜童、帅童、小爱、小圣女、小妃、绿蜜、绿虎、绿玲珑、绿琪、金玺、青秀、黄金无籽西瓜品种等。

2. 中小果型品种　金丽黄、金丽红、金蜜童、金蜜、黄玫瑰、洞庭6号、洞庭7号、金宝、博达隆1号无籽西瓜品种等。

三、立架栽培密度与留蔓方式

1. 小果型品种　种植密度为每667m² 1 200～1 300株，畦宽2m（包括沟），株距40～50cm。采用双蔓或三蔓整枝。

2. 中小果型品种　种植密度为每667m² 1 000～1 200株，畦宽2m（包括沟），株距50～60cm。采用双蔓整枝。

四、搭架与引蔓上架

植株开始伸蔓至主蔓伸长到40～50cm时，用直径4～5 cm粗、长2.2m的木条或竹条，采用三脚架的形式搭架并固定，在每行瓜苗上方1.8～2m处架设1条8号铁丝。一般采用双蔓整枝法，故在每株瓜苗上方的铁丝上绑2根小绳，垂直对应下方的瓜蔓。以后再分别把每条瓜蔓呈螺旋形缠绕在对应的小绳上，将其向上引导，以后每隔1～2d缠绕1次。

五、人工辅助授粉（放蜂）

日光温室和塑料大棚无籽西瓜栽培，采用人工辅助授粉或放蜂是促进坐果和提

高坐果率的关键措施。日光温室和塑料大棚中因缺乏昆虫传粉，加上无籽西瓜本身花粉败育，必须用其他正常的二倍体西瓜的花进行人工辅助授粉或放养专用蜜蜂传粉。授粉时二倍体西瓜雄花的花粉必须在无籽西瓜柱头上涂抹均匀，授粉时不得损伤雌花。授粉时间宜在当天上午7：00～9：00进行。

六、肥水管理

科学地进行肥水管理，能有效促进果实膨大，是提高单株产量的重要措施。在果实褪毛后应开始加大水肥供应，每667m²浇施（或滴灌）三元复合肥25～30kg，每5～7d一次，连续2～3次。

七、吊瓜

当幼瓜长到300～400g时，用2cm宽、70cm长的聚丙烯纤维带折中套住果柄，斜交叉再反交叉拴紧，固定到支撑杆或铁线上即可。

八、病虫害防治

设施无籽西瓜立架栽培的病虫害防治技术与普通设施西瓜栽培基本相同，但应特别强调采用综合农业防治措施。第一，要降低设施内空气相对湿度。设施内绝大多数西瓜病害是因湿度过大而引起大量发生、发展，所以防治的关键是及时通风换气、采取膜下滴灌等合理浇水措施，减小空气相对湿度，创造有利用于西瓜生长的栽培环境条件。第二，要减少病虫来源，在温室或大棚的通风口及其门口等容易进入害虫的地方严密安装防虫网，防止害虫进入设施内。同时，要严格及时地清除设施内的病株残体和带虫、带菌的土壤。第三，要采用嫁接换根技术，防止西瓜枯萎病的发生。

第七节　无籽西瓜秋季延后栽培技术

无籽西瓜秋季延后栽培，长江流域地区一般7月上中旬播种，中秋、国庆双节期间收获。该茬栽培的气候变化特点是前期炎热高温多雨，不利植株生长；后期温度逐渐变低，光照相对减弱，不利于西瓜的结果生长；中期秋高气爽，阳光充足，有利于西瓜的生长发育。综观气候特点，合理适宜地安排播种期和选择品种，加强肥水管理和病虫害防治。可以适当地发展一些秋延晚熟无籽西瓜，以满足人们对淡季市场无籽西瓜的需求。其栽培关键技术如下。

一、优良品种的选择

无籽西瓜秋季延后栽培，其生育期较短，前期逢伏旱，后期气温逐渐下降，整个生育期明显缩短。应选择熟期较早、抗逆性强、耐高温高湿、雌花密、易坐果、果皮坚韧、抗病性好的优良品种，如洞庭1号、黑童宝、蜜童、洞庭3号、墨童、博帅、金丽黄、神玉、黑蜜5号、京欣无籽等。

二、土壤的选择

无籽西瓜秋季延后栽培，应选择地势较高、排灌条件好、土壤较肥沃的沙壤土。前茬要求水田3年以上、旱地5年以上未种过瓜类作物。前作一般安排春种大豆、豆角、早熟辣椒及其他速生蔬菜，保证7月中旬前收获倒茬。前作收获后立即清园与消毒处理，翻耕整地，一般3.8m开厢作畦，做到沟沟畅通。

三、培育健壮幼苗

(一) 播种前的准备

1. 营养土准备与制钵　选用8cm×10cm或9cm×12cm的营养钵（袋），每667m² 800个左右。营养土用70%的稻田表土或经风化的塘泥，约20%烧制6个月以上的火土灰，10%腐熟的畜粪渣或堆肥，加0.2%三元复合肥。先混合堆放，然后摊晒，过筛待用。制钵方法是将营养土装入钵（袋）内，左手托住钵（袋），右手将其向上向下抖动，再加土抖实，直到营养土装至离钵（袋）面1.0cm为宜。

2. 苗床的选择与制作　应选背风向阳、排水良好，便于管理的地块作苗床。床面需整平，使之高于地面10cm，宽1.1～1.2m，长度一般5～10m，将营养钵（袋）逐行摆放。

3. 苗床处理　苗床用75%甲基托布津800倍液或50%多菌灵600倍液等进行消毒处理。

4. 播种量　每667m²大田准备无籽西瓜种子50～75g，授粉品种种子5～10g。

(二) 播种

1. 播种时间　长江中下游地区一般以7月5～15日为宜。

2. 种子处理　晒种5h左右。

3. 浸种与嗑种　先用常温水浸种3～4h，然后用25%～30%石灰水浸种10～15min，取出后用清水洗净、擦干。嗑种时，用牙齿或小老虎钳轻轻嗑开种尖约1/3的种壳即可。

4. 催芽　将嗑好的种子用沙盘或拧干水的湿毛巾对折包好，放到室温32℃条件下催芽，经24～26h后待芽长1～1.5cm时即可播种。

5. 播种方法　先将营养钵（袋）用800～1 000倍甲基托布津液消毒，逐个逐行淋透。然后用小竹棍插一小孔与种芽等深，将种芽朝下、种壳平齐钵中土壤，每钵播1粒，然后盖1cm左右的细干土，以不见种子为宜。

(三) 苗床管理

苗床管理以防烈日暴雨、降温控湿为主。

1. 出苗前管理　注意遮阴与防止种苗徒长，如遇高温强光照，在10：00～16：00要及时覆盖遮阳网。拱棚膜、遮阳网不要贴到厢面上，每边留20cm的空，以利通风降温。

2. 出苗后管理　幼苗出土时应及时去壳，出苗达80%时应趁早晨露水未干时，轻轻剥除种壳，然后揭膜、盖遮阳网。

3. 水分管理　一般掌握"两控一促"。即真叶露心前以控为主，以防猝倒病和徒长。真叶露心后以促为主，晴天每天早、晚浇1次水，阴天早上浇水，雨天不浇水。移栽前3d以控为主，不出现缺水症状原则上不浇水。

4. 温度管理　播种后苗床覆盖小拱棚膜，并加盖遮阳网或草帘遮阴，防止温度过高烧种。苗床白天控制在32～35℃，超过35℃应揭开小拱棚膜两端通风。夜间控制在28～30℃。幼苗出土后，撤去小拱棚膜。

5. 喷施多效唑　幼苗2片子叶平展期，于17：00后喷施80～100mg/kg的多效唑液，有效控制"高脚苗"的发生。

6. 防治病虫　苗期主要有猝倒病、立枯病、疫病以及瓜蚜、黄守瓜、瓜绢螟、蓟马等。可用800倍甲基托布津加大功臣10g，对水30kg喷雾防治蚜虫。用600倍百菌清加1000倍敌百虫或敌杀死防治黄守瓜。用稻蔬灵治蓟马。用10%杀虫素、Bt杀虫剂、48%的乐斯本等加强病虫害防治。

四、适龄移栽，合理密植，覆膜保墒

(一) 健苗适龄移栽

1. 苗龄　秋季气温高，育苗期短，苗龄12～15d、1～2片真叶时移栽。

2. 移栽　瓜苗2片真叶时，选择阴天或晴天16：00以后移栽。将营养钵反倒，轻取瓜苗，或将营养袋薄膜撕去，放入移植孔，覆土平厢面，然后浇定植水，整平厢面盖膜。

(二) 施足基肥，合理密植

1. 施足基肥　无籽西瓜秋季延后栽培生长快，生育期短，对肥料的需求相对集中。每667m²可施菜籽饼75kg＋硫酸钾复合肥25kg＋尿素7.5kg，或经过腐熟的有机肥1 500kg＋硫酸铵15kg。整地后，按0.7m×2.0m的行株距开移植孔，施入基肥，与土充分拌匀。每厢栽西瓜2行，各距厢沟0.2～0.5m。

2. 合理密植　每667m²定植500～550株，按9～10：1配栽有籽西瓜作授粉用。

(三) 地膜覆盖，驱蚜保墒

宜选用银灰色地膜，其反光率高，驱蚜效果好，不但能提高光照度，还能降低地温，抑制杂草。栽植行除盖地膜外，还要用草覆盖，这样不仅降温保湿效果好，还可减少压蔓工序，减少劳动力。同时防止膜下地温过高，避免伤苗。

五、加强田间管理，确保优质高产

(一) 适时追肥，重施膨瓜肥

苗期及时追施0.3%的复合肥水或0.2%的尿素液1～2次。伸蔓期追施三元复合肥

20kg。重施膨瓜肥，当幼瓜200~500g时，每667m²追施硫酸钾10kg、人粪尿800kg、三元复合肥10kg，4d施1次，一般2~3次为宜。果实成熟后期，根据瓜苗长势，可适当喷施磷酸二氢钾或喷施宝等叶面肥。

(二) 及时灌溉

如遇天气干旱或旱情严重时，应及时灌溉，灌水深度只占厢沟深度的2/3，切忌大水漫灌。雌花开放期对水分要求十分敏感，尽量不浇水，即使干旱时也应分次少量浇水为宜。果实膨大期是需水高峰期，要及时灌水。进入果实膨大期后，气温渐低，灌水宜在中午前后进行，且宜浅水勤灌。有暴雨袭击时，注意及时排干瓜地积水。

(三) 合理整枝，促进坐果

无籽西瓜秋季延后栽培，由于全生育期短，引蔓工作宜早不宜迟。当瓜蔓长50~60cm时，及时中耕松土，铲除杂草，酌追伸蔓肥并铺草。要及时整枝引蔓，促使田间茎蔓分布均匀，便于授粉。一般采用"一主一侧"双蔓整枝，当瓜蔓长至70~80cm时，保留主蔓和1根健壮侧蔓，其余侧蔓摘除，将保留的主、侧蔓分别向厢沟边理成U形，以有效促进无籽西瓜坐果，提高授粉质量和坐果率。

(四) 控制坐果节位，人工辅助授粉

秋季延后栽培定植25d后就进入开花期，坐果节位应选择以主蔓第二、三雌花或侧蔓第二雌花坐果为宜，每株1果。人工辅助授粉时间应掌握在6：00~7：30进行，有籽西瓜雄花在开放前或即将开放时集中采摘，并注意用湿毛巾保湿。授粉时将雄花花瓣反掐，果柄不折断，露出花药，然后将花粉均匀地涂在无籽西瓜雌花的柱头上，1朵雄花可授2~3朵雌花。坐稳果后，在坐瓜节位后留10~12片叶打顶，以控生长。

(五) 病虫害防治

1. 虫害　苗期首先应注意防治黄守瓜。一般每隔3~4d，用90%晶体敌百虫1 000倍液或15%除尽悬浮剂3 000倍液防治。蚜虫、斑潜蝇可用黄色粘虫板捕杀，或及时用大功臣或吡虫啉10mL对水15kg，喷雾防治。红蜘蛛需在初发期喷药，用螨全杀75mL对水60kg防治，效果较好。7~9月瓜绢螟危害严重，必须彻底防治。虫少时摘除卷叶，捏死幼虫。发生严重时，用米螨每包对水15kg喷雾，还可用安打10mL对水15kg喷雾。

2. 病害　病害主要有病毒病、白粉病、炭疽病、枯萎病等。病毒病用病毒A可湿性粉剂600倍液防治。白粉病可用20%三唑酮可湿性粉剂800倍液或30%特富灵可湿性粉剂1500倍液防治。对枯萎病目前最有效的预防方法是严格实行轮作和土壤消毒，药剂防治一般在发病初期用70%敌克松可湿性粉剂1000~1500倍液灌根，每株250~500mL。

六、适时采收

无籽西瓜秋季延后栽培主要供应中秋、国庆双节市场。采摘上市时应特别注

意成熟度，方法是根据算、看、听等综合判定。一般从雌花开放至果实成熟30d左右。

第八节　无籽西瓜无公害生产关键技术

推广无籽西瓜无公害栽培技术，开展无籽西瓜无公害绿色食品与有机产品认证，有利于提高无籽西瓜的质量，是增强市场竞争力与效益的有效手段，是保障人民群众身体健康和生命安全的有效技术措施，是促进农业可持续发展的技术保障。

无籽西瓜无公害安全生产与其他瓜果一样，栽培正处于一个发展时期。但其内在质量将直接影响到人们的身体健康，随着人们生活质量的提高，健康消费、绿色消费已成为人们追求的目标和时尚。为此，无公害、绿色、有机等安全瓜果，将日益受到消费者的青睐。无公害安全瓜果在一定程度上控制了农药等有害物质的使用，将瓜果内农药的残留量控制在国家允许范围之内。

目前，国家已颁布了无公害西瓜的相关标准，为无公害西瓜的发展提供了理论基础。发展无公害瓜果，尽快与国际标准对接，有利于扩大我国无籽西瓜的生产。无公害农产品是指产地环境、生产过程和最终产品质量符合国家或行业无公害农产品的标准，并经检测机构检测合格后批准使用无公害农产品标识的初级农产品。农产品的污染来源主要是生产环境、栽培过程和产后流通三个方面，对于瓜农来说，主要是前两个方面。生产环境的污染主要包括大气污染、水源污染和土壤污染。而大气污染主要来源：一是燃煤产生的煤烟粉尘污染，其主要污染物为二氧化硫和烟尘；二是由燃油和汽车尾气产生的石油型污染，其主要污染物为氮氧化物、碳氢化合物、一氧化碳；三是工厂排出的污染废气，如氟化物、氯气、氨气等化学烟雾。水源污染主要有工厂排放的未经处理的废水、废渣和城市生活污水，土壤中残留的农药、化肥中有害成分也会通过地表径流和地下水造成水源污染。水源污染的主要污染物有重金属、氟化物、氯化物、粪中大肠菌群、酸碱、石油、氰化物等。土壤污染主要来源有"工业三废"（废水、废渣、废气）和生产过程中滥用农药、化肥以及居民生活垃圾三个方面。生产环境中的空气质量标准、灌溉水质量标准和土壤环境质量标准均应符合国家公布的有关规定。

因此，无籽西瓜无公害生产应选择在生态环境良好，远离城市，周围无工厂、医院、垃圾场、交通要道等污染源，并具有可持续生产能力的农业生产区域。

无籽西瓜无公害生产过程中的关键技术主要包括合理用药、科学施肥、品种选择和健康栽培四个方面，其中合理用药与科学施肥最为重要。

一、合理施用肥料

肥料的使用应符合《肥料合理使用准则》（NY/T496）的规定。禁止使用未经国家或省级农业部门登记的化学和生物肥料及重金属含量超标的肥料（有机肥料及矿质肥料等）。一般要保证7d的安全间隔期，氮肥要保证15d的安全间隔期。

（一）合理施肥原则

合理施肥原则是：合理施肥，培肥地力，改善土壤环境，改进施肥技术，因土壤平衡协调施肥，以地养地。坚持有机肥与无机肥相结合，坚持因土地、因作物合理施肥，坚持测土配方施肥，农田施肥应遵循如下原则。

1.施用肥料中污染物在土壤中的积累不致危害农作物的正常生长发育。

2.施用肥料不会对地表水及地下水产生污染。

（二）定量施肥

施肥量的确定，在栽培上使用的主要方法有：地力分区（级）配方法，目标产量配方法（包括养分平衡法和地力差减法），田间试验配方法（包括肥料效应函数法和养分丰缺指标法）等。一般作物施肥量的确定常用目标产量配方法进行推算。其计算公式如下：

$$作物施肥量 = \frac{目标产量所需养分吸收量 - 土壤养分供给量}{肥料有效养分含量（\%）\times 肥料利用率（\%）}$$

一般情况下，化肥的当季利用率为氮肥30%～35%，磷肥15%～25%，钾肥25%～35%。养分吸收量可以查找有关材料手册得知，土壤养分供给量需经土壤测定，田间试验得知。无公害农产品基地应重视有机肥投入，其与化肥总有效养分比以1：1效果较好。

（三）施肥管理规定

1. **允许施用的肥料** 允许施用的肥料有三类：有机肥料，包括经无害化处理后的粪尿肥、绿肥、草木灰、腐殖酸类肥料、作物秸秆等；无机肥料，包括氮肥中的硫酸铵、碳酸氢铵、尿素、硝酸铵等，磷肥中的过磷酸钙、重过磷酸钙、钙镁磷肥、磷酸二氢铵等，钾肥中的硫酸钾、氯化钾、钾镁磷肥等，微量元素肥料中的硼砂、硼酸、硫酸锰、硫酸亚铁、硫酸锌、硫酸铜等；其他肥料，包括以上述有机或无机肥料为原料制成的符合《复混肥料》（GB15063—1994）并正式登记的复混肥料，国家正式登记的新型肥料和生物肥料。

2. **禁止和限量使用的肥料** 禁止和限量使用的肥料包括城市生活垃圾、污泥、城乡工业废渣以及未经无害处理的有机肥料；不符合相应标准的无机肥料；不符合《含氨基酸叶面肥料》（GB/T17419—1998）和《含微量元素叶面肥料》（GB/T17420—1998）标准的叶面肥料。

3. **肥料标准和肥料施用准则** 目前，已经发布的有关肥料标准和肥料施用准则有《复混肥料》（GB15063—1994），《含氨基酸叶面肥料》（NY/T17419—1998），《含微量元素叶面肥料》（NY/T17420—1998），《微生物肥料》（NY227—1994），《绿色食品肥料使用准则》（NY/Y394—2000），《肥料合理使用准则》（NY/T496—2000），以及国家系列标准中的其他常用肥料等。

(四) 科学施肥

限用化肥是防止环境污染、保证产品安全的重要途径。

1. 提倡施用有机肥　一是就地取材施用各地各种有机肥，不准施用城市垃圾、污泥、工业废渣和未经无害化处理的有机肥。二是施用的堆肥必须经过高温发酵无害化处理。同时，应积极提倡有条件的生产者施用氮磷钾含量全面、有机质成分较高的商品有机肥。也应积极推广各种新型叶面肥。

2. 限用化肥　大量施用化肥会造成土壤、地下水和空气环境的严重污染，并通过农产品危及人体健康。化肥污染中危害最大的是氮肥的污染。氮肥施用过多，土壤中易生成强致癌物亚硝胺，空气中易产生二氧化氮气体，伤害人体。过量施用磷肥易引起土壤重金属污染。因此，生产有机食品和AA级绿色食品均不允许使用任何化肥，生产A级绿色食品时允许使用某些化肥，而生产无公害食品时则并不限制使用化肥，但可参照生产A级绿色食品时使用的化肥种类，适当减少施用量。氮肥使用的种类以铵态氮（碳酸氢铵、硫酸铵）、酰铵态氮（尿素）为主，施用方法宜采用深施法（12~15cm）。氮肥使用量和次数应适当限制。

二、合理使用农药

(一) 对症下药

各种农药都具有一定的防治范围和对象，在决定施药时，首先要弄清防治对象，然后对症下药。当两种或两种以上不同类的病害混发时，则需选用对症的农药配制混合药剂来防治。如当霜霉病、白粉病混发时，宜选用三乙膦酸铝（或普力克）与三唑酮（粉锈宁）混合药剂。

(二) 适时用药，抓住防治关键期

病虫害的防治都要做到适时用药，抓住防治的关键期。虫害从虫龄大小、生活习性、外界气温、对人畜和作物安全等方面综合考虑，抓住防治的关键时间。

(三) 合理的用药量和施用次数

无论是哪一种农药，施用浓度或用量都要适当，不要随意加大浓度或增加用药量，以免引起药害，污染环境及更快地产生抗性。要按照说明书进行，注意按规定的稀释浓度和用药量及施药间隔时间，切忌天天打药和盲目加大施药浓度和施用量。

(四) 选用适当的剂型及适当的混用方法

要选择低残留的农药和合适的剂型，每一种剂型都有它的特点和优点，如颗粒剂的施用对人畜安全，不污染环境，而且对害虫的天敌影响少。农药混合使用时可防止害虫抗性产生，同时起到兼治和增效作用，还可减少用药次数。为避免病菌和害虫对农药产生抗性，降低农药残留量，不可长期单用一种农药，要交替用药。一般一种农药用2~3次后，就应换其他农药品种。

(五) 注意施用农药与害虫天敌的关系

在西瓜害虫防治中，化学防治与生物防治往往是互相矛盾的，主要是由于一些农药对害虫天敌有严重的杀伤作用，造成原来生态系统的破坏，从而引起害虫的猖獗。我们可以通过选择农药的剂型、使用方法、施用次数及施用时间或者施用有选择性的化学农药来解决这种矛盾。必须施药时，坚持能局部施药时坚决不全部施药，这样既能节约栽培成本，又能降低环境污染；施药时尽量使用无残毒化学药剂和有机助剂防治病虫害。

(六) 病虫害防治方法

对病虫害的防治策略应认真执行"预防为主，综合防治"的植保方针，要积极提倡和推广化学防治以外的农业防治、生物防治、物理防治等防治技术。第一，品种应选用抗病性强的品种，以减少农药污染。第二，培育健壮植株，以提高自身抵抗不良环境和抵御病虫害的能力，力争少生病、不生病，以减少农药的使用和污染。无籽西瓜幼苗生长弱而慢，坐果期内易生长过旺而坐不住果，因此在培育健壮植株时应重点注意加强培育壮苗、控制徒长、促进坐果等栽培管理工作。

采用化学防治时，必须注意以下几点：

1.严禁使用剧毒高残留农药。剧毒高残留农药主要有：甲胺磷、呋喃丹、三氯杀螨醇、杀虫脒、水胺硫磷、有机汞制剂、有机砷制剂、一〇五九、一六〇五等。

2.提倡使用以下高效低毒农药：印棟素、烟碱、苦参碱、阿维菌素（虫螨克、爱福丁）、虫螨腈、氟啶脲、米螨、氯唑磷、潜克、仙克、霜脲·锰锌、福星、霜霉威（普力克）、土菌清（绿亨1号）、菌毒清、菌克毒克、可杀特、波尔多液、石硫合剂、草甘膦、敌草胺、高效益草能等。

3.允许使用的高效低毒农药有：农地乐、敌百虫、杀虫双、速凯、噻螨酮、吡虫啉、灭幼脲、三氟氯氰菊酯、百菌清（达科宁）、异菌脲（扑海因）、代森锰锌（大生）、三唑酮（粉锈宁）、农用链霉素（细菌清）、甲基硫菌灵（甲基托布津）、立克秀、克无踪等。

第九节　有机与绿色无籽西瓜生产的基本要求

一、有机无籽西瓜安全生产的基本要求

有机食品也叫生态或生物食品等。有机食品是国标上对无污染天然食品比较统一的提法。有机食品的主要特点来自于生态良好的有机农业生产体系，有机食品的生产和加工，不使用化学农药、化肥、化学防腐剂等合成物质，也不用基因工程生物及其产物，因此，有机食品是一类真正来自于自然、富营养、高品质和安全环保的生态食品。

(一) 产地选择与环境质量标准

1. 产地选择　有机无籽西瓜的生产，对基地选择的要求更高更严，对生产者的要求有更严密的组织管理体系。

2. 产地环境质量标准

（1）土壤环境质量　土壤环境质量应符合GB15618—1995中的二级标准。

（2）农田灌溉用水水质质量　农田灌溉用水水质质量应符合GB5084的规定。

（3）环境空气质量　环境空气质量应符合GB3095—1996中二级标准和GB9137的规定。

(二) 肥料使用规范

1. 土肥管理要求

①应采取积极的、切实可行的措施，防止水土流失、土壤沙化、过量或不合理使用水资源等。在土壤和水资源的利用上，应充分考虑资源的可持续利用。

②应采取明确的、切实可行的措施，预防土壤盐碱化。

③充分利用作物秸秆，禁止焚烧处理。

④提倡运用秸秆覆盖或间作的方法避免土壤裸露。

⑤应通过回收、再生和补充土壤有机质和养分来补充作物收获而从土壤带走的有机质和土壤养分。

⑥保证施用足够数量的有机肥以维持和提高土壤的肥力、营养平衡和土壤生物活性。有机肥应主要来源于本农场或有机农场（或畜场）。遇特殊情况（如采用集约耕作方式）或处于有机转换期或证实有特殊的养分需求时，经认证机构许可可以购入一部分农场外的肥料。外购的商品有机肥，应通过有机认证或经认证机构许可。

⑦限制使用人粪尿，必须使用时，应当按照相关要求进行充分腐熟和无害化处理，并不得与作物食用部分接触。

⑧天然矿物肥料和生物肥料不得作为系统中营养循环的替代物，矿物肥料只能作为长效肥料并保持其天然组分，禁止采用化学处理提高其溶解性。应严格控制矿物肥料的施用，以防止土壤重金属累积。

⑨有机肥堆制过程中允许添加来自于自然界的微生物，但禁止使用转基因生物及其产品。存在平行生产的农场，常规生产部分也不得引入或使用转基因生物及其产品。

⑩禁止使用化学合成肥料和城市污泥和未经堆制的腐败性废弃物。

11应限制肥料的使用量，以防土壤有害物质累积。

2. 允许使用的肥料种类　有机无籽西瓜生产过程中允许使用的肥料种类见表7-6。

表7-6　有机无籽西瓜生产过程中允许使用的肥料种类

物质类别		物质名称、组分和要求	使用条件
植物和动物来源	有机农业体系内	作物秸秆和绿肥	
		畜禽粪便及其堆肥（包括圈肥）	
		秸秆	与动物粪便堆制并充分腐熟后
		干的农家肥和脱水的家畜粪便	满足堆肥的要求
		海草或物理方法生产的海草产品	未经过化学加工处理
		来自未经化学处理木材的木料、树皮、锯屑、刨花、木灰、木炭及腐殖酸物质	地面覆盖或堆制后作为有机肥源
		未掺杂防腐剂的肉、骨头和皮毛制品	经过堆制或发酵处理后
		蘑菇培养废料和蚯蚓培养基质的堆肥	满足堆肥的要求
		不含合成添加剂的食品工业副产品	应经过堆制或发酵处理后
		草木灰	禁止用于土壤改良；只允许作为盆栽基质使用
		饼粕	不能使用经化学方法加工的
		鱼粉	未添加化学合成的物质
矿物来源		磷矿石	应当是天然的，应当是物理方法获得的，五氧化二磷中镉含量≤90mg/kg
		钾矿粉	应当是物理方法获得的，不能通过化学方法浓缩；氯的含量少于60%
		硼酸岩	
		微量元素	天然物质或来自未经化学处理、未添加化学合成物质
		镁矿粉	天然物质或来自未经化学处理、未添加化学合成物质
		天然硫黄	
		石灰石、石膏和白垩	天然物质或来自未经化学处理、未添加化学合成物质
		珍珠岩、蛭石等	天然物质或来自未经化学处理、未添加化学合成物质
		氯化钙、氯化钠	
		窑灰	未经化学处理、未添加化学合成物质
		钙镁改良剂	
		泻盐类（含水硫酸岩）	
微生物来源		可生物降解的微生物加工副产品，如酿酒和蒸馏酒行业的加工副产品	
		天然存在的微生物配制的制剂	

注：①使用表3~5未列入的物质时，应由认证机构对该物质进行评估。

②在有理由怀疑肥料存在污染时，应在施用前对其重金属含量或其他污染因子进行检测。

二、绿色无籽西瓜安全生产的基本要求

绿色食品是指按特定生产方式生产，并经国家有关的专门机构认定，或许使用绿色食品标志的无污染、无公害、安全、优质、营养型的食品。绿色食品已分级生产A级和AA级绿色食品。如洞庭1号西瓜、洞庭3号西瓜、黑冠军西瓜均为

绿色A级产品，其编号分别为LB-18-1004181920A、LB-18-1004181921A、LB-18-1004181922A，企业信息码统一为GF430602070456（图7-22）。

图7-22　绿色食品A级产品证书

(一) 对产地环境质量要求

无籽西瓜绿色食品生产基地应选择在无污染和生态条件良好的地区。基地应远离工矿区和公路、铁路干线，避开工业和城市污染源的影响。同时，绿色食品生产基地应具有可持续的生产能力。环境质量应符合农业部绿色食品产地环境技术条件（NY/T391—2000，适用于绿色食品AA级和A级）规定。

1. **空气环境质量要求**　无籽西瓜绿色食品产地空气中的各项污染物含量不应超过表7-7中所列的指标要求。

表7-7　空气中各项污染物的指标要求（标准状态）

项　目	指　标	
	日平均	1h平均
总悬浮颗粒物（TSP）（mg/m³）≤	0.30	—
二氧化硫（SO_2）（mg/m³）≤	0.15	0.50
氮氧化物（NO_X）（mg/m³）≤	0.10	0.15
氟化物（F）（mg/m³）≤	7	20

注：①日平均指任何一日的平均指标。

　　②1h平均指任何一小时的平均指标。

　　③连续采样三天，一日三次，晨、午和夕各一次。

　　④氟化物采样可用动力采样滤膜法或用石灰滤纸挂片法，分别按各自规定的指标执行，石灰滤纸挂片法挂置7d。

2. 农田灌溉水质质量要求　无籽西瓜绿色食品产地农田灌溉水中各项污染物含量不应超过表7-8中所列的指标要求。

3. 土壤环境质量要求　无籽西瓜绿色食品产地土壤中的各项污染物含量不应超过表7-9中所列的限值。

表7-8　农田灌溉水中各项污染物的指标要求

项　目	浓度限制	项　目	浓度限制
pH	5.5 ~ 5.8	总铅(mg/L)≤	0.1
总汞(mg/L)≤	0.001	六价格(mg/L)≤	0.1
总镉(mg/L)≤	0.005	氟化物(mg/L)≤	2.0
总砷(mg/L)≤	0.05	粪大肠杆菌群(个/L)≤	10 000

注：灌溉菜园用的地表水需测粪大肠菌群，其他情况下不测粪大肠菌群。

表7-9　土壤各项污染物的指标要求

耕作条件　pH	旱　田			水　田		
	pH < 6.5	pH6.5 ~ 7.5	pH > 7.5	pH < 6.5	pH6.5 ~ 7.5	pH > 7.5
镉/(mg/L)≤	0.30	0.30	0.40	0.30	0.30	0.40
汞/(mg/L)≤	0.25	0.30	0.35	0.30	0.40	0.40
砷/(mg/L)≤	25	20	20	20	20	15
铅/(mg/L)≤	50	50	50	50	50	50
铬/(mg/L)≤	120	120	120	120	120	120
铜/(mg/L)≤	20	60	60	60	60	60

注：①水旱轮作田的标准值取严不取宽。
　　②土壤环境质量的采样和分析方法按照GB15618中相关规定执行。

4. 土壤肥力要求　无籽西瓜生产AA绿色食品时，转化后的耕地土壤肥力要达到土壤肥力分级1~2级指标。生产A绿色食品时，土壤肥力作为参考指标。

(二) 施肥技术规范

1. AA级无籽西瓜生产的施肥技术规范　中华人民共和国农业行业标准绿色食品肥料使用准则（NY/T394—2000）规定了AA级绿色食品生产中允许使用的肥料种类、组成及使用准则。

（1）允许使用的肥料种类

①农家肥料。就地取材、就地使用的各种有机肥料。它由含有大量生物物质、动植物物质、动植物残体、排泄物、生物废物等积制而成，包括堆肥、沤肥、厩肥、沼气肥、绿肥、作物秸秆肥、泥肥、饼肥等。

②商品肥料。按国家法规规定，受国家肥料部门管理，以商品形式出售的肥

料。包括以下多种肥料。

商品有机肥：以大量动植物残体、排泄物及其他生物废物为原料，加工制成的商品肥料。

腐殖酸类肥：以含有腐殖酸类物质的泥炭（草炭）、褐煤、风化煤等经过加工制成含有植物营养成分的肥料。

微生物肥：以特定微生物菌种培养生产的含活的微生物制剂。根据微生物肥料对改善植物营养元素的不同，可分成五类：根瘤菌肥料、固氮菌肥料、磷细菌肥料、硅酸盐细菌肥料、复合微生物肥料。

有机复合肥：经无害化处理后的畜禽粪便及其他生物废物加入适量的微量营养元素制成的肥料。

无机（矿质）肥：经物理或化学工业方式制成，养分呈无机盐形式的肥料。包括矿物钾肥（硫酸钾）、矿物磷肥（磷矿粉）、煅烧磷酸盐（钙镁磷肥、脱氟磷肥）、石灰、石膏、硫黄等。

叶面肥：喷施于植物叶片并能被其吸收利用的肥料，叶面肥料中不得含有化学合成的生长调节剂。包括含微量元素的叶面肥和含植物生长辅助物质的叶面肥料等。

有机无机肥（半有机肥）：有机肥料与无机肥料通过机械混合或化学反应而成的肥料。

（2）禁止使用的肥料种类　禁止使用任何化学合成肥料。禁止使用城市垃圾和污泥、医院的粪便、垃圾和含有害物质（如毒气、病原生物、重金属等）的工业垃圾。

（3）施肥原则　各地可因地制宜采用秸秆还田、过腹还田、直接翻压还田、覆盖还田等形式。利用覆盖、翻压、堆沤等方式合理利用绿肥，绿肥应在盛花期翻压，翻埋深度为15cm左右，盖土要严，翻后耙匀，压青后15~20d才能进行播种或移苗。

腐熟的沼气液、残渣及人畜粪尿可用作追肥。严禁施用未腐熟的人粪尿。

优先施用饼肥，禁止施用未腐熟的饼肥。

叶面肥料质量应符合GB/T 17419或GB/T 17420的技术要求。按使用说明稀释，在作物生长期内，喷施2次或3次。

微生物肥料可用于拌种，也可作基肥和追肥使用。使用时应严格按照使用说明书的要求操作。

选用无机（矿质）肥料中的煅烧磷酸盐、硫酸钾质量应符合质量要求。

2. A级无籽西瓜生产的施肥技术规范

（1）允许使用的肥料种类　生产AA级绿色食品允许使用的肥料；生产A级绿色食品专用肥料；在有机肥、微生物肥、无机（矿质）肥、腐殖酸肥中按一定比例掺入化肥（硝态氮肥除外），并通过机械混合而成的掺合肥料。

（2）施肥原则　化肥必须与有机肥配合施用，有机氮与无机氮之比不超过1∶1。化肥也可与有机肥、复合微生物肥配合施用。城市生活垃圾一定要经过无害化处理，质量达到相关技术要求才能使用，每年每667m²农田限制用量，黏性土壤不超过3 000kg，沙性土壤不超过2 000kg。各地可因地制宜采用秸秆还田、过腹还田、直接翻压还田、覆盖还田等形式，允许用小量氮素化肥调节碳氮比。其他使用原则与生产AA级绿色食品要求相同。

第十节　无籽西瓜安全施肥与配方肥料

无籽西瓜生产，通过科学配制肥料与合理安全施肥，不仅提高无籽西瓜的产量，还可以改善其品质。如适量增施钾肥，可明显提高无籽西瓜的含糖量；适量施用钙肥，可以防治西瓜的脐腐病等。同时，通过合理施肥，能使其生长茂盛，提高地面覆盖率，减少或防止水土流失，维护地表水域、水体不受污染，相应地起到保护环境的作用。还能及时补充土壤被作物吸收带走的养分，保护耕地生产力。

一、安全合理施肥技术与施肥效果的关系

无籽西瓜肥料的安全施用是一项增产的关键性技术措施。其基本内容包括：选用的肥料种类或品种；需肥的特点；目标产量；养分配比；施用时间；施肥方式与方法；施肥位置等。每一项具体的安全合理施肥技术都与施肥效果有着密切关系（图7-23）。

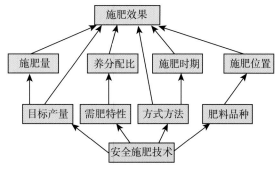

图7-23　安全合理施肥技术与施肥效果关系示意

二、无籽西瓜各生育期需肥的特点

西瓜的生长速度快，需肥量较大，整个生育期内吸钾最多，氮次之，磷最少。幼苗期吸肥量很少，抽蔓期吸肥量占总吸肥量的10.2%，结瓜期吸肥量占总吸收量的87.0%左右。在结瓜期，钾的吸收量增加，而氮的吸收量相对减少。钾既能提高西瓜产量，又能改善西瓜品质，增加甜度，同时还能提高植株抗病毒病、枯萎病、炭疽病的能力。钾对叶片氮代谢有较好的协调作用。西瓜对硼、锌、锰、钼等微量元素比较敏感。在土地肥力水平中等的情况下，每生产1 000kg西瓜，需吸收纯氮（N）2.9~3.7kg、纯磷（P_2O_5）0.8~1.3kg、纯钾（K_2O）2.9~3.7kg，N：P_2O_5：K_2O吸收比例为1：0.36：1.14。西瓜膨大期为吸收养分高峰期，因此在施足底肥的基础上要重追膨瓜肥，补追叶面肥，根据产量指标确定施肥量，以产定肥。

三、无籽西瓜安全施肥技术

安全施肥，关键是要确保无籽西瓜整个各生育期正常健康生长。因此，在无籽西瓜生产过程中，要根据不同生育时期的特点进行科学施肥，安全施

肥。基肥要求每667m²施用完全腐熟的有机肥1 500～2 500kg，三元复合肥（N：P：K=15：15：15）30～45kg或西瓜专用肥45～60kg，一同施入土壤，并进行混合，切忌施用过多钙镁磷肥、过磷酸钙等磷肥，避免无籽西瓜着色秕籽的产生。生长前期要严格控制氮肥用量，以防无籽西瓜发生徒长现象。中后期适时追肥，巧施膨瓜肥。

四、科学配制西瓜专用肥

(一) 西瓜专用肥料的配方

1. 配方Ⅰ　氮、磷、钾三大元素含量为32%，有机质含量为15%的配方（由湖南金叶众望科技股份有限公司严厉、谢斐金等提供）。

$32\%=N12：P_2O_5\ 6：K_2O14=1：0.5：1.17$

原料用量与养分含量（g/kg产品）：

硫酸铵70	$N=70 \times 21\%=14.7$
	$S=70 \times 24.2\%=16.94$
尿素180	$N=180 \times 46\%=82.8$
磷酸一铵125	$N=125 \times 11\%=13.8$
	$P_2O_5=125 \times 47\%=5.88$
硫酸钾275	$K_2O=275 \times 50\%=13.75$
	$S=275 \times 18.4\%=50.6$
十水硼酸钠10	$B=10 \times 10\%=1$
七水硫酸锌5	$Zn=5 \times 20\%=1$
生物发酵有机肥200	$N=200 \times 3.5\%=7$
	$P_2O_5=200 \times 1\%=2$
	$K_2O=200 \times 1\%=2$
	有机质$=200 \times 45\%$（以湿基计）$=90$
土壤活性调理剂100	有机质$=100 \times 80\%$（以湿基计）$=80$
	腐殖质（HA）$=100 \times 75\%=75$

氮肥增效剂10
生物螯合剂25

2. 配方Ⅱ　氮、磷、钾三大元素含量为35%的配方：

$35\%=N13：P_2O_5\ 7：K_2O\ 15=1：0.54：1.15$

原料用量与养分含量（g/kg产品）：

硫酸铵100	$N=100 \times 21\%=21$
	$S=100 \times 24.2\%=24.2$
尿素212	$N=212 \times 46\%=97.52$
磷酸一铵109	$N=109 \times 11\%=11.99$

$P_2O_5=109 \times 51\%=55.59$

过磷酸钙100　　$P_2O_5=100 \times 16\%=16$

　　　　　　　　$CaO=100 \times 24\%=24$

　　　　　　　　$S=100 \times 13.9\%=13.9$

钙镁磷肥10　　　$P_2O_5=10 \times 18\%=1.8$

　　　　　　　　$CaO=10 \times 45\%=4.5$

　　　　　　　　$MgO=10 \times 12\%=1.2$

　　　　　　　　$SiO_2=10 \times 20\%=2$

硫酸钾300　　　$K_2O=300 \times 50\%=150$

　　　　　　　　$S=300 \times 18.44\%=55.32$

硝基腐殖酸铵90　$HA=90 \times 60\%=54$

　　　　　　　　$N=90 \times 2.5\%=2.25$

氨基硼酸8　　　$B=8 \times 10\%=0.8$

氨基酸螯合锌、锰、铁、铜、钼20

生物制剂20

增效剂12

调理剂19

3. 施用方法

（1）西瓜移栽前，做基肥，每667m²施用60～70kg，可条施或穴施。

（2）西瓜膨大期，做追肥，每667m²施用40～50kg，建议采用穴施。

(二) 西瓜专用冲施肥的配制与使用

1. 配方　　氮、磷、钾三大元素含量为50%，含微量元素的西瓜专用冲施肥配方（由湖南金叶众望科技股份有限公司严厉、谢斐金等提供）。

$55\%=N15：P_2O_5：K_2O30=1：0.33：2$

原料用量及养分含量（g/kg产品）：

尿素325　　　　$N=325 \times 46\%=149.5$

磷酸二氢钾100　$P=100 \times 52\%=52$

　　　　　　　　$K=100 \times 34\%=34$

硫酸钾535　　　$K=535 \times 50\%=267.5$

氨基酸螯合硼、锌、锰、铁、铜25

肥料增效剂15

2. 施用时期与方法　　适合在西瓜膨大期做膨瓜肥施用，以冲施、滴灌、喷灌等方法进行施肥。每次每667m²施用5～10kg，从幼果0.5kg时开始施用，每隔7d施用1次，连续施用2次即可。

第八章

西瓜病虫害防治技术

第一节　侵染性病害

一、西瓜猝倒病

猝倒病是西瓜幼苗期的主要病害，分布广泛，发生普遍，多在早春育苗期间发生，常造成大片幼苗死亡，尤其在育苗床内受害最为常见。

图8-1　西瓜猝倒病症状

【症状】猝倒病菌的寄生性比较弱，只有在幼苗生长衰弱或其幼茎尚未木栓化时才能侵入危害。苗期发病，幼苗茎基部产生水渍状病斑，接着病部变黄褐色，缢缩成线状。病害发展迅速，在子叶尚未凋萎之前幼苗即猝倒，拔出后在子叶下发病的成为卡脖子。有时幼苗尚未出土，胚茎和子叶已普遍腐烂。有时幼苗外观与健苗无异，但贴伏在地面而不能挺立，检查这种病苗，可看到其茎基部已收缩似线条状。湿度大时，在病部及其周围的土面长出一层白色菌丝体。

【病原】瓜果腐霉［*Pythium aphanidermatum*（Eds.）Fitzp.］，属鞭毛菌亚门真菌。在SEM培养基上培养菌丛白色绵状，菌丝体发达，具分枝无隔膜，菌丝宽3～7μm；游动孢子囊顶生，膨大成形状不规则的姜瓣状，萌发后形成球状泡囊，泡囊内含游动孢子8～29个，游动孢子肾形，具双鞭毛，休止时呈球状，大小11～12μm；藏卵器顶生，球状，无色，大小18～36μm，雄器同丝或异丝生，近椭圆形，二者结合后产生卵孢子；卵孢子球形，厚壁，浅黄褐色，直径17～28μm。

【发病规律】病菌以卵孢子在12～18cm表土层越冬，并在土中长期存活。翌春，遇有适宜条件萌发产生游动孢子囊，孢子囊释放出游动孢子或直接长出芽管侵入西瓜幼苗。在土中营腐生生活的菌丝也可产生孢子囊，以游动孢子侵染瓜苗引起猝倒。病菌生长适宜地温15～16℃，温度高于30℃生长受到抑制。适宜发病地温为10℃，低温对寄主生长不利，但病菌尚能活动。当幼苗子叶养分基本用完，新根尚未扎实之前是感病期，若遇连续阴、雨天或寒流侵袭，则发病较重。

【防治方法】

1. 严格选择育苗营养土　选用无病菌的新土、塘土或稻田土作为育苗营养土，忌用带菌的老苗床土、菜园土或庭院土。

2. 药土盖种　用50%多菌灵0.5kg加上述育苗营养土100kg制成药土，播种后覆盖1cm厚。

3. 加强苗床管理　选用地势较高、地下水位低、排水便利的地块作苗床，避免低温、高湿的环境条件出现。用有机肥或堆肥作苗床基肥时，必须充分腐熟。

4. 药剂防治　当苗床发现病株时要及时拔除，可用64%杀毒矾可湿性粉剂500倍液或25%瑞毒霉可湿性粉剂800～900倍液、50%多菌灵可湿性粉剂500倍液喷雾。施药后注意提高苗场温度，降低湿度。

二、西瓜炭疽病

炭疽病是西瓜的主要病害，分布广泛，露地与保护地栽培发生均重，也是贮运过程中的主要病害，对西瓜生产影响很大。

【症状】 西瓜炭疽病从幼苗到成熟，在叶、蔓、果实上均可发生。幼苗发病时，近地面茎蔓变成黑褐色，缢缩猝倒。叶片受害时，初为小的黄色水渍状圆斑，以后扩大变成褐色，病斑周围有一紫黑色圈，其上生长黑色小点或粉红黏稠物，病斑逐渐扩大，相互连接成片，干燥时破碎，使叶片枯死。叶柄上和茎蔓上会呈现狭长的褐色凹陷病痕，病痕扩展，茎蔓逐渐死亡。若果柄染病，幼果颜色深暗，逐渐萎缩致死。成熟果实发病，病部初为水渍状，以后呈黑色凹陷圆斑，其上着生许多环状排列小点，潮湿时病部覆盖有粉红色黏稠的分生孢子团。幼果染病后呈畸形，严重时病斑连片，西瓜腐烂。

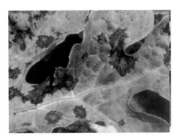

图8-2　西瓜炭疽病症状

【病原】病菌属半知菌亚门刺盘孢属真菌［*Colletotrichum lagenarium*（Berk.& Mont）Arx］；有性世代属子囊菌亚门［*Glomerella lagenaria*（Pass.）Watanable et Tamura］，但在自然情况下很少出现。分生孢子盘产生在寄主表皮下，熟后突破寄主表皮外露。分生孢子梗无色，单胞，圆筒状，大小$20 \sim 25 \mu m \times 2.5 \sim 30 \mu m$。分生孢子单胞，无色，长圆或卵圆形，一端稍尖，大小$14 \sim 20 \mu m \times 5.0 \sim 6.0 \mu m$，多数聚结成堆后呈粉红色。分生孢子盘上着生一些暗褐色的刚毛，长$90 \sim 120 \mu m$，有$2 \sim 3$个横隔。

【发病规律】病菌以菌丝体或拟菌核在土壤中病残体上越冬，种子也能带菌。其分生孢子萌发的适温为$22 \sim 27$℃，4℃以下不能萌发。病菌生长适温为24℃，30℃以上10℃以下即停止生长。孢子萌发除湿度外，还需要有充足的氧气。条件适宜时产生分生孢子梗和分生孢子侵染西瓜，形成初侵染，发病植株产生大量分生孢子，依靠雨水或灌溉水的冲溅以及气流传播，进行重复侵染，因此近地面的叶片首先发病。湿度过大是诱发此病的主要因素，在持续$87\% \sim 95\%$的相对湿度下，潜伏期3d就发病。在$10 \sim 30$℃的温度条件下均能发病，通常以95%的高湿和24℃的温度发病严重。高温低湿，病菌潜伏期长，发病较慢较轻，炎热天气较少发病。

【防治方法】

1. 选用抗病品种，搞好种子处理　　选用抗病品种是预防西瓜炭疽病的关键，不同的西瓜品种对炭疽病的抗性不同。实践证明：洞庭1号、洞庭3号、博达隆1号、博达隆2号（黑冠军）、东方冠龙、东方娇子、珍冠等品种具有较强的耐湿抗病能力。在选用抗病品种的基础上，播种前对种子进行消毒处理，也是预防炭疽病的有效方法。可用55℃左右温水浸种或用种子重$0.3\% \sim 0.4\%$的50%多菌灵粉剂拌种；或用福尔马林200倍液浸种30min，用清水冲洗干净后催芽；或用0.1%的高锰酸钾溶液浸种$5 \sim 6h$。

2. 合理轮作，科学施肥，实行高畦种植　　轮作时间稻田$3 \sim 4$年，旱地$5 \sim 6$年。采用配方施肥，多施腐熟有机肥和钾肥，适量施磷肥，少施氮肥，提高植株的抗病能力。瓜类作物收获后及时清除病残体等。在栽培上实行深沟高畦地膜覆盖种植，降低地下水位和土壤相对湿度。

3. 加强田间管理　　做好整枝、压蔓、打杈工作，保持田间良好的通风透光环境，严禁大水漫灌。

4. 药剂防治　　在发病初期及时用药，可取得较好的防治效果。可选用70%甲基托布津600倍液或20%施宝灵3000倍液、60%百菌清800倍液、80%炭疽福美800倍液、70%代森锰锌500倍液、80%大生M-45可湿性粉剂$400 \sim 600$倍液、2%农抗120水剂$400 \sim 600$倍液、阿米西达1500倍液、25%炭特灵可湿性粉剂$400 \sim 600$倍液喷雾。每隔$5 \sim 7d$喷药1次，连喷$2 \sim 3$次。要求农药交替使用，避免病菌产生抗药性。

三、西瓜枯萎病

【症状】西瓜枯萎病从幼苗到成熟期均可发生，以开花、抽蔓到结果发病最重。幼苗发病，根部变成黄白色，须根少，顶端表现失水，子叶枯萎，真叶呈现皱缩，枯萎发黄，茎基部收缩变成淡黄色倒伏枯死。成株期发病，病株生长缓慢。初发病时，似缺水状，白天表现萎蔫，早晚恢复正常，经3～6d后，植株叶片枯萎下垂，不能复原。茎蔓基部缢缩，有的病部出现褐色病斑或流油色胶状物，病根变褐腐烂，茎基部纵裂，病茎纵切面上维管束变褐。湿度大时病部表面生出粉红色霉，即病菌的分生孢子梗和分生孢子。

图8-3　西瓜枯萎病症状

【病原】半知菌亚门尖孢镰刀菌西瓜专化型［*Fusarium oxysporum* f.sp.*niveum*（E.F.Smith）Snyder et Hansen］。

【发病规律】本病是一种土传病害，主要以菌丝体、厚垣孢子或菌核在未腐熟的有机肥或土壤中越冬，成为翌年主要侵染源。病菌能在土壤中存活5～6年，菌核、厚垣孢子通过家畜消化道后仍具生活力。采种时厚垣孢子可附着于种子上致商品种子带菌率高。西瓜根的分泌物刺激厚垣孢子萌发，从根毛顶端细胞间或根部伤口侵入，在细胞内或薄壁细胞间生长后进入维管束，在导管内发育，分泌果胶酶和纤维素酶，破坏细胞，阻塞导管，干扰新陈代谢，致西瓜萎蔫，中毒枯死。发病程度决定于菌源群体数量，生产上遇有日照少、连续阴天多、降雨量大及土壤黏重、地势低洼、排水不良、管理粗放的连作地，西瓜根系发育欠佳发病重。此外，偏施氮肥，磷钾肥不足，施用未充分腐熟的带菌有机肥，或土壤中含钙量高、地下害虫危害重，均可诱发此病。

【防治方法】瓜类枯萎病有着明显的寄主专化性，防治瓜类枯萎病以选育抗病品种为主，结合轮作倒茬，消灭病残体，培育无病壮苗，配合药剂防治为辅的综合防治措施。以用嫁接换根法防治枯萎病最佳，西瓜嫁接常用的砧木有葫芦、瓠瓜、南瓜、野生西瓜等。

1. 农业防治

（1）选用抗病品种，如湘西瓜11号（洞庭1号）、博达隆2号（黑冠军）等。

（2）实行轮作倒茬，可实行5～7年的轮作制。也可实行水旱轮作，避免连作。改善排水，尽量选择中性或微酸性的沙壤土。发病地块的茎叶要与覆盖用的秸秆一同烧毁。

（3）控制氮肥施用量，增施钾肥及微量元素肥料。

（4）嫁接防病，选用亲和性好、对西瓜品质无不良影响的瓠瓜（如博砧1号等）作砧木进行嫁接，培育嫁接苗，防病效果显著。

2. 化学防治

（1）种子处理。用福尔马林150倍液浸种2～3h，洗净晾干；或用种子重量0.3%～0.4%的50%多菌灵可湿性粉剂拌种；或用50%多菌灵可湿性粉剂500倍液浸种1h。

（2）土壤消毒。苗床消毒每平方米用50%多菌灵8g处理畦面；定植前用50%多菌灵可湿性粉剂每667m²用1kg，加入细干土3kg，混匀后撒入定植穴内。

（3）移栽时，可用80%绿亨2号可湿性粉剂500～800倍液或1%多氧霉素水剂灌根，每穴用药液0.5kg；发病初期可选用25%抗枯灵500倍液或2%农抗120水剂、50%扑海因可湿性粉剂、43%瑞毒铜可湿性粉剂、20%三环唑等杀菌剂500～800倍液、50%福美双500倍液加96%硫酸铜1 000倍液、5%菌毒清400倍液、绿亨1号5 000倍液、80%"402"3 000倍液等药剂灌根，每株0.3～0.5kg药液，5～7d 1次，连灌2～3次。

（4）坐果初期发病，开始喷洒50%苯菌灵可湿性粉剂800～1000倍液或20%甲基立枯磷乳油900～1 000倍液、50%多菌灵可湿性粉剂1 000倍液加15%三唑铜可湿性粉剂4 000倍液等。喷药须在晴天下午进行。在细胞分裂素中加入0.2%的磷酸二氢钾或0.5%尿素、西瓜植保素（硼砂 6g、50%多菌灵可湿性粉剂10g、磷酸二氢钾10g、水10～15kg），增产防病效果更好。

四、西瓜立枯病

立枯病是西瓜幼苗期主要病害之一。在春季及温室育苗期常与猝倒病相伴发生。

【症状】西瓜播种后到出苗前受病菌危害，可引起烂种和烂芽。幼苗出土后，感病则在根部茎基部出现黄褐色长条形或椭圆形的病斑，病斑凹陷逐渐环绕幼苗，缢缩成蜂腰状，病苗很快萎蔫、枯死，但病株不易倒伏呈枯状。有时在病部及茎基

图8-4 西瓜立枯病症状

周围土面可见白色丝状物。

【病原】丝核菌属立枯丝核菌（*Rhizoctonia solani* Kühn），属半知菌亚门。菌丝有隔膜，初期无色，老熟时浅褐色至黄褐色，分枝处成直角，基部稍缢缩。病菌生长后期，由老熟菌丝交织在一起形成菌核。菌核暗褐色，不定形，质地疏松，表面粗糙。有性阶段为瓜亡革菌［*Thanatephorus cucumeris*（Frank.）Donk］，属担子菌亚门。自然条件下不常见，仅在酷暑高温条件下产生。担子无色，单胞，圆筒形或长椭圆形，顶生2~4个小梗，每个小梗上产生1个担孢子。担孢子椭圆形，无色，单胞，大小为6~9μm×5~7μm。除西瓜外，还可危害甜瓜等160多种植物。

【发病规律】立枯丝核菌是土壤习居菌，主要以菌丝体或菌核在土壤内的病残体及土壤中长期存活，也能混在没有完全腐熟的堆肥中生存越冬。极少数以菌丝体潜伏在种子内越冬。此病初侵染来源主要是土壤、病残体、肥料。病菌在田间通过风雨、耕作、流水、人畜、地下害虫等进行传播。

立枯病的发生与气候条件、耕作栽培技术、土壤、种子质量等密切相关。

1.瓜种播入土壤中后，若遇低温多雨，特别是遇寒流，常诱发烂根。

2.瓜种籽粒饱满，则生活力强，播种后出苗迅速，整齐而苗壮，不易遭受病菌侵染，因而发病轻；反之，则发病重。

3.多年连作的瓜田，或施入未腐熟的厩肥，土壤中病菌积累多，瓜苗发病率高，病害重。

4.播种期过早或过深，均使出苗延迟，病菌易于侵染，引起发病。

5.地势低洼排水不良，土壤黏重，通气性差，瓜苗长势弱，发病严重。

6.覆盖地膜者，湿度过大时可加重立枯病。

【防治方法】

1. 农业防治

（1）严格选用无病菌新土配营养土育苗。

（2）苗床土壤处理。可用70%甲基托布津0.5kg与细土150kg混匀施入苗床。

（3）实行轮作。与禾本科作物轮作可减轻发病。

（4）秋耕冬灌。瓜田秋季深翻25~30cm，将表土病菌和病残体翻入土壤深层腐烂分解。

（5）土地平整，适期播种。一般以5cm地温稳定在12~15℃时开始播种为宜。

（6）加强田间管理。出苗后及时剔除病苗。雨后应中耕破除板结，以提高地温，使土质松疏通气，增强瓜苗抗病力。

2. 种子处理

（1）药剂拌种。用药量为干种子重的0.2%~0.3%。常用农药有拌种双、苗病净、利克菌等拌种剂。

（2）种衣剂处理。种衣剂与瓜种之比为1∶25，或按说明使用。

3. 生物防治　山西农业大学应用康氏木霉防治立枯病有一定效果。

4. 药剂防治　发病初期可用64%杀毒矾可湿性粉剂500倍液或58%甲霜灵锰锌可湿性粉剂500倍液、20%甲基立枯磷乳油1 200倍液、72.2%普力克水剂800倍液喷雾，隔7～10d喷1次。

五、西瓜蔓枯病

蔓枯病是西瓜的一种主要病害，各地均有发生。

【症状】西瓜蔓、叶、果实均可发病。叶部受害，初期为褐色圆形病斑，中心淡褐色，直径0.3～1cm，病斑边缘与健组织分界明显。后期病斑可扩大至1～2cm，病斑近圆形或互相融合成不规则形，病斑中心淡褐色，边缘深褐色，有同心轮纹，并有明显的小黑点。连续降水时，病斑扩展很快，可以遍及全叶，最后叶片变黑枯死，沿叶脉发展的病斑，初呈水渍状，后变褐色。叶柄及瓜蔓上发病，初为水渍状小斑，后变褐色梭形斑，斑上长黑色小点，为病菌分生孢子器。果实受害时初生水渍状斑，以后中央部分为褐色枯死斑，并呈星状开裂。

与西瓜炭疽病的区别是，蔓枯病病斑表面无粉红色黏质物，中心色淡，边缘有很宽的褐色带，并有明显的同心轮纹和小黑点，不易穿孔。

图8-5　西瓜蔓枯病症状

【病原】*Mycosphaerlla melonis*（Pass）Chiuet Walker。属子囊菌亚门真菌。分生孢子器球形至扁球形，黑褐色，顶部呈乳状突起，孔口明显。分生孢子短圆形至圆柱形，无色透明，两端较圆，初为单胞，后产生1～2个隔膜，分隔处略缢缩。子囊壳细颈瓶状或球形，黑褐色。子囊孢子短粗形或梭形，无色透明，1个分隔。

【发病规律】该病原菌在土壤病残体上越冬，种子表面亦可带菌，第二年气候条件适宜时，病菌经风吹、雨溅传播，主要通过伤口、气孔侵入寄主体内。病菌在温度6～35℃范围内都可侵染危害，发病最适温度为20～30℃。在高温多湿及通风不良条件下易于发病。缺肥、长势弱有利于发病。

【防治方法】

1. 选用抗病、耐病品种　选用抗病品种是预防西瓜蔓枯病的关键，不同的西瓜品种对蔓枯病的抗性不同。实践证明：洞庭1号、洞庭3号、博达隆1号、博达隆2号（黑冠军）等品种具有较强的耐湿抗病能力。

2. 种子处理　选用无病的种子；播种前用55～60℃温水浸种15～20min，再用福尔马林100倍液浸种15min，进行种子消毒；或用0.3%福美双可湿性粉剂拌种。

3. 农业防治　与非瓜类作物实行3年轮作；重施基肥（有机肥），增施磷、钾肥；加强肥水管理，以保持根部土壤不要过湿，促使植株生长健壮，提高抗病力；提高瓜田通风透光性；发现病株，及时拔除深埋或烧毁。

4. 药剂防治　发病初期应立即喷药防治，可喷70%代森锰锌500～600倍液或75%百菌清500～700倍液、60%甲基托布津600～800倍液、50%多霉灵可湿性粉剂500～700倍液。每隔7d喷1次。如病情发展较快，也可3～4d喷1次药。

六、西瓜疫病

疫病全称疫霉病，俗称"死秧病"，是西瓜的重要病害。

【症状】西瓜整个生长期均可发生，在叶、蔓和果实上都可发病。在叶上发病产生暗绿色水渍状不规则形病斑，湿度大时扩展很快，呈软腐状，干燥时病斑变褐色，容易破裂。蔓上发病多在靠近蔓的先端，形成暗绿色水渍状棱形斑，后环绕缢缩，湿度大时软腐，干燥时变灰褐色干枯。在果上先形成暗绿色水渍状近圆形斑，扩展很快，病部长出白色霉状物。幼苗上发病，根茎处呈黄色似水烫，子叶上长出近圆形、水渍状、暗绿色病斑，病苗很快倒伏枯死。

图8-6　西瓜疫病症状

【病原】鞭毛菌亚门的疫霉属（*Phytophthora* spp.），主要有甜瓜疫霉菌（*P. melonis* Kat.），有人认为还有恶疫霉菌［*P. cactorum*（Leb.et Cohn.）Schr.］。

【发病规律】病菌主要以菌丝体、卵孢子和厚垣孢子在病残体、土壤和未腐熟的粪肥中越冬。第二年卵孢子和厚垣孢子萌发产生孢子囊，在高湿条件下释放出游动孢子，通过雨水、灌溉水传播到寄主上。孢子萌发产生芽管，芽管与寄主表皮细胞接触产生附着器，再从附着器上产生侵入丝，直接穿过表皮进入寄主体内。植株生病后，遇潮湿的气候病部又产生孢子囊，孢子囊或其释放出所萌发的游动孢子又借风、雨、灌溉水传播，进行重复侵染，使病害迅速蔓延。瓜的整个生育期都可被病菌侵染，但6~8月为发病盛期。

病菌发育的温度范围为5~37℃，最适宜为28~30℃。旬平均温度在23℃时田间瓜蔓开始发病，高湿（相对湿度85%以上）是病害流行的决定因素。南方地区，西瓜疫病在梅雨季节5月中下旬及6月上旬为发病高峰期。北方地区，大棚及中棚栽培的5月中旬至5月下旬；露地为7~8月雨水多的季节，雨后疫病大流行。大水漫灌、浇水次数过多、低洼积水等条件都有利于疫病的发病。总之，湿度大是发病的主要条件。

瓜地连作，或施用未充分腐熟的土杂肥作基肥，或是追施化肥时伤根严重，常会导致疫病发生，而合理轮作，选择沙壤土种植，发病就轻。

【防治方法】

1. 土壤选择　选择5年以上未种过西瓜、黄瓜、甜瓜等瓜类作物的地块，以沙壤土为好。进行秋季深翻，减少越冬菌源。

2. 种子消毒　播前用55℃温水浸种15min，或用福尔马林200倍液浸种30min，冲洗干净后晾干播种。

3. 加强田间管理

（1）采用深沟高畦栽培，土地平整，排水良好。

（2）覆盖地膜种植，以促进瓜的早期生长发育。

（3）保护地栽培，在保温的基础上，加强放风，降低湿度。

（4）施充分腐熟的优质有机肥作基肥。

（5）合理追施化肥，避免伤根。

（6）增施叶面肥，喷磷钾肥和微肥。增加植株的抗病性。

4. 合理灌水　保护地采用高畦栽培，灌水只在瓜沟，根颈部不被水淹没，减少染病机会。有条件的可以利用滴灌，既降低了根颈部的湿度，又降低了空气湿度。减少灌水次数，露地栽培降雨后及时排水，防止积水。

5. 清洁田园　收获后及时对病残体、病叶、病瓜、病秧清出田外，集中深埋或烧毁。

6. 药剂防治　在病害即将发生时，可施用化学药剂灌根或喷雾。可用58%甲霜灵锰锌可湿性粉剂500~600倍液或72%普力克水剂800倍液、64%杀毒矾可湿性粉剂400~500倍液、40%瑞毒霉800倍液、40%三乙膦酸铝300倍液、75%百菌清600~800倍液等喷雾。隔7~10d喷1次。一旦发生病害，每隔5d喷1次或灌根。

七、西瓜白粉病

白粉病俗称"白毛"，是西瓜生长中后期的一种常见病害。

【症状】此病主要危害叶片，其次是叶柄和茎，一般不危害果实。发病初期叶面或叶背产生白色近圆形星状小粉点，以叶面居多，当环境条件适宜时，粉斑迅速扩大，连接成片，成为边缘不明显的大片白粉区，上面布满白色粉末状霉（即病菌的菌丝体、分生孢子梗和分生孢子），严重时整个叶面布满白粉。叶柄和茎上的白粉较少。病害逐渐由老叶向新叶蔓延。发病后期，白色霉层因菌丝老熟变为灰色，病叶枯黄、卷缩，一般不脱落。当环境条件不利于病菌繁殖或寄主衰老时，病斑上出现成堆的黄褐色的小粒点，后变黑（即病菌的闭囊壳）。

图8-7 西瓜白粉病症状

【病原】瓜类单囊壳［*Sphaerotheca cucurbitae*（Jacz.）Z.Y.Zhao］，葫芦科白粉菌（*Erysipe cucurbitacearum* Zheng & Chen），均属子囊菌亚门真菌。瓜类单囊壳菌丝体生于叶的两面和叶柄上，初生白圆形斑，后扩展至全叶。分生孢子腰鼓形或椭圆形，串生，大小19.5~30μm×12~18μm；子囊果球形，褐色或暗褐色，散生，大小75~90μm，壁细胞不规则多角形或长方形，直径9~33μm，具4~8根附属丝，呈丝状至曲膝状弯曲，长为子囊果直径的0.5~3倍，基部稍粗，平滑，具隔膜3~5个，无色至下部浅褐色；具1个子囊，椭圆形至近球状，无柄或具短柄，壁厚，顶壁不变薄，大小60~70μm×42~60μm；子囊孢子4~8个，椭圆形，大小19.5~28.5μm×15~19.5μm。瓜类作物都可被此病菌侵染，瓜类单囊壳子囊果散生、子囊孢子4~8个，附属丝无色或仅下部淡褐色，别于单囊壳。葫芦科白粉菌多见冬瓜白粉菌。此外有专家认为，*E. cichoracearum* DC.和*S. fuliginea*（Schleeht ex Fr.）Poll.及*E. iphehumuli*（DC.）Burr也可引起西瓜白粉病。

【发病规律】病菌随病株残体遗留在土中越冬，亦可在温室活体上越冬，第二年5~6月随温度上升，病菌借气流、雨水传播，落到寄主上侵染发病。该病菌对湿度要求范围很宽，天气干旱时，寄主表皮细胞的膨压降低，则有利于病菌的侵入，往往发病更为严重。在多雨潮湿的天气里，病菌孢子因吸水过多，常引起破裂，减少病菌的侵染发病。栽培管理粗放，施肥不足或偏施氮肥，以及浇水过多、植株徒长、枝叶过密、通风不良、光照不足等，均有利于白粉病的发生。

【防治方法】

1. 选择抗病品种 生产上应选用抗病的优良品种，培育出无病的壮苗。

2. 加强田间管理　合理密植，及时整枝理蔓，不偏施氮肥，增施磷、钾肥，促进植株健壮生长，提高抗病力。注意田园清洁，及时摘除病叶，减少重复传播病害的机会。

3. 药剂防治　在生长前期喷洒2～3次50%硫悬浮剂300倍液，以有效预防白粉病发生。发病初期及时摘除病叶，然后每隔5～7d喷1次药，连喷3～4次。药剂可选用15%粉锈宁可湿性粉剂2000倍液或70%甲基托布津可湿性粉剂800倍液等喷雾。

八、西瓜细菌性果实腐斑病

西瓜细菌性果实腐斑病简称BFB，又称西瓜细菌斑点病、西瓜水浸病等，是近年来国际和国内普遍发生的危险种传病害。

【症状】西瓜在整个生育期都可被细菌侵染，在子叶、真叶、果实上均可发病，叶片染病后变成黑褐色卷缩萎蔫。果实在开花坐果期受到侵染时，一般不出现症状，直到收获时（成熟前两周），遇到外界合适的发病条件会迅速暴发，造成较大损失。起初果皮表现出水渍状或油状，果皮的硬度与正常果皮一样，病菌深入果皮中，但大多不入侵果肉，随着病情的发展果皮开始裂口，出现黏性褐色胶状物，极易导致其他微生物的侵染，造成果实腐烂，不易分清病害来源。

1.果皮病斑会变成褐色并且开裂，同时果实表面出现白色泡沫状分泌物，随之逐渐腐烂。

2.苗期发病，子叶背面叶脉出现水浸状，导致子叶褐色死亡。

3.嫁接伤口感染，并迅速发展到下胚轴，会导致西瓜接穗萎蔫、死亡、腐烂。

图8-8　西瓜细菌性果实腐斑病症状

【病原】细菌噬酸菌属，燕麦噬酸菌西瓜亚种〔*Acidororax avenae* subsp.*citrulli*（Aac）〕。格兰氏染色阴性，属rRNA组I。不产生色素及荧光，菌体杆状，极生单根鞭毛。好气性。不产生硝酸还原酶和精氨酸双水解酶，无烟叶过敏反应。可在4～41℃范围内生长，明胶液化力弱，氧化酶和2-酮葡萄糖酸试验阳性。除危害西瓜外，还可危害黄瓜和西葫芦。该菌生长适温28.6℃，人工接种2～3d即可显症。该菌最初是美国Wall鉴定的，但后来Devos等认为不是这个亚种，我国有人认为是芽孢杆菌，目前尚未最后确定。

【发病规律】病菌附着在种子或病残体上越冬，种子带菌是翌年主要初侵染源，该菌在埋入土中西瓜皮上可存活8个月，在病残体上存活2年。在田间借风、雨及灌溉水传播，从伤口或气孔侵入，果实发病后在病部大量繁殖，通过雨水或灌溉水向四周扩展进行多次重复侵染。多雨、高湿、大水漫灌易发病，气温24~28℃经1h，病菌就能侵入潮湿的叶片，潜育期3~7d，细菌经瓜皮进入果肉后致种子带菌，侵染种皮外部位，也可通过气孔进入种皮内。

【防治方法】

1. 加强检疫　不用病区的种子，发现病种应在当地销毁，严禁外销。

2. 选用优良早熟品种　若种子带菌，用福尔马林150倍液浸种30min后，用清水冲净浸泡6~8h，再催芽播种。有些西瓜品种对福尔马林敏感，用前应先试验，以免产生药害。对福尔马林敏感的品种，也可用50℃温水浸种20min，再催芽播种。

3. 轮作　与非葫芦科作物进行3年以上轮作，施用酵素菌沤制的堆肥或充分腐熟的有机肥，采用塑料膜双层覆盖等栽培措施。

4. 加强管理　采用温室或火炕无病土育苗，幼果期适当多浇水，果实进入膨大期及成瓜后宜少浇或不浇，争取在高温雨季到来前采收完毕，避过发病高峰期。

5. 药剂预防　发病重的田块或地区，在进入雨季时，掌握在发病前开始喷洒30%碱式硫酸铜悬浮剂400~500倍液或47%加瑞农可湿性粉剂800倍液、56%靠山水分散微颗粒剂600~800倍液、50%琥胶肥酸铜（DT）杀菌剂500倍液、77%可杀得可湿性微粒粉剂500倍液、30%氧氯化铜悬浮剂800倍液等。每667m²喷对好的药液60L，隔10d左右1次，防治2~3次。采收前3d停止用药。

九、西瓜病毒病

西瓜病毒病俗称小叶病、花叶病，全国各地区均有发生，北方瓜区以花叶型病毒病为主，南方瓜区则蕨叶型病毒病发生较普遍，尤以秋西瓜受害最重。危害程度的轻重与种子带菌率和蚜虫发生数量密切相关。

【症状】西瓜受害后，叶片变小，生长缓慢，植株矮化，花器发育不良，严重

图8-9　西瓜病毒病症状

的不能坐果，或坐果后发育不良，畸形，果小，产量低，品质差，失去商品价值。

【病原】侵染西瓜的主要病毒类型有：西瓜花叶病毒2号（WMV-2）、甜瓜花叶病毒（MMV）、黄瓜花叶病毒（CMV）、黄瓜绿斑驳花叶病毒（CGMMV）等。

【发病规律】西瓜病毒病主要由甜瓜花叶病毒和黄瓜花叶病毒引起。病毒在带毒蚜虫体内、种子表皮和某些宿根杂草上越冬，成为翌年初侵染源。蚜虫和瓜叶虫是其传播媒介，农事活动的接触传播也是病毒病蔓延的重要途径。

【防治方法】

1. 品种选择　选用抗病和耐病品种。

2. 种子处理　从无病的植株上留种。种子经70℃恒温干热处理72h后，再浸种催芽播种。播种时干子用70℃温水浸种10min可杀死病毒，或浸种3h的湿种子用0.1%高锰酸钾溶液浸种30min，也可用10%磷酸三钠溶液浸种20min，用清水洗净后播种。

3. 科学选地　西瓜地要远离其他瓜类作物，以减少传染机会。

4. 育苗移栽　3月上旬营养钵育苗，使西瓜生育期提前15d，可错过发病高峰。

5. 防止接触传播　在整枝、压蔓、授粉等田间作业时，先进行健株后进行病株。苗期发病，及早拔除病株，换成健株。

6. 加强田间管理　多施有机肥，重施底肥，配方施肥，科学灌水，化学调控，培育壮苗，提高抗病能力。

7. 治蚜防病　用银灰色膜、黑色膜驱蚜防病；或用药剂尽可能把传毒昆虫消灭于西瓜地之外，生长期间尽量避免蚜虫危害，发现蚜虫及时用药防治，可以收到较好的防病效果。防治蚜虫常用的药剂有10%吡虫啉可湿性粉剂1 500～2 000倍液或25%抗蚜威乳油3 000倍液等喷雾。

8. 化学防治　发病初期，可选用25%病毒A 1000倍液或20%病毒A可湿性粉剂500倍液、83-增抗剂100倍液、云大-120等农药，在苗期4～5片叶时喷雾。发病中期可用15%的植病灵乳剂1 000倍液或抗毒剂1号300倍液，并加喷0.2%的磷酸二氢钾，以增强植株抗性；或5%菌克毒克乳油800～1000倍液，每7～10d喷1次，连续防治2～3次。西瓜开花后用600倍20%病毒A液或600～800倍抗病毒型SO-施特灵、500倍植病灵，或病毒A配0.1%硫酸锌和50～80mg/kg的赤霉素混合液进行喷雾，7～10d喷1次，直至坐果期，效果良好。

十、西瓜黄瓜绿斑驳花叶病

西瓜黄瓜绿斑驳花叶病严重危害葫芦科作物，为我国的检疫性病害。

【症状】苗期染病新叶上现不规则形褐色或绿色斑驳，症状较明显。成株染病症状不明显。果梗、果实染病初生褐色斑，剖开病果产生赤褐色油渍状病变，病部腐败发臭，无法食用。

【病原】黄瓜绿斑驳花叶病毒（Cucumber green mottle mosaic virus），简称CGMMV，属+ssRNA目、芜菁花叶病毒科、烟草花叶病毒属病毒。病毒粒体杆状，粒子大小300nm×18nm，超薄切片观察细胞中病毒粒子排列成结晶形内含体，钝化温度80～90℃，10min。稀释限点1 000 000倍，体外保毒期1年以上。除侵染西瓜外，还可侵染黄瓜、瓠瓜及甜瓜。该病毒在黄瓜上有两个变种，即绿斑花叶型和黄斑花叶型。

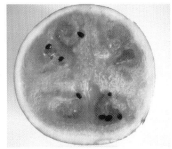

图8-10　西瓜黄瓜绿斑驳花叶病症状

【发病规律】土壤黏重、偏酸、多年重茬的易发病。氮肥施用太多，生长过嫩，播种过密、株行间郁闭，抗性降低的易发病。肥力不足、耕作粗放、杂草丛生的田块易发病。种子带菌或用易感病品种易发病。种子和土壤传毒，遇有适宜的条件即可进行初侵染，种皮上的病毒可传到子叶上，20d左右致幼嫩叶片显症。此外，该病毒易通过手、刀、衣物及病株污染的地块及病毒汁液借风雨或农事操作传毒，进行多次再侵染。田间遇有暴风雨，造成植株互相碰撞枝叶摩擦或锄地时造成的伤根都是侵染的重要途径。高温条件下发病重。带毒种子传播是该病毒远距离传播的主要途径。

【防治方法】

1. 农业防治

（1）移栽前或收获后，清除田间及四周杂草，集中烧毁或沤肥；深翻灭茬、晒土，促使病残体分解，减少病源和虫源。

（2）选用地势高燥、排灌方便的田块，并深沟高畦栽培，开好排水沟，降低地下水位，达到雨停无积水；大雨过后及时清理沟系，防止湿气滞留，降低田间湿度，这是防病的重要措施。

（3）播种后用药土做覆盖土，移栽前喷施一次杀虫灭菌剂。

（4）施用酵素菌沤制的堆肥或腐熟的有机肥，使用的有机肥要充分腐熟，不得混有植物病残体。

（5）采用配方施肥技术，适当增施磷钾肥，加强田间管理，培育壮苗，增强植株抗病力，有利于减轻病害。

（6）和非葫芦科作物3年以上轮作，或水旱轮作。育苗的营养土要选用无菌土，用前晒3周以上。

（7）避免在阴雨天气整枝。打杈、绑蔓、授粉、采收等农事操作注意减少植株碰撞，中耕时减少伤根，浇水要适时适量，防止土壤过干。

（8）严格检疫，严禁疫区瓜类种子及瓜类果实向异地调运。

2. 物理防治　在常发病地区或田块，种子经70℃处理72h可杀死毒源。

3. 生物防治

（1）用土霉素处理接穗，发病期可推迟1个月。

（2）喷施农药：可选用8%宁南霉素（菌克毒克）200倍液或5%菌毒清水剂250倍液、0.5%菇类蛋白多糖水剂300倍液、1.5%植病灵Ⅱ号乳剂1 000倍液，隔10d左右1次，防治1~2次。

4. 化学防治

（1）种子杀毒　用0.5%~1.0%盐酸或0.3%~0.5%次氯酸钠、10%磷酸三钠浸种10min后捞起，用清水冲洗干净、催芽、播种。也可使用脱毒剂1号或2号处理种子，或用种子重量0.5%的35%种衣剂4号拌种，可减轻病害的发生。

（2）土壤熏蒸　用溴化甲烷对土壤进行熏蒸，防止土壤传毒和防止病毒的侵染。

（3）喷施农药　用20%病毒宁水溶性粉剂500倍液或0.5%抗毒剂1号水剂300倍液、20%毒克星可湿性粉剂500倍液，隔10d左右1次，防治1~2次。

（4）注意事项　黄瓜绿斑驳花叶病毒侵染引起的瓜类病毒病在我国目前尚属局部发生，且传播速度快，危害性大。以上药剂只能减轻该病害的发生而不能根治。该病毒病目前还没有彻底根治的好药，防治的重点是严格检疫，杜绝种子、种苗和土壤传毒。注意加强栽培管理，提高植株抗性。用药剂浸种进行预防或与非葫芦科作物3年以上轮作，有一定效果。

十一、西瓜霜霉病

霜霉病是西瓜的主要病害之一，在各地均有发生，保护地发病较重。

【症状】子叶发病，表现正面不均匀褪绿、黄化，逐渐转为不规则的枯黄斑，在潮湿情况下，反面为一层疏松的灰色或紫黑色霉层，子叶即很快变黄枯干。苗期以后发病，在叶片正面隐约可见淡黄色病斑，无明显边缘，黄色病斑的反面出现圆形到多角形病斑，边缘水渍状，在清晨露水未干时观察尤其明显。病斑继续发展，正面为黄褐色至褐色病斑，反面形成一层灰黑色至紫黑色霉层。遇高温干燥时病斑停止发展而枯干，背面不产生霉层。

【病原】古巴假霜霉菌［*Pseudoperonospora cubensis*（Berk.et Curt）Rostov］，属鞭毛菌亚门假霜霉菌属真菌。

【发病规律】本病是专性寄生菌，病原菌以卵孢子在土壤中的病残体上越冬或以菌丝体和孢子囊在温室大棚瓜上越冬。病菌体、孢子囊借气流雨水、灌溉水的飞溅及害虫而传播。菌体从寄主气孔或皮孔直接侵入，引起发病。高湿是发病的主要条件，遇多雨、暴雨天气，田间植株生长茂密、灌水过多、排水不利造成小气候湿

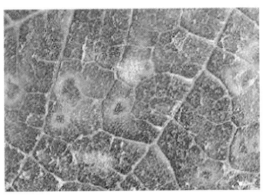

图8-11 西瓜霜霉病症状

度达90%以上，温度26℃左右，昼夜温差大，利于病害大流行。

【防治方法】

1. 农业防治

（1）秧苗带药定植。保护地生产时定植前用25%瑞毒霉可湿性粉剂800倍液灌根，做到带药定植。

（2）培育壮苗，实行合理密植，控制疯长。注意氮、磷、钾肥配合施用，棚室栽培时注意减少地面水分蒸发和降低空气湿度、棚膜破损及时修补、严禁雨水滴落到叶面上等，都可以减轻病害的发生。

（3）定期用药预防。主要预防用药有糖氮药液，即1%葡萄糖（红白糖均可）+1%尿素+1%食醋+0.2%三乙膦酸铝可湿性粉剂（含量90%）+200mg/L硫酸链霉素。

2. 药剂防治 可选用75%百菌清可湿性粉剂600倍液或80%代森锌可湿性粉剂400~600倍液作常规喷雾防治。或用甲霜灵混用代森锰锌防治，或单用25%甲霜灵500倍液，隔7d再喷1次，连续2~3次。若用克露600倍液或普力克等新药，在发病初期就开始防治效果会更好。在保护地内也可选用百菌清烟剂熏蒸防治。

十二、西瓜叶枯病

叶枯病是西瓜的一种主要病害，可使瓜叶迅速变黑焦枯，严重影响西瓜的品质和产量。

【症状】 主要危害叶片，亦可危害茎蔓和果实。幼苗子叶受害多在叶缘发生，初为水渍状小点，后扩大成褐色水渍状，圆形或半圆形斑，在高湿条件下，可危害整个子叶，使之枯萎。真叶受害，多发生在叶缘或叶脉间，初为水渍状小点，在高湿下迅速合并，渗透，使叶片失水青枯。高温干燥天气则形成直径2~3mm的圆形褐斑，天气潮湿时可合并成大褐斑，病斑变薄，严重时引起叶枯。茎蔓受害，产生椭圆形或梭形、微凹陷的浅褐色斑。果实受害时，产生周围略隆起的圆形凹陷暗褐色斑，严重时，引起果实腐烂。潮湿时各受害部位均可长出黑色霉状物。

图8-12　西瓜叶枯病症状

【病原】瓜链格孢〔*Alternaria cucumerina*（Ell.et Ev.）Elliott.〕，属半知菌亚门真菌。病菌分生孢子梗单生或3~5根束生，正直或弯曲，褐色或顶端色浅，基部细胞稍大，具隔膜1~7个，大小23.5~70μm×3.5~6.5μm。分生孢子多单生，有时2~3个链生，常分枝。分生孢子倒棒状或卵形至椭圆形，褐色，具横隔膜8~9个、纵隔膜0~3个，隔膜处缢缩，大小16.5~68μm×7.5~16.5μm。喙长10~63μm、宽2~5μm，最宽处9~18μm，色浅，呈短圆锥状或圆筒形，平滑或具多个疣，0~3个隔膜。在PDA培养基上菌落初白色，后变灰绿色，背面初黄褐色，后为墨绿色，气温25℃，经4~5d能形成分生孢子。该菌生长温度范围为3~45℃，25~35℃较适，28~32℃最适。在pH3.5~12均可生长，pH6最适。孢子萌发温度范围为4~38℃，28℃最适，相对湿度高于73%可萌发，相对湿度85%时萌发率高达94%。

【发病规律】病菌除以菌丝体和分生孢子在病残体上及病组织上越冬外，西瓜种子内、外均可带菌。种表的分生孢子可存活15个月以上，种内的菌丝体经21个月仍具生命力，种子带菌率与种瓜染病程度有关，无病症的瓜种不带菌。病菌在室内干燥保存的病叶上可存活24个月，在大田或旱地土表、潮湿土壤内的病残体上可存活12个月以上。因此，带菌的种子和土表的病残体是该病主要初侵染源。生长期间病部产生的分生孢子通过风雨传播，进行多次重复再侵染，致田间病害不断扩大蔓延。该菌对温度要求不严格，气温14~36℃、相对湿度高于80%均可发病，田间雨日多、雨量大，相对湿度高于90%易流行或大发生。风雨利于病菌传播，致该病普遍发生。连作地、偏施或重施氮肥及土壤瘠薄，植株抗病力弱发病重。连续天晴、日照时间长，对该病有抑制作用。品种间抗病性有差异，金钟冠农较感病。该病近年有日趋严重之势，生产上应予注意。

【防治方法】

1. 轮作　西瓜与禾本科作物轮作应在1年以上。

2. 选用无病种子或种子消毒　制种时，应选留无病瓜留种。从外地引进的种子，应用40%拌种双可湿性粉剂500倍液或80% 402抗菌剂3 000倍液浸种消毒，在25℃条件下浸种5h，杀菌效果可达到94%以上。

3. 及时清除病株残体，集中深埋或烧毁　秋收后，及时清洁田园，耕翻土地，深埋或烧掉病株残体，减少越冬菌源。

4. 药剂防治　发病初期，选用下列农药喷雾防治：40%拌种双或60%百菌清、60%防霉宝可湿性粉剂500倍液，或70%代森锰锌可湿性粉剂600倍液，或50%速克灵或50%扑海因可湿性粉剂1500倍液喷雾，5～6d喷1次，连喷2～3次。为了防止病菌产生抗药性，要不同药剂交替使用。

十三、西瓜细菌性角斑病

【**症状**】该病主要发生在西瓜叶、叶柄、茎蔓、卷须及果实上。子叶发病生出圆形或不规则的黄褐色病斑。叶片上病斑开始为水渍状，以后扩大形成黄褐色、多角形病斑，有时叶背面病部溢出白色菌脓，后期病斑干枯，易开裂。茎蔓和果实上病斑呈水渍状，表面溢出大量黏液，以后果实病斑处开裂，形成溃烂，从外向里扩展，可延及到种子。

图8-13　西瓜细菌性角斑病症状

【**病原**】丁香假单胞杆菌流泪致病变种，属细菌。

【**发病规律**】病菌在种子上或随病残体留在土壤中越冬，借风雨、昆虫和农事操作进行传播，从寄主的气孔、水孔和伤口侵入。温暖高湿条件有利于发病。

【**防治方法**】

1. 品种选择　选用耐病品种。

2. 种子处理　从无病瓜上选留种。瓜种可用70℃恒温干热灭菌72h，或50℃温水浸种20min，捞出晾干后催芽播种。还可用次氯酸钙300倍液浸种30～60min，或福尔马林150倍液浸1.5h，或100万单位硫酸链霉素500倍液浸种2h，冲洗干净后催芽播种。或者播前种子用福尔马林150倍液+云大-120　500倍液浸种1.5h，或用50%代森铵500倍液+云大-120　500倍液浸种1h，或用55℃温水浸种15min,或用100万单位硫酸链霉素500倍液+云大-120　500倍液浸种2h，清水洗净后催芽播种。

3. 加强田间管理　采用无病土育苗，与非瓜类作物实行2年以上轮作，加强田间管理，生长期及收获后清除病叶及时深埋。

4. 药剂防治　开始发现病株时，喷洒天达2116的800倍液+天达诺杀1000倍液，或77%多宁可湿性粉剂500倍液、77%可杀得101可湿性粉剂600倍液、30%DT杀菌剂500倍液、72%农用链霉素可溶性粉剂1000倍液，每7～10d喷1次，连续喷2～3次。

5. 露地推广避雨栽培，采用预防性药剂防治 于发病初期或抽蔓始期喷洒14%络氨铜水剂300倍液或50%甲霜铜可湿性粉剂600倍液、50%琥胶肥酸铜（DT）可湿性粉剂500倍液、60%琥·三乙膦酸铝（DTM）可湿性粉剂500倍液、77%可杀得可湿性微粒粉剂400倍液，每667m²用对好的药液60～75L，连喷3～4次。琥胶肥酸铜对白粉病、霜霉病有一定兼防作用。此外，也可选用硫酸链霉素（或72%农用链霉素可溶性粉剂）4 000倍液，或1：4：600铜皂液或1：2：300～400波尔多液，或40万单位青霉素钾盐对水稀释成5 000倍液喷雾。

十四、西瓜褐色腐败病

褐色腐败病是西瓜的一种常见病害，一般保护地发生较重。

【症状】该病在西瓜苗期、成株期均可发生。苗期染病主要危害根颈部，导致根腐。根颈部染病土表下根颈处产生水渍状弥散型病斑，皮层初现暗绿色水渍状斑，后变为黄褐色，逐渐腐烂，后期缢缩成蜂腰状或全部腐烂，致全株枯死。成株染病初生暗绿色水渍状病斑，后变软腐败，病叶下垂，不久变为暗褐色，易干枯脆裂。茎部染病病部现暗褐色纺锤形水渍状斑，病情扩展快，茎变细产生灰白色霉层，致病部枯死。蔓的先端最易被侵染，导致侧枝增多，在低洼处的蔓尤为明显。果实染病初生直径1cm左右的圆形凹陷斑，病部初呈水渍状暗绿色，后变成暗褐色至暗赤色，斑面形成白色紧密的天鹅绒状菌丝层，别于西瓜疫病。该病扩展迅速，即使很大的西瓜，也会在2～3d腐败，损失严重。

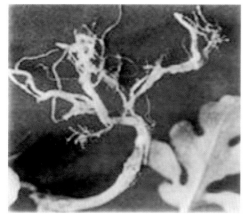

图8-14 西瓜褐色腐败病症状

【病原】辣椒疫霉（*Phytophthora capsici* Leonian），属鞭毛菌亚门真菌。病菌在PDA培养基上形成乳白色圆形菌落，菌丝较稀疏，菌丝无分隔，无色透明，直径3.7μm，培养4d后产生椭圆形或卵形游动孢子囊，游动孢子囊多具1乳突，个别2个，游动孢子囊大小38μm×17.8μm，内含大量游动孢子。游动孢子卵形或圆形，直径4.1μm。厚垣孢子多在菌丝的中部形成，近圆形，直径24.1μm。

【发病规律】北方寒冷地区该菌以卵孢子在病残体上和土壤中越冬，种子上不能越冬，菌丝因耐寒性差也不能成为初侵染源。在南方温暖地区病菌主要以卵孢子、厚垣孢子在病残体或土壤及种子上越冬，其中土壤中病残体带菌率高，是主要初侵染源。条件适宜时，越冬后的病菌经雨水飞溅或灌溉水传到茎基部或近地面果实上，引起发病。重复侵染主要来自病部产生的孢子囊，借雨水传播危害。田间25～30℃、相对湿度高于85%发病重。一般雨季或大雨后天气突然转晴，气温急剧上升，病害易流行。土壤湿度95%以上，持续4～6h，病菌即完成侵染，2～3d就可完成一代。易积水的菜地，定植过密、通风透光不良发病重。

【防治方法】

1. 品种选择　选用耐湿抗病品种。

2. 合理施肥　施用酵素菌沤制的堆肥或充分腐熟的有机肥，采用配方施肥技术，减少化肥施用量。前茬收获后及时翻地。

3. 幼苗处理　采用营养钵育苗的，移栽时用双多悬浮剂（西瓜重茬剂）300～350倍液灌穴，每穴400～450mL，每667m²用药1kg。对于直播的，分别在播种和5～6片真叶时，用上述药液600～700倍液浇灌，隔7～10d1次，共灌2次，总用量1kg。

4. 加强管理　雨后及时排水。

5. 药剂防治　发病初期喷1%的等量式波尔多液或代森锰锌600～800倍液、50%甲基托布津1 000倍液、70%百菌清500～800倍液。每10d1次，共喷2～3次。

棚室保护地可选用烟雾法或粉尘法。采用烟雾法时，发病初期每667m²用45%百菌清烟剂200～250g分放在棚内4～5处，用香或卷烟等暗火点燃，发烟时闷棚熏一夜，次晨通风，隔7d熏1次，可单独使用，也可与粉尘法、喷雾法交替轮换使用。粉尘法于发病初期傍晚用喷粉器喷撒5%百菌清粉尘剂或10%多百粉尘剂、10%防霉灵粉尘剂。每667m²用1kg，隔9～10d1次。

采用喷雾法时，在发现中心病株后选用70%乙膦·锰锌可湿性粉剂500倍液或72.2%普力克水剂800倍液、15%庄园乐水剂200倍液、30%绿得保悬浮剂500倍液、56%靠山水分散微颗粒剂800倍液。对上述杀菌剂有抗药性的地区，可改用72%克霜氰可湿性粉剂800倍液或72%杜邦克露可湿性粉剂、72%霜脲锰锌（克抗灵）可湿性粉剂800～900倍液、18%甲霜胺锰锌可湿性粉剂600倍液，每667m²喷对好的药液50L，隔10d左右1次，连续防治2～3次。

褐色腐败病与白粉病混发时，可用72%克霜氰可湿性粉剂1000倍液加15%三唑酮可湿性粉剂2000倍液。褐色腐败病与炭疽病混发时用72%克霜氰可湿性粉剂1000倍液加50%苯菌灵可湿性粉剂1500倍液喷洒可兼防两病。对72%克露、克霜氰、霜脲锰锌（克抗灵）及58%瑞毒霉产生抗药性的地区可改用69%安克锰锌可湿性粉剂（或水分散粒剂）1 000倍液，每667m²用量90～100g。生产上使用绿得宝、靠山等铜剂时，应避免在露水未干或阴雨天用药，以免产生药害。

十五、西瓜绵腐病

该病与西瓜猝倒病同为瓜果腐霉真菌侵染引起，是西瓜结瓜期的主要病害，发生普遍。主要发生在露地栽培中。

【症状】苗期染病引起猝倒，结瓜期主要危害果实。贴土面的西瓜先发病，病部初呈褐色水渍状，后迅速变软，致整个西瓜变褐软腐。湿度大时，病部长出白色绵毛，即病原菌菌丝体。本病也可导致死秧。

图8-15　西瓜绵腐病症状

【病原】瓜果腐霉［*Pythium aphanidermatum*（Eds.）Fitzp.］，属鞭毛菌亚门真菌。菌丝体生长繁茂，呈白色棉絮状。菌丝无色，无隔膜，直径2.3～7.1μm。菌丝与孢子囊梗区别不明显。孢子囊丝状或分枝裂瓣状，或呈不规则膨大，大小63～725μm×4.9～14.8μm。泡囊球形，内含6～26个游动孢子。藏卵器球形，直径14.9～34.8μm，雄器袋状至宽棍状，同丝或异丝生，多为1个，大小5.6～15.6μm×7.4～10μm。卵孢子球形，平滑，不满器，直径14～22μm。有报道引起春季瓜苗猝倒病的还有刺腐霉（*Pythium spinosumsawada*），此外疫霉属（*Phytophthora* spp.）的一些种及丝核菌（*Rhizoctonia solani* Kuhn）也可引起幼苗子叶出现萎蔫型猝倒病。

【发病规律】病菌以卵孢子在12～18cm表土层越冬，并在土中长期存活。翌春，遇有适宜条件萌发产生孢子囊，以游动孢子或直接生长出芽管侵入寄主。在土中营腐生生活的菌丝也可产生孢子囊，以游动孢子侵染瓜苗引起猝倒。病菌生长适宜地温15～16℃，温度高于30℃生长受到抑制。适宜发病地温为10℃，低温对寄主生长不利，但病菌尚能活动。当幼苗子叶养分基本用完，新根尚未扎实之前是感病期，平均气温22～28℃，连续阴雨天多或湿度大利于此病发生和蔓延。

【防治方法】

1. **床土消毒**　床土应选用无病新土，如用旧园土，有带菌可能，应进行苗床土壤消毒。方法是每平方米苗床施用50%拌种双粉剂7g，或40%五氯硝基苯粉剂9g，或25%甲霜灵可湿性粉剂9g + 70%代森锰锌可湿性粉剂1g对细土4～5kg拌匀，施药前先把苗床底水打好，且一次浇透，一般17～20cm深，水渗下后，取1/3充分拌匀的药土撒在畦面上，播种后再把其余2/3药土覆盖在种子上面，即上覆下垫。如覆土厚度不够可补撒堰土使其达到适宜厚度，这样种子夹在药土中间，防效明显。

2. **加强苗床管理**　选择地势高、地下水位低，排水良好的地作苗床，播前一次灌足底水，出苗后尽量不浇水，必须浇水时一定选择晴天喷洒，不宜大水浇灌。育苗畦及时放风、降湿，即使阴天也要适时适量放风排湿，严防瓜苗徒长染病。

3. **加强田间管理**　果实发病重的地区，要采用深沟高畦，防止雨后积水。定植后前期宜少浇水，多中耕，以减轻发病。

4. **药剂防治**　发病初期喷淋72.2%普力克水剂400倍液，每平方米喷淋对好的药液2～3L或15%恶霉灵（土菌消）水剂450倍液每平方米用3L。

十六、西瓜软腐病

【症状】该病主要危害西瓜茎、蔓，也危害果实。茎蔓染病多由伤口引起，病斑为不规则形水渍状，向内软腐，发展迅速，可引起全株软腐，并有臭咸菜样恶臭味，病蔓断面流出黄白色菌脓。果实受害，初期现水渍状深绿色斑，扩大后稍凹陷，病部发软，逐渐转为褐色，病斑周围有水渍状晕环，从病部向内腐烂，散发出恶臭味。

图8-16　西瓜软腐病症状

【病原】不详。

【发病规律】

1.种植密度大，株、行间郁闭，通风透光不好，发病重；氮肥施用太多，生长过嫩，抗性降低易发病。

2.土壤黏重、偏酸；多年重茬，田间病残体多；肥力不足、耕作粗放、杂草丛生的田块，植株抗性降低，发病重。

3.育苗用的营养土带菌，或有机肥没有充分腐熟或带菌，或有机肥料中混有本科作物病残体的易发病。

【防治方法】

1. **及时整枝打杈**　避免阴雨天或露水未干之前整枝，整枝后及时喷施新高脂膜

800倍液形成保护膜，防止气传性病菌侵入。并适时喷施促花王3号抑制主梢旺长，促进花芽分化。尤其要注意田间的温度、湿度，及时排除田间积水。

2. 加强管理　在西瓜开花前、幼果期、果实膨大期喷施壮瓜蒂灵可使瓜蒂增粗，强化营养输送量，增强植株抗逆性，促进瓜体快速发育，使瓜形漂亮，汁多味美。并可适时喷施新高脂膜800倍液提高西瓜表面光泽度，提高西瓜的商品价值。

3. 药剂防治　在西瓜生长期及时防治蛀果害虫，并在软腐病发病初期根据植保要求喷施针对性药剂，如72%农用硫酸链霉素可溶性粉剂4 000倍液等进行防治，同时配合喷施新高脂膜800倍液增强药效，提高药剂有效成分利用率，巩固防治效果。

十七、西瓜斑点病

西瓜斑点病又称叶斑病，是西瓜的一种普通病害，露地和保护地西瓜均可发生。

【症状】多在西瓜生长中后期发生，主要危害叶片。叶斑较小，直径0.2～7mm，边缘褐色至紫褐色，病斑近圆形或不规则形，灰色至灰褐色，病斑中间有一个白色中心，微具轮纹，外围可见一个黄色晕圈，别于其他叶斑病。

图8-17　西瓜斑点病症状

【病原】瓜类尾孢（*Cercospora citrullina* Cooke），属半知菌类真菌。菌丛生于叶两面，叶面多，子座无或小。分生孢子梗10根以下簇生，淡褐色至浅橄榄色，直或略屈曲，具隔0～3个，顶端渐细，孢痕明显，无分枝，大小7.5～72.5μm×4.5～7.75μm。分生孢子无色或淡色，倒棍棒形或针形至弯针形，具隔0～16个，端钝圆尖或亚尖，基部平截，大小15～112.5μm×2～4μm。

【发病规律】病菌以菌丝块或分生孢子在病残体及种子上越冬，翌年产生分生孢子借气流及雨水传播，从气孔侵入，经7～10d发病后产生新的分生孢子进行再次侵染。多雨季节此病易发生和流行。

【防治方法】

1.选用无病种子，或用2年以上的陈种播种。

2.种子用50%多菌灵可湿性粉剂500倍液浸种30min。

3.实行与非瓜类蔬菜2年以上轮作。

4.发病初期及时喷洒50%混杀硫悬浮剂500～600倍液或50%甲基硫菌灵·硫黄悬浮剂700～900倍液，隔10d左右1次，连续防治2～3次。保护地可用45%百菌清烟剂熏烟，用量每667m² 200～250g；或喷撒5%百菌清粉尘剂，每667m²用1kg，隔7～9d 1次，视病情防治1～2次。采收前7d停止用药。

十八、西瓜煤污病

【症状】西瓜叶片上产生灰黑色或炭黑色菌落，呈煤污状，初零星分布在叶面局部或叶脉附近，严重时覆满整个叶面。

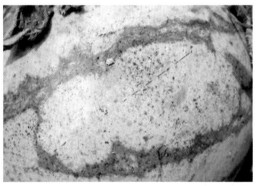

图8-18　西瓜煤污病症状

【病原】一种枝孢，属半知菌类真菌。病菌主要以菌丝体和分生孢子随病残体遗留在地面越冬，翌年气候条件适宜时，病组织上产生分生孢子，通过风雨传播，分生孢子在寄主表面萌发后从伤口或直接侵入，病部又产生分生孢子，借风雨传播进行再侵染。

【发病规律】植株栽植过密，株间生长郁闭，田间湿度大或有白粉虱和蚜虫危害易诱发此病。

1.种植密度大，株行间郁闭，通风透光不好，发病重；氮肥施用太多，生长过嫩，抗性降低，易发病。

2.土壤黏重、偏酸；多年重茬，田间病残体多；肥力不足、耕作粗放、杂草丛生的田块，植株抗性降低，发病重。

3.育苗用的营养土带菌，或有机肥没有充分腐熟或带菌，或有机肥料中混有本科作物病残体的易发病。

4.地势低洼积水、排水不良、土壤潮湿易发病，高温、高湿、长期连续阴雨、日照不足易发病；高温干旱与高温高湿交替时发病重。

【防治方法】

1.播种或移栽前，或收获后，清除田间及四周杂草，集中烧毁或沤肥；深翻灭茬，促使病残体分解，减少病源和虫源。

2.和非本科作物轮作，水旱轮作最好。

3.选用抗病品种，选用无病、包衣的种子，如未包衣则种子须用拌种剂或浸种剂灭菌。

4.深沟高畦栽培，选用排灌方便的田块，开好排水沟，降低地下水位，达到雨停无积水。大雨过后及时清理沟系，防止湿气滞留，降低田间湿度，这是防病的重要措施。

5.适时早播，早移栽、早间苗、早培土、早施肥，及时中耕培土，培育壮苗。

6.育苗移栽，育苗的营养土要选用无菌土，用前晒3周以上。

7.土壤病菌多或地下害虫严重的田块，在播种前撒施或沟施灭菌杀虫的药土。

8.施用酵素菌沤制的堆肥或腐熟的有机肥，不用带菌肥料，施用的有机肥不得含有植物病残体。

9.采用测土配方施肥技术，适当增施磷钾肥，加强田间管理，培育壮苗，增强植株抗病力，有利于减轻病害。

10.地膜覆盖栽培，可防治土中病菌危害地上部植株。

十九、西瓜焦腐病

【症状】西瓜焦腐病主要危害果实。通常从蒂部开始果皮局部变褐，逐渐扩展成不规则形，颜色转深变黑后果肉迅速腐烂。后期烂瓜果实上产生许多黑色小黑点，即病原菌的分生孢子器。病瓜果柄往往也变黑，有时也长出黑色小点。长江以南有的年份有的地块发生较多，一旦发生迅速腐烂。

【病原】可可球二孢，属半知菌类真菌。有性态称柑橘葡萄座腔菌，属子囊菌门真菌。在PDA上菌落绒状，生长极快，菌丝体旺盛，初时灰白色，有光泽，后渐

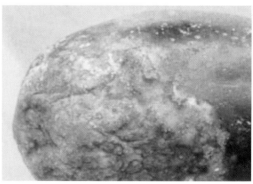

图8-19　西瓜焦腐病症状

转灰黑色至黑褐色，基质灰色，转灰绿色至黑色。温度26～27℃时，经20～30d可产生少量成熟的分生孢子器。未成熟的分生孢子单胞无色，椭圆形。成熟的分生孢子变成榄褐色，表面具纵纹，有1隔膜，大小21.3～26.3μm×12.5μm。

【发病规律】病菌以子囊壳、分生孢子器和分生孢子在西瓜果实病部越冬，翌年5月以后气温升高，均温24～26℃，加上梅雨及雨季，出现高温多湿条件，利其传播和蔓延。低于10℃病菌不能生长发育，子囊孢子释放需要有雨水，降雨1h后即可释放子囊孢子，2h达高峰。排水不良、肥料不足易发病。

【防治方法】

1.加强管理，施足腐熟有机肥，雨后及时排水，防止湿气滞留。

2.西瓜生长期间发现病果及时摘除，集中销毁，不可丢弃在西瓜地里。

3.及时喷洒78%波·锰锌（科博）可湿性粉剂600倍液或53.8%可杀得干悬浮剂900倍液、10%噁醚唑（世高）水分散粒剂1500倍液。

二十、西瓜黏菌病

西瓜黏菌病又称白点病，是南方保护地西瓜生产中后期的一种主要病害，北方部分地区露地西瓜生产也常发生。

【症状】该病一般发生在西瓜生长前期靠近基部的叶片。初在叶片正面形成淡黄色不规则形或近圆形小斑点，病斑发生在叶缘处或沿脉部位，病斑表面粗糙或略凸起，呈疮痂状，大小1～3mm，干燥条件下形成白色硬壳，剥开呈石灰粉状。

【病原】西瓜灰绒泡菌〔*Physarum cinereum*（Batsch）Persoon〕，属黏菌门。

图8-20　西瓜黏菌病症状

【发病规律】多发生在潮湿、雨水多或施用未充分腐熟有机肥料的田块。河南6～8月露地西瓜发生较多较重。

【防治方法】整地时施用充分腐熟的有机肥作基肥，合理施用氮、磷、钾肥，加强肥水管理，促进植株健壮生长。雨后及时排除田间积水，收获结束后及时清除田间病残体并集中带出销毁。

发病初期及时摘除病叶并用下列药剂进行防治：70%甲基硫菌灵可湿性粉剂600～800倍液，或50%苯菌灵可湿性粉剂800～1 000倍液＋70%代森联干悬浮剂600倍液，或25%溴菌腈可湿性粉剂500～1 000倍液＋70%代森锰锌可湿性粉剂700倍液，或25%嘧菌酯悬浮剂1 000～2 000倍液，或30%福·嘧霉可湿性粉剂800～1 000倍液＋75%百菌清可湿性粉剂600～800倍液，对水喷雾，视病情隔7～10d 1次，连续防治2～3次。

第二节　缺素症害

西瓜常见的缺素症有：缺氮（N）或氮过量、缺磷（P）、缺钾（K）、缺铁（Fe）、缺硼（B）或硼过剩、缺钙（Ga）、缺镁（Mg）、缺锌（Zn）、缺锰（Mn）、缺钼（Mo）等。

一、西瓜缺氮或多氮症

氮是包括西瓜的所有作物构成蛋白质、叶绿素等物质的重要元素，作物对氮的吸收量大。

【症状】植株若缺氮则表现瘦弱，生长速度慢，分枝减少，茎蔓短小，叶小而薄，叶色淡或黄，老叶先黄化，叶脉失绿。若施氮过多，在西瓜的开花结果期易引起植株营养生长过旺，造成茎蔓过多过长，叶面积系数过大，产生荫蔽，影响田间通风透光，使植株营养生长与生殖生长失调，坐果困难，向果实供应养分少，致使瓜小，糖量少，产量低，品质差，并且成熟期推迟。

施氮过多容易导致植株体内养分不平衡，还能导致诱发磷、钙、硼等元素的缺乏。植株过多地吸收氮素，体内容易积累氨，从而造成氨中毒症状。

【防治方法】科学施用氮肥，有效促进植株的营养生长，使茎蔓粗壮，枝叶繁茂，叶色深绿。

二、西瓜缺磷症

磷是西瓜植株体中磷脂、核蛋白等物质的重要组成部分，参与植物体内物质的运输、能量代谢以及细胞分裂分化等生理过程，与西瓜的生根、出叶、分枝和开花结果有密切关系。无子西瓜虽然对磷的吸收量不大，但对其正常生长发育还是起着至关重要的作用。

【症状】西瓜若缺磷，西瓜根系发育不良，植株短小，叶暗绿，幼叶出现紫红斑，开花推迟，成熟晚，且易落花、落果，果实含糖量显著下降，种子不饱满。植株的抗寒、抗旱、抗病虫能力弱。

【防治方法】磷肥供应充足，能使西瓜根系发达，增强植株吸收水肥能力，促进植株生长，加快发育进程，促使植株早开花、早坐果、早成熟。此外，还可以提高植株的抗寒、抗旱、抗病虫能力，改善果实品质。

三、西瓜缺钾症

钾元素是西瓜植物体内多种酶的催化剂。它能促进叶片的光合作用及蛋白质的合成，加快光合产物的运转，增加果实的含糖量，提高果实的品质。此外，还可以促进植株对氮素的吸收，提高氮肥利用率，可调节因氮肥施用过多所造成的不良影响，增强蔓、卷须的坚韧性和抵抗病虫害的能力。特别是果实进入膨大期缺钾，常会引起植株输导组织的机能衰弱，使叶片光合作用的产物和根部吸收的养分不能及时向果实输送，造成品质变劣，产量下降。

【症状】植株下部老叶叶尖、叶缘开始黄化，沿叶肉向内延伸，继而叶缘褐变焦枯，叶面皱缩并有褐斑，植株茎蔓细弱，叶色暗而无光泽。严重时向心叶扩展，使之变为淡褐色，甚至出现焦枯状。

【发生原因】西瓜需钾量最多，其次才是氮、磷元素，其比例为2∶1.5∶1。而人们往往忽视施钾肥，致使土壤中出现钾元素的缺乏，导致缺钾症。

【防治方法】

1. 重施底肥　瓜田施氮肥不能过量，否则瓜不甜，甚至会有酸味。若施饼肥则产量、品质均优。经验表明，重施底肥，普施农家肥，并配合施用以磷钾肥为主的氮磷钾复合化肥，西瓜的含糖量会高于单施饼肥的地块。一般以每667m²产瓜3 500～5 000kg计算，需纯氮15～20kg，纯磷10～15kg，纯钾20～25kg。因此，每667m²施农家肥2 500kg，饼肥75kg，过磷酸钙25～30kg，再配合草木灰等含钾量多的肥料，即可满足上述需肥要求。

2. 追施化肥　西瓜在营养生长期应以氮肥为主，生殖生长期则以氮、钾为主，所以坐果后应结合浇水追1次膨瓜肥，每667m²施复合肥15kg，硫酸钾10kg。

3. 叶面施肥　对缺钾田块，应及时向茎叶喷施磷酸二氢钾。具体做法是将50g磷酸二氢钾溶化于50kg水中，配制成1000倍水溶液，喷施667m²西瓜地。

四、西瓜缺铁症

【症状】叶片叶脉间失绿黄化，叶脉仍保持绿色。

【发生原因】碱性土壤种植西瓜，易出现缺铁症状。土壤过干、过湿以及低温，也易导致缺铁症。另外，土壤中锰、铜、磷过多，可阻碍西瓜对铁的吸收，也易发生缺铁症。

【防治方法】土壤pH6～6.5时，不能再施入碱性肥料；合理灌溉，防止过干过湿；用0.5%的硫酸亚铁水溶液喷洒叶面。

五、西瓜缺钙症

西瓜是喜钙作物，吸收的钙能在体内起多种作用，可促进细胞壁的发育，减少体内营养物质外渗，抑制病菌的浸染，提高植株的抗病性，消除体内过多有机酸的危害，促进体内各种代谢过程等。同时，还能促进氮的代谢，促进根的发育。

【症状】生育期植株缺钙表现为叶缘黄化，叶外翻呈伞状，中午叶内卷，傍晚恢复，植株生长缓慢。容易导致脐腐病的发生。

【防治方法】可对干旱的瓜田进行灌水，并喷施0.2%氯化钙。

六、西瓜缺硼及硼过剩症

硼对碳水化合物的运输及光合作用有促进作用。西瓜缺硼并非病原菌所致，无传染性，属于生理性病害，发生较为普遍，往往成片植株或全田受害。

图8-21　西瓜缺硼症状

【症状】表现为幼叶叶缘黄化，叶的内部上拱，边缘向下卷曲，整个叶片呈降落伞状。有的植株顶端一部分茎蔓变褐枯死，致使其无法再继续伸长，最终影响西瓜的产量。硼过剩则植株表现为下部叶叶缘呈黄白色，叶际有黄白色斑点，并渐向上部扩展。

【发生原因】硼元素对西瓜植株体内碳水化合物的形成和运转起着重要作用，并能促进分生组织的迅速生长和生殖器官的正常发育，还能防止多种生理性病害，如缺钙症、叶灼症等。植株缺硼时，根尖、茎蔓的生长点分生组织细胞受害死亡，使根系吸收能力受阻，造成茎顶端枯死。缺硼又会影响钙的吸收，结果表现出缺硼、缺钙的症状。土壤干旱时，土壤中水溶性硼的含量减少，影响根系吸收及根系生长，导致病变及影响对钙的吸收，诱发缺硼、缺钙症。另外，有些地块土壤本身可能就缺硼，而引起缺硼、缺钙症。

【防治方法】

1. 及时浇水　在有灌溉条件的瓜田，见有旱现象即要及时浇水，使土壤中可溶态硼的含量提高，满足西瓜对硼的吸收，同时促使根系对钙的吸收，可有效地避免缺硼、缺钙症的发生。

2. 施硼肥　对确系缺硼的瓜田则需施硼肥，其方法有二：一是喷施。每667m²用硼酸30~70g；或硼砂50~100g，先用少量水将其溶化，再加清水50kg，用喷雾器均匀喷洒于茎叶上。二是施肥。每667m²施有效硼（折合硼砂0.5~1kg）55~110g为宜，最好将硼肥与磷肥或氮肥混匀，于犁地前底施，不能沟施或穴施，以免局部硼浓度过高引起瓜株中毒。

3. 实行地膜覆盖栽培　地膜覆盖栽培不仅可提高地温和保持土壤湿度，促进根系发达，从而保持有效硼含量，并促使钙转化为速效态，这样可起到防止缺硼、缺钙症的发生。硼过剩症的矫正方法是浇大水，通过水溶解硼，并使其淋失。若配以施入石灰质肥料，则效果更好。植株出现新生叶黄化，生长缓慢的缺硼症状时，应对瓜田进行灌溉，并喷施400~500倍的硼砂水。

七、西瓜缺镁症

镁参与植物光合作用及酸和糖的代谢。

【症状】由于镁在植株体内移动性强，当镁缺乏时，较老茎叶中的镁元素会向新叶或生长点运输，所以缺镁症状首先出现在老叶上，主要是主脉附近的叶脉间先变黄，并逐渐向周围扩大，症状从下部叶片向上逐次扩展，使整个叶片变黄，出现枯死。

【发生原因】有些地区或地块的土壤里缺乏镁元素，从而导致瓜类作物缺镁失绿症的出现。

【防治方法】

1. 施硼矿泥　对缺镁地块，可以底施硼矿泥（硼泥中除含有硼元素外，还含有镁），每667m² 施 11 ~ 22kg即可。因硼泥呈碱性，应当用适量的石膏等酸性物质中和后，再施入土中。

2. 施硼镁肥　每667m² 用3.5 ~ 7kg作底肥施入土中。

3. 叶面喷施镁肥　每667m² 用硫酸镁50g，先用少量水溶化后，再用50kg清水稀释，于16：00 ~ 17：00均匀喷洒在西瓜的茎叶上。

八、西瓜缺锌症

锌可促进光合作用、呼吸作用及碳水化合物的转化作用。

【症状】缺锌时叶脉间有白色条纹或坏死斑。

【防治方法】可叶面喷施0.12% ~ 0.2% 的硫酸锌补救。

九、西瓜缺锰症

锰参与光合作用，促进氮的转化和叶绿素、糖类的积累。

【症状】缺锰时幼叶基部失绿，沿叶脉有残绿。

【防治方法】可叶面喷施0.12% ~ 0.2% 的硫酸锰补救。

十、西瓜缺钼症

钼可促进糖的形成和转化，促使磷发挥作用。

【症状】缺钼时开花推迟，结果减少。

【防治方法】可在叶面喷施钼肥补救。

第三节　生理性病害

在西瓜栽培过程中，因为温度、湿度、光照、空气和水分不适，营养元素缺乏，机械损伤及其他非生物因子造成的生理失调，称为生理性病害。西瓜常见的生理性病害有僵苗（小老苗）、徒长苗、叶片白化、沤根、烧根、急性凋萎、粗蔓、化瓜、裂果、黄带果、尖嘴果、空心果、葫芦（大肚）果、偏头果、日灼果、脐腐果、发酵果、白肉果等。

一、西瓜僵苗（小老苗）

【症状】主要表现是在苗期和定植后，生长长期处于停滞状态，展叶慢，叶色灰绿。根发黄，甚至变褐，新生根很少。僵苗恢复很慢，一旦发生会大幅度降低产量。

【发生原因】

1.气温、地温较长时间偏低。

2.土质黏重，含水量高、湿度大、通气少，定植后遇连续阴雨。

3.秧苗素质差，苗龄过长。定植时根系损伤过多，或整地、定植时操作粗糙，根部架空，影响发根。

4.施用未腐熟的农家肥造成烧根，或施用化肥过多，造成土壤溶液浓度过高而伤根。

5.地下害虫危害根部。

6.土壤较长时间干旱。

【防治方法】

1.改善育苗环境，培育壮苗。

2.根据气象预报，选冷尾暖头的晴天定植，预防低温及晚霜侵害。

3.加强排水，增施腐熟的农家肥，促进根系生长。

4.加强土壤管理，前期勤中耕松土，采用地膜覆盖。

5.防治蚯蚓、蚂蚁等害虫。

二、西瓜徒长苗

【症状】西瓜幼苗徒长，表现为茎细、节间长、叶绿、叶质较薄、抗病能力及抗逆性差，定植后成活率低，缓苗慢。伸蔓和开花结果期表现为茎粗、叶大、叶色浓绿、嫩茎尖部（龙头）高翘，不易坐果。大棚栽培时更易发生。

【发生原因】

1.高温、高湿、光照不足。

2.氮素营养过高，导致营养生长与生殖生长失调。

【防治方法】

1.控制基肥中无机肥的用量，前期少施氮肥，注意磷、钾肥的配合。

2.适时通风降温、排湿，增加光照。

3.已形成疯秧的植株，可采取适当整枝、打顶、部分断根等手段控制营养生长，并采取人工辅助授粉和用坐瓜灵涂瓜胎等措施促进坐果，使生长中心快速转移至果实。

三、西瓜叶片白化

【症状】西瓜苗期子叶和幼嫩的真叶边缘失绿、白化，造成幼苗生长暂时停顿，严重时真叶干枯，导致缓苗期长甚至僵苗，更严重时子叶、真叶、生长点全部被冻死。

【发生原因】主要是因为西瓜出苗期通风不当，床温急剧下降所致。

【防治方法】

1.白天床温保持在20℃以上。夜间不低于15℃。

2.苗期早晨通风不宜过早，通风量要逐步增加，不使苗床温度骤变而导致伤苗。

四、西瓜沤根

【症状】根皮产生锈斑后腐烂，病苗易拔起，主根和须根变褐腐烂，地上部叶缘枯焦。

【防治方法】

1.对低温型沤根，应采取保护地育苗，苗床白天温度控制在22～28℃、夜间13～18℃，最低不低于12℃。

2.对高温型沤根，要注意降低地温和散墒。早春和夏季育苗，最好用营养钵等。

3.不施用新鲜的鸡粪或人粪尿，应提前腐熟沤制。

五、西瓜烧根

【症状】幼苗生长缓慢，植株矮小；叶色暗绿无光泽，顶叶皱缩，须根少而短。

【发生原因】主要是施用未腐熟的有机肥或化肥使用量过大又未及时浇水。

【防治方法】一定要施用经过充分发酵的有机肥，化肥用量不宜过大，并及时浇水。

六、西瓜急性凋萎

【症状】发病初期，中午地上部萎蔫，傍晚尚能恢复，3～4d后枯死。坐果前后连续阴雨天时易发生。

【发生原因】

1.与砧木种类有关，葫芦砧木发生较多，南瓜砧木很少发生。

2.根系吸水能力差。

3.整枝过度，抑制了根系生长。

4.光照弱。

【防治方法】选择适宜的砧木，加强管理，增强根系的吸收能力。

七、西瓜粗蔓

【症状】从西瓜甩蔓到瓜胎坐住后开始膨大均可发生，以瓜蔓伸长约0.8cm以后发生较为普遍。发病时距生长点8～10cm处瓜蔓显著变粗，顶端粗如大拇指且上翘，变粗处蔓脆易折断纵裂，并溢出少许黄褐色汁液，生长受阻。以后叶片小而皱缩，近似病毒病，影响西瓜的正常生长，不易坐果。

【发生原因】肥料和水分过多，偏施氮肥，浇水量过大，或田间土壤含水量过高，温度忽高忽低，土壤缺硼、锌等微量元素。植株营养过剩，营养生长过于旺盛，生殖生长受到抑制，植株不能及时坐果。

【防治方法】

1.选用抗逆性强的品种。据田间观察，早熟品种易发生，中晚熟品种发生轻或不发生。

2.加强苗期管理，培育壮苗，定植无病壮苗。

3.采用配方施肥，平衡施肥，增施腐熟有机肥和硼、锌等微肥，调节养分平衡，满足西瓜生长对各种营养元素的需要。

4.加强田间管理，保护地加强温、湿度管理，加强通风，充分见光，促使植株健壮生长。

5.症状发生后，用50%扑海因可湿性粉剂1500倍液 + 0.3% ~ 0.5%硼砂 + 爱多收6 000倍液喷雾；或用50%扑海因可湿性粉剂1 500倍液 + 0.3% ~ 0.5%硼砂 + 尿素喷雾，每4 ~ 5d喷1次，连喷2次，防治效果明显。

八、西瓜化瓜

【症状】雌花开放后，子房因供给养分极少甚至得不到养分而黄化，2 ~ 3d后开始萎缩，随后干枯或死掉。

【发生原因】土壤瘠薄，温度不稳定，阴冷低温天气持续时间长，光照不足，光合作用下降，植株生长过弱导致雌花营养不良。栽植过密，偏施氮肥，整枝不及时，营养生长与生殖生长不协调。结果期夜温高于18℃，呼吸作用增强导致徒长而容易发病。设施内温度、湿度发生剧变，授粉不良，影响花粉发育和花粉管的伸长。

【防治方法】

1.采用深沟高畦栽培，合理密植。

2.及时整枝。

3.人工辅助授粉或激素处理。开花期每天上午7：00 ~ 10：00进行人工辅助授粉，也可用30 ~ 50mg/L的坐瓜灵处理雌花瓜柄，可以提高坐果率。

九、西瓜黄带（黄条带）

【症状】果实纵切从花痕部到果柄部的维管束成为发达的纤维质带，多为白色。严重时呈黄色。

【发生原因】在长势过旺的植株上结的果实，成熟过程中遇低温，或叶片受害，或用南瓜砧木嫁接的情况下，易形成黄带。

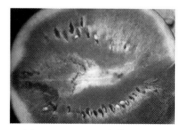

图8-22　西瓜果实黄带症状

【防治方法】

1.合理整枝调节植株长势，并保护茎叶。

2.合理施用氮肥，防止植株徒长。

十、西瓜裂果

【症状】一般从花蒂处产生龟裂，幼果到成熟果均可发生。通常果皮薄的品种和小西瓜品种易发生。

【发生原因】果实膨大初期遇低温，发育一时停止之后再迅速膨大而引起裂果。从果实膨大后期到收获期，由于降雨、灌溉等，土壤水分剧增，使吸水量和蒸发量不均衡而引起裂果。在果实发育某一阶段由于干旱，土壤水分少，果实发育受阻，突然降雨或灌水量大，使土壤水分剧增而引起裂果。此外，果皮薄而脆的品种及扁形果也易裂果。常见从果实的花痕部开裂。

图8-23　西瓜裂果症状

【防治方法】露地栽培采用地膜覆盖，防止土壤水分剧变。降大雨后及时排水，干旱应适时灌溉。大棚等设施栽培时，果实膨大初期的温度至少应保持20℃以上，并适时灌溉。另外，还应注意以下几点。

1.选择抗裂品种。

2.实行深耕，促进根系生长发育，吸收利用耕作层底部水分，并采取地膜覆盖保湿。

3.果实成熟时严禁大水漫灌，避免水分剧变。

十一、西瓜尖嘴果

【症状】西瓜的花蒂部位变细，果梗部位膨胀形成尖嘴瓜。

【发生原因】

1.植株叶片营养同化机能下降，果实得不到充足的营养。

图8-24　西瓜尖嘴果症状

2.花多、坐果率高，易产生尖嘴果或化瓜。

3.坐果晚的果实易成为尖嘴果。

【防治方法】

1.适期追肥，防止生长期间脱肥。实行深耕，施足底肥。

2.注意防治病虫害，保持适宜的叶面积。

十二、西瓜空心果

【症状】果肉出现开裂、隙缝、空洞等统称空心果。空心果的产生除与品种本

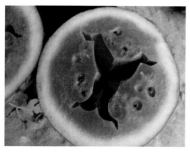

图8-25　西瓜空心果症状

身有关外，低温条件下坐果，低节位坐果，氮素过多引起的旺长等情况下，坐的果实容易发生空心果。一般地说，空心果几乎都形成纵沟，果皮厚，果形不圆整。空心产生的主要原因是果皮和果肉生长速度不一致。膨瓜期遇低温，坐果节位太低，或由于品种关系及未熟瓜均会产生厚皮。生产上可选择薄皮品种，采取合理留瓜，适时采收等措施防止厚皮瓜产生。

【防治方法】

1.选择优良品种。

2.加强肥水管理。

3.选留最佳节位坐瓜留瓜。

4.坐果不良时，在果实膨大后期，从植株基部20～30cm处除去无效蔓，可以避免空心果。

5.严禁使用膨瓜激素。

十三、西瓜葫芦（大肚）果

【症状】西瓜的顶部，接近花蒂的部位膨胀，而靠近果梗的部位较细。

【发生原因】长果型品种容易产生葫芦形果实，营养不良时也易发生葫芦果。

【防治方法】

1.加强肥水管理，防止植株老化。

2.注意防治病虫害。

3.选用不易产生葫芦形果的品种。

十四、西瓜偏头果

【症状】西瓜果实发育不平稳，一侧发育正常，另一侧发育迟缓或停滞。

【发生原因】主要原因是授粉不均匀。

一是西瓜花芽分化期（1～5片真叶期），遇到低温形成畸形花，畸形花必然发育成畸形瓜；二是开花坐果期间授粉受精不良，致使果实中种子分布不均，种子多的部位果皮瓜瓤能充分膨大，而种子较少或没有子的部位果皮瓜瓤膨大不良，从而形成偏头瓜（歪瓜）。

【防治方法】

1.加强苗期管理，避免花芽分化时（2～3片真叶

图8-26　西瓜葫芦果症状

时）受低温影响。

2.控制坐瓜节位，选第2～3朵雌花坐果，并进行人工辅助授粉。

3.适时追肥，施足钾肥，防止生产中后期脱肥，并在70%的西瓜生长至鸡蛋大小时，及时浇灌膨瓜水。

4.防止瓜蝇危害。

图8-27　西瓜偏头果症状

十五、西瓜日灼果

【症状】西瓜果实日灼病多发生在果实发育后期。此时植株叶片逐渐衰落，果实裸露在外，在高温、强光条件下，果面局部温度急剧升高，水分迅速蒸发，致使局部果皮细胞内蛋白质变性，原生质的拟脂被溶化，活细胞中其他生活物质如酶、叶绿素、维生素等结构被破坏而产生日灼（烧）现象。轻者使局部果皮褪色或出现日灼病斑，重者发生果肉恶变而不堪食用。在沙性土壤上种瓜，或选用果皮颜色较深或分枝少、叶稀、叶小的品种时，更易发日灼现象。

图8-28　西瓜日灼果症状

【防治方法】

1.选用抗日灼的西瓜品种。

2.施用腐熟有机肥，前期增施氮肥，促进生长。

3.根据品种特性，因地因品种确定适宜的密度，做到瓜田不裸露，瓜四周有叶片遮挡。

4.及时锄草，结果后果面盖草防晒。

十六、西瓜脐腐果

【症状】果实顶部凹陷，变为黑褐色。后期湿度大时，遇腐生霉菌寄生会出现黑色霉状物。

【发生原因】

1.在天气长期干旱的情况下，果实膨大期水分、养分供应失调，叶片与果实争夺养分，导致果实脐部大量失水，使其生长发育受阻。

2.由于氮肥过多，导致西瓜吸收钙素受阻，使脐部组织细胞生理紊乱，失去控制水分的能力。

3.施用激素类药物干扰了瓜果的正常发育，易产生脐腐病。

图8-29　西瓜脐腐果症状

【防治方法】

1.瓜田深耕，多施腐熟有机肥，促进土壤保墒。

2.均衡供应肥水。

3.叶面喷施1%过磷酸钙，每15d喷1次，连喷2~3次。

十七、西瓜发酵果

【症状】成熟果实内部果肉呈水渍状，肉质变软，有酒味并带异味，不能食用。

【发生原因】发酵果的发生与品种有较大关系，一般早熟软肉型品种发生严重。除品种原因外，过熟采收或采收后在高温下存放时间过长，栽培过程中氮肥过量，茎叶徒长，土壤缺钙，果实膨大期间缺水等都导致此病。

【防治方法】选用肉质脆硬、不易发酵的品种；适期采收，采后进行预冷处理，降低瓜内温度；控施氮肥，增施钾肥；采收前7d停止灌水。

十八、西瓜激素果

【症状】果实发育不良，形成畸形果。内在品质变差，造成空心现象。

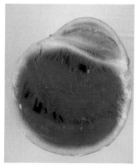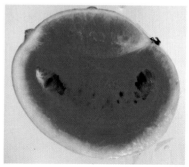

图8-30　西瓜激素果症状

【发生原因】西瓜坐果时，激素浓度使用过高或喷施不均匀等造成。

【防治方法】为了安全生产，整个生长发育过程中，严禁使用各种激素产品。

第四节　主要虫害

一、小地老虎

小地老虎又称地蚕或黑土蚕，是西瓜苗期（前期）主要地下虫害之一。该虫除危害西瓜外，还能危害百余种植物，是对农林幼苗危害很大的地下害虫。

【形态特征】成虫为褐色蛾子，前胸背面有黑色W形纹，前翅褐色，后翅灰白色。卵半圆形，初产时乳白色，后转黄色。幼虫灰褐色，体上有小粒突起，虫体长16～22mm。蛹赤褐色，有光泽。

图8-31　小地老虎的幼虫和成虫

【习性与危害】小地老虎1年发生2～7代，以老熟幼虫或蛹在土内越冬。早春3月上旬成虫开始出现，一般在3月中下旬和4月上中旬会出现两个发蛾盛期。成虫白天不活动，傍晚至前半夜活动最盛，喜欢吃酸、甜、酒味的发酵物和各种花蜜，并有趋光性。幼虫共分6龄，1、2龄幼虫先躲伏在杂草或植株的心叶里，昼夜取食，这时食量很小，危害也不十分显著。3龄后分散，行动敏捷、有假死习性、对光线极为敏感，受到惊扰即卷缩成团，白天潜伏于表土的干湿层之间，夜晚出土从地面将幼苗植株咬断拖入土穴或咬食未出土的种子。幼苗主茎硬化后改食嫩叶和叶片及生长点，食物不足或寻找越冬场所时，有迁移现象。5、6龄幼虫食量大增，每条幼虫一夜能咬断瓜苗4～5株，多的达10株以上。幼虫3龄后对药剂的抵抗力显著增加。因此，药剂防治一定要掌握在3龄以前。

【防治方法】

1.加强田间管理，清除田间杂草，消灭越冬虫蛹。

2.3月中下旬用黑光灯或糖醋液诱杀成虫。可用糖、醋、酒、水（比例为3∶3∶1∶10份）加入少量农药置盆中，傍晚放置于田间，诱杀成虫。

3.栽苗前田间堆草，人工捕捉。

4.毒饵诱杀。用晶体敌百虫0.25kg，加水45L，喷在20kg炒过的棉仁饼上，做成毒饵，傍晚撒在幼苗周围，每667m²用毒饵约20kg；或敌百虫0.03kg溶解在0.2～0.3kg水中，喷在45kg菜叶或鲜草上，于傍晚撒在田间诱杀，每667m²用7.5～10kg，严重时隔2～3d再用1次，防治效果较好。

二、黄守瓜

黄守瓜又称瓜守、黄虫、黄莹，属鞘翅目叶甲科，是西瓜苗期（前期）主要虫害之一。黄守瓜食性广泛，可危害19科69种植物。几乎危害各种瓜类，受害最烈的是西瓜、南瓜、甜瓜、黄瓜等，也危害十字花科、茄科，豆科、向日葵、柑橘、桃、梨、苹果、桑树等。

【形态特征】成虫为褐黄色小甲虫。体长8～9mm。前胸背板横矩形，中央有一条波状横沟。幼虫体长约12mm，头褐色，口器尖锐，体黄白色，背板长椭圆形，上有褐色斑纹。

【习性与危害】黄守瓜1年发生数代，以成虫在草丛、枯枝落叶和土缝中越冬。翌年春季先在菜地、杂草上取食，以后转移至瓜类上危害。成虫、幼虫均能危害，以幼虫危害瓜苗最重。成虫白天活动，在湿润的土壤中产卵，食害叶片、花器和幼果，将其咬成半圆形或圆形小孔，苗期盛发时可把幼苗全部吃光，造成缺株。幼虫在土中咬食细根或钻入主根髓部近地面茎内，导致瓜苗生长不良，以致黄萎枯死。老熟幼虫在土下3～4cm化蛹，成虫有假死性。

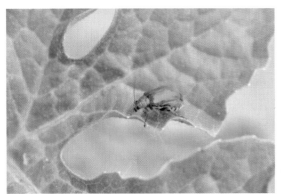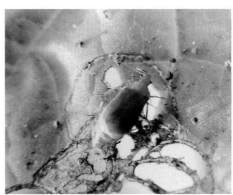

图8-32　黄守瓜成虫及其危害症状

【防治方法】防治黄守瓜重点应放在苗期。

1.消灭越冬虫源。清洁田间，深耕灌水，清除越冬杂草和越冬虫源。

2.抓住成虫期，可利用趋黄习性，用黄盆诱杀。

3.利用其假死性，在清晨捕杀。

4.在植株周围撒施石灰粉、草木灰或铺一层麦壳、砻糠等，防止其产卵。

5.在瓜苗周围插松枝驱避。

6.药剂防治。由于西瓜对许多药剂敏感，易发生药害，尤其苗期抗药力不强，用药须慎重。可用48%乐斯本或55%农地乐、25%鱼藤精喷雾。成虫期用40%氰戊菊酯4 000倍液或21%灭杀毙乳油4 000倍液。幼虫期用90%晶体敌百虫1 000～2 000倍液灌根。

三、蚜虫

蚜虫又称腻虫，西瓜整个生育期均可发生，主要危害西瓜的叶片，是西瓜重要虫害之一。危害西瓜的蚜虫主要是菜蚜、棉蚜。

【形态特征】蚜虫成虫分有翅型和无翅型2种。无翅胎生雌虫，体长1.5～1.8mm。体色夏季为黄绿色或黄色，春季和秋季深绿、蓝黑或黄色。体末端有1对暗色腹管。尾片青绿色。两侧有刚毛3对。有翅胎生雌虫，体长1.2～1.9mm。体黄、浅绿或深绿色，前胸背板黑色。有透明翅2对。腹部背面两侧有3～4对褐斑，腹管暗黑色，圆筒形，尾片同无翅胎生雌虫。

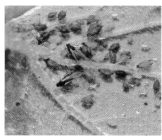

图8-33　蚜　虫

【习性与危害】蚜虫繁殖快，1年可繁殖10～20多代，世代重叠现象突出。高温干旱有利于繁殖。雌性蚜虫一生下来就能够生育，而且蚜虫不需要雄性就可以繁殖。以卵在木槿或杂草等寄主上越冬。春季孵化后先在越冬作物上繁殖数代后，产生有翅蚜，再迁飞到瓜苗危害。成虫、若虫群集在叶背吸食汁液，使叶片皱缩，生长不良，严重时全株枯死。

蚜虫与蚂蚁有着和谐的共生关系。蚜虫给蚂蚁提供蜜露，蚂蚁为蚜虫提供保护，赶走天敌。蚜虫可传播病毒病。

【防治方法】

1. 农业防治

（1）合理布局，减少蚜源。

（2）清除杂草，消灭越冬卵，或在有翅蚜迁飞前用药杀灭。

（3）银灰色膜避蚜。苗床四周铺17cm宽的银灰色薄膜，上方挂银灰薄膜条；在瓜田间隔铺设银灰膜条，均可避蚜或减少有翅蚜迁入传毒。

（4）黄板诱蚜。春秋季田间扦插涂有机油的黄板（高出作物60cm），诱杀有翅蚜减少田间蚜量。

2. 药剂防治

（1）用1∶15的比例配制烟叶水，泡制4h后喷洒。

（2）可用10%吡虫啉可湿性粉剂2500倍液或2.5%三氟氯氰菊酯乳油4 000倍液、25%抗蚜威3 000倍液喷雾。

四、蝼蛄

蝼蛄俗名拉拉蛄、地狗，土狗子，是西瓜重要的地下害虫之一。

【形态特征】华北蝼蛄体长为36~55mm，黄褐色，前胸背板心形凹陷不明显，后足胫节背面内侧有1刺或没有；卵椭圆形，孵化前为深灰色；若虫与成虫相似。华北蝼蛄分布于北纬32°以北地区，以盐碱地、沙壤地数量最多。东方蝼蛄全国各地均有发生，但以南部发生较重，在低温和较黏重的土壤中发生最重。

图8-34　蝼　蛄

【习性与危害】蝼蛄一般于夜间活动，但气温适宜时，白天也可活动。土壤相对湿度为22%~27%时，华北蝼蛄危害最重。土壤干旱时活动少，危害轻。成虫有趋光性。夏、秋两季，当气温18~22℃、风速小于1.5m/s时，夜晚可用灯光诱到大量蝼蛄。蝼蛄能倒退疾走，在穴内尤其如此。成虫和若虫均善游泳，母虫有护卵哺幼习性。若虫至4龄期方可独立活动。蝼蛄的发生与环境有密切关系，常栖息于平原、轻盐碱地以及沿河、临海、近湖等低湿地带，特别是沙壤土和多腐殖质的地区。

蝼蛄通常栖息于地下，夜间和清晨在地表下活动，潜行土中，形成隧道，使种子不能萌发，作物幼根与土壤分离，因失水而枯死。蝼蛄食性杂，取食地下茎、根系、地上茎，造成地下茎和根系形成缺口、萎缩，嫩茎形成缺口、弯曲、萎缩，轻则影响作物的产量与品质，严重时造成植株局部或全株枯死。非洲蝼蛄在南方也危害水稻。台湾蝼蛄在台湾危害甘蔗。

【防治方法】

1.不施用未腐熟的有机肥料。

2.用瓜类种衣剂拌种，防治效果好。

3.挖巢灭卵。在产卵盛期结合夏锄，发现产卵洞孔后，再向下深挖5~10cm，即可挖到虫卵，还能捕到成虫。

4.毒饵诱杀。药量为饵料的0.5%~1%，先将饵料（麦麸、豆饼、秕谷、棉籽饼或玉米碎粒等）炒香，用90%敌百虫30倍液拌匀，加水拌潮为度。每667m²用毒饵2kg左右，傍晚放入苗床或瓜田。

5.灯光诱杀。在温度高、无风、闷热的夜晚用黑光灯或电灯诱杀。

五、蛴螬

蛴螬是金龟子（俗名铁炮牛、金爬虫、金蹦蹦等）的幼虫，是西瓜重要的地下害虫之一。

【形态特征】 蛴螬体肥大，体型弯曲呈C形，多为白色，少数为黄白色。头部褐色，上颚显著，腹部肿胀。体壁较柔软多皱，体表疏生细毛。头大而圆，多为黄褐色，生有左右对称的刚毛，刚毛数量的多少常为分种的特征。如华北大黑鳃金龟的幼虫为3对，黄褐丽金龟幼虫为5对。蛴螬具胸足3对，一般后足较长。腹部10节，第十节称为臀节，臀节上生有刺毛，其数目的多少和排列方式也是分种的重要特征。

图8-35　金龟子成虫与幼虫（蛴螬）

【习性与危害】 蛴螬1～2年1代，以幼虫和成虫在土中越冬。成虫即金龟子，白天藏在土中，晚上（20：00～21：00）进行取食等活动。蛴螬有假死和负趋光性，并对未腐熟的粪肥有趋性。成虫交配后10～15d将卵产在松软湿润的土壤内，以水浇地最多，每头雌虫可产卵100粒左右。幼虫蛴螬始终在地下活动，与土壤温湿度关系密切。当10cm土温达5℃时开始上升土表，13～18℃时活动最盛，23℃以上则往深土中移动，至秋季土温下降到其活动适宜范围时，再移向土壤上层。因此，蛴螬对果园苗圃、幼苗及其他作物的危害主要在春、秋两季。土壤潮湿时活动加强，尤其是连续阴雨天气。春、秋季在表土层活动，夏季时多在清晨和夜间到表土层。

蛴螬共3龄。1、2龄期较短，3龄期最长。危害瓜苗最严重的是大黑鳃金龟。蛴螬是我国地下害虫中分布最广、种类最多、危害最重的一大类群，以黄淮海地区发生面积最大。蛴螬食性杂，可取食多科植物。幼虫危害萌发的种子，咬断幼苗的根、茎，造成缺苗断垄，甚至毁种毁收。蛴螬的上颚发达，咬断的根、茎断口整齐平截，容易识别。

【防治方法】

1.南方的精耕细作和北方的秋耕秋灌，能有效地减少土中蛴螬的发生数量，不施用未腐熟的有机肥可减少引诱成虫入地产卵。

2. 用80%敌百虫可溶性粉剂1 000倍液喷雾防治成虫或灌根杀幼虫。

3. 利用其趋光性用黑光灯诱杀，或利用成虫假死性进行人工捕捉。

六、庭院蜗牛

庭院蜗牛属哈立克斯蜗牛，原产欧洲中西部的法国、英国等地区，通常栖身于园林或灌木丛中，故称为庭院蜗牛，又叫散大蜗牛。

【形态特征】成蜗牛体形略小，直径约3cm左右，螺壳质薄，呈黄褐色，具有4条紫褐色带，壳表面布满许多黄褐色的小斑点。眼睛长在头部的后一对触角上，走动时头伸出，受惊时则头尾一起缩进甲壳中。蜗牛身上有唾涎，能制约蜈蚣、蝎子。

图8-36　庭院蜗牛

【习性与危害】蜗牛是一种生活在陆地上的软体贝壳动物。昼伏夜出，喜阴暗潮湿，畏光怕热，多栖息于杂草丛生、树木葱郁、农作物繁茂环境及腐殖质多而疏松的土壤、枯草堆、洞穴中，以及树枝落叶和石块下。遇地面干燥或不良条件时，往往爬到树干、叶腋或叶子背面躲藏而休眠。适宜生长在气温7～24℃、空气相对湿度75%～90%、pH5～7的表土层。遇到恶劣条件，可将软体部分钻入表土25cm处休眠，或分泌乳白色不透明黏液膜封闭壳口。蜗牛在晚上（23：00以后）出来活动，对寒冷、干旱及饥饿有较强的忍耐能力。但对石灰、柴灰、煤焦油等各种含有气味的化学物质均不能适应。蜗牛为杂食性动物。幼蜗牛多为腐食性，以摄食腐败植物为主；成蜗牛一般以摄食绿色植物为主，食各种植物的根、茎、叶、花、果实等，尤其喜食植物的幼芽和多汁植物，亦食各种废纸、猪粪、植物残渣等。饥饿状态下还会互相残食。

蜗牛在西瓜苗期危害较重，轻则造成叶片、茎秆破损，僵苗迟发，成苗率下降；重则将瓜苗全部吃光，造成成片无苗。

【防治方法】

1. 清洁田园　前茬收获后，及时铲除田间、圩埂、沟边杂草，开沟降湿，中耕翻土，以恶化蜗牛生长、繁殖的环境。

2. 消灭成蜗牛 春末夏初，尤其在5~6月蜗牛繁殖高峰期之前，采取人工拾蜗牛或以草、菜诱集后拾除，及时消灭成蜗牛。

3. 化学防治 每667m²可用多聚甲醛300g、蔗糖50g、5%砷酸钙300g和米糠400g(先在锅内炒香)，拌和成黄豆大小的颗粒；或用6%密达杀螺粒剂0.5~0.6kg或3%灭蜗灵颗粒剂1.5~3kg，拌干细土10~15kg均匀撒施于田间。对蜗牛喜欢栖息的沟边、湿地适当重施，以最大限度减轻蜗牛危害。

七、根结线虫

【形态特征】根结线虫病是由根结线虫侵入根中引起的。根结线虫可分雌、雄两种，形体各不相同。幼虫细长蠕虫状，雄虫白色，尾端稍圆，细长，长1~1.5mm，活动范围大。雌虫在3龄后身体逐渐肥大，由豆荚状变成梨形，在根内一般固定不动。

【习性与危害】根结线虫常以2龄幼虫和老龄幼虫排出的卵囊团或散落的根结在土壤中越冬，一般可存活1~3年。卵囊孵化出的幼龄虫非常活跃，在地温20℃

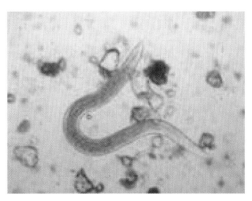

图8-37 根结线虫

左右时开始危害幼根，侵入根中的幼虫经几次蜕皮身体渐渐肥大，如地温、墒情适中，土壤通透性又好，线虫可反复危害。寄生在植物的根上，形成许多根瘤状物，即根结。根结初为白色，后期变成淡褐色甚至黑色，有的上面长有细弱新根。受害植株的侧根和须根上长有大大小小的肿瘤状根结，大小不等。受害根可互相连接成节结状。被寄生的植株，严重时地上部分表现为营养不良，生长势弱，结瓜少而小，甚至不结瓜。瓜类整个生育期可多次重复被侵染，根结线虫还可传播病毒病。刨取病株可闻到花生的清香味。剖开根结，其中有乳白色线虫。

根结线虫的传播途径主要是病土、病苗、灌溉水及工具等。除了危害瓜类作物

图8-38 根结线虫危害症状

外，还可以侵害茄果类、豆科等除葱蒜类外的绝大多数蔬菜，同时也危害果树、花卉等。

【防治方法】

1. 农业防治　与禾本科作物或葱、蒜等实行3年以上的轮作或水旱轮作；用鸡粪或棉籽饼作基肥，对线虫有一定的抑制作用；作物收获后可大水漫灌浸淹1个月，杀灭线虫；采瓜后，在炎热季节，翻耕浇灌并覆膜，晒5~7d，杀虫效果很好。

2. 药剂防治　在播种和定植前，用每667m²用1.8%爱福丁乳油300mL或2.0%苦参碱1 000~1 500倍液灌根2~3次，7~10d1次。因杀线虫剂多为高毒农药，一定要注意用药安全。施药方法，可参看产品使用说明书。

八、红蜘蛛

红蜘蛛是西瓜的主要虫害之一。在西瓜整个生育期均可发生。危害西瓜的主要是叶螨科的茄子及棉花红蜘蛛。

【形态特征】成虫椭圆形，雌虫体长0.42~0.51mm，雄虫体长约0.26mm，鲜红或深红色，腹部背面左右各有1个暗斑。幼虫体圆形，长约0.15mm，暗绿色，眼红色，足3对。若虫体椭圆形，长约0.21mm，红色，卵圆球形，直径0.13mm，无色透明，有光泽。

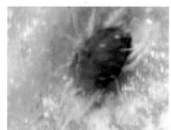

图8-39　红蜘蛛及其危害症状

【习性与危害】红蜘蛛主要危害茄科、葫芦科、豆科、百合科等多种蔬菜作物。枣树上红蜘蛛种类较多，枣粮间作的枣园中的优势种为截形叶螨，其寄主广泛，包括枣树、棉花、玉米、豆类及多种杂草和蔬菜。

北方以雌成虫潜伏在菜叶、杂草或土缝中越冬，南方则成虫、若虫、幼虫和卵在冬作寄主上越冬。春季先在过冬寄主上繁殖危害，以后转移到瓜蔓上危害。成虫、幼虫群集叶背吸食汁液，被害部位初呈黄白色小圆斑，严重时叶片发黄枯焦。在夏季高温干燥盛发时，叶片卷缩，呈锈褐色。

【防治方法】

1.晚秋、早春清除瓜田周围杂草并烧毁，彻底消灭越冬红蜘蛛。

2.加强田间管理，如合理施肥灌水、增加田间湿度等，以减少红蜘蛛的繁殖。

3.药剂防治。要在田间初发期喷药，着重喷叶的背面，用药量要多，必要时连续2～3次。选用1.8%爱福丁（虫螨光）乳油2 000～3 000倍液、或0.2%甲维盐微乳剂1 500倍液、或5%卡死克乳油1000～1500倍液等喷雾，均有较好的效果。

九、潜叶蝇

潜叶蝇又称夹叶虫，是一种严重危害西瓜生产的害虫。

【形态特征】成虫是一种小蝇，暗灰色，眼红褐色，翅透明有紫色闪光。在嫩叶背面产卵，散藏在叶缘的叶肉中。卵长卵圆形，灰白色。幼虫是白色小蛆，在叶片里潜食叶肉，形成弯曲的小潜道，老熟后在潜道的末端化蛹。蛹为长卵形，略扁，黑褐色。

图8-40　潜叶蝇成虫及其危害症状

【习性与危害】在我国北方发生多，1年发生4～5代，以成虫在水沟边杂草上过冬，长江中下游地区以幼虫和蛹在寄主内越冬。气温在5℃左右成虫即可活动、交尾、产卵，4月中旬盛发，4月底5月初危害最严重。春季温度上升则虫口增加，在20℃时成虫生长最快。气温达30℃时是其正常活动的极限，因此高温可以限制该虫的危害。幼虫杂食，危害西瓜多在伸蔓期，因为采收豌豆、油菜时，成虫转移到西瓜田产卵。

【防治方法】

1.清除田间杂草，用以沤肥，降低春季虫口密度。

2.药剂防治。当叶片出现小潜道时用药剂喷洒，这时虫口密度低，既可杀死幼虫，又可杀死成虫。选用75%灭蝇胺可湿性粉剂3 000～4 000倍液或80%敌敌畏乳剂2 000倍液，或二者混用；或用90%晶体敌百虫1 000倍液等。7～10d1次，连喷2～3次。

十、瓜绢螟

瓜绢螟又叫瓜野螟、瓜螟，是危害西瓜的主要害虫之一。

【形态特征】成虫体长11mm，头、胸黑色，腹部白色，第一、七、八节末端有黄褐色毛丛。前、后翅白色透明，略带紫色，前翅前缘和外缘、后翅外缘呈黑色宽带。卵扁平，椭圆形，淡黄色，表面有网纹。末龄幼虫体长23～26mm，头部、前胸背板淡褐色，胸腹部草绿色，亚背线呈两条较宽的乳白色纵带，气门黑色。蛹长约14mm，深褐色，外被薄茧。

图8-41　瓜绢螟成虫与幼虫

【习性与危害】瓜绢螟主要分布于华东、华中、华南和西南地区。在广东1年发生6代，以老熟幼虫或蛹在枯叶或表土越冬，第二年4月底羽化，5月幼虫危害。7～9月发生数量多，世代重叠，危害严重。11月后进入越冬期。成虫夜间活动，稍有趋光性，雌蛾在叶背产卵。3龄以后幼虫吐丝将叶片左右卷起连缀，藏于其中危害。幼虫受惊即吐丝下垂。蛹化于卷叶或落叶中。

幼龄幼虫在叶背啃食叶肉，呈灰白斑。3龄后吐丝将叶或嫩梢缀合，居于其中取食，使叶片穿孔或缺刻，严重时仅留叶脉，被害叶片有灰白色斑块。幼虫常蛀入瓜内，影响产量和质量。

图8-42　瓜绢螟危害症状

【防治方法】

1.设施栽培提倡采用防虫网，防治瓜绢螟兼治黄守瓜。

2.清洁田园。瓜果采收后将枯藤落叶收集沤埋或烧毁，可压低下代或越冬虫口基数。

3.人工摘除卷叶，捏杀部分幼虫和蛹。

4.提倡用螟黄赤眼蜂防治瓜绢螟。在幼虫发生初期，及时摘除卷叶，置于天敌保护器中，使寄生蜂等天敌飞回大自然或瓜田中，但害虫留在保护器中，以集中消灭部分幼虫。

5.加强瓜绢螟预测预报。采用性诱剂或黑光灯预测预报发生期和发生量。

6.提倡架设频振式或微电脑自控灭虫灯，对杀灭瓜绢螟有效，还可以减少蓟马、白粉虱的危害。

7.药剂防治。掌握在幼虫1～3龄时，选用1.8%阿维菌素乳油2 000倍液或2.5%敌杀死乳油1 500倍液、20%氰戊菊酯乳油2 000倍液、48%毒死蜱1 000倍液、5%卡死克3 000倍液、5%抑太保3 000倍液、5%高效氯氰菊酯乳油1 000倍液等喷雾。7～10d 1次，连喷2～3次。

十一、棉铃虫

棉铃虫又名棉铃实夜蛾，属鳞翅目夜蛾科。危害西瓜、茄子、南瓜等200多种植物，各地均有发生。

【形态特征】成虫体长4～18mm，翅展30～38mm，灰褐色。前翅具褐色环纹及肾形纹，肾缝前方的前缘脉上有二褐纹，肾纹外侧为褐色宽横带，端区各脉间有黑点，后翅黄白色或淡褐色，端区褐色或黑色。蛹长17～21mm，黄褐色，腹部第五节的背面和腹面有7～8排半圆形刻点，臀棘钩刺2根。老熟幼虫体长30～42mm，体色变化很大，由淡绿、淡红至黑褐色，头部黄褐色，背线、亚背线和气门上线呈深色纵线，气门白色，腹足趾钩为双序中带。两根前胸侧毛边线与前胸气门下端相切或相交。体表布满小刺，其底部较大。卵长约0.5mm，半球形，乳白色，具纵横网格。

【习性与危害】棉铃虫在黄河流域1年发生3～4代，长江流域1年发生4～5代，以滞育蛹在土中越冬。成虫白天隐藏在叶背等处，黄昏开始活动，取食花蜜，有趋

图8-43　棉铃虫成虫与幼虫

光性。卵散产于植株上部。幼虫5~6龄。幼虫取食叶片背面的叶肉，被害叶片有灰白色斑块，尤其爱取食茎尖，致使茎尖幼叶展开时常残缺不全。幼虫也可蛀入幼果或花中危害。老熟幼虫吐丝下垂，多数入土作土室化蛹。

【防治方法】

1. 冬耕冬灌杀灭越冬蛹　田间适当种植玉米诱集棉铃虫产卵，集中消灭。

2. 诱杀成虫　用黑光灯诱杀成虫或剪取带叶杨树或柳树枝条扎成把，插于田间诱杀成虫。每667m²插10把，5~10d换1次。

3. 生物防治　在主要危害世代产卵高峰后3~4d及6~8d，喷2次Bt乳剂（每克含孢子100亿）250~300倍液，对3龄前幼虫有较好的防效。

4. 化学防治　在主要危害世代的卵孵化盛期施药，以上午为宜。药剂选用50%杀螟松乳油1 000倍液或10%氯氰菊酯乳油2000倍液、5%来福灵乳油3000倍液、5%卡死克乳油1 000~1 500倍液、5%抑太保乳油1 000~2 000倍液等喷雾。7~10d1次，连喷2~3次。

十二、菜青虫

菜青虫是菜粉蝶的幼虫，是西瓜的常见害虫之一。各地均有发生。

【形态特征】成虫体长12~20mm，翅展45~55mm，体黑色，胸部密被白色及灰黑色长毛，翅白色。幼虫共5龄，体长28~35mm。幼虫初孵化时灰黄色，后变青绿色，体圆筒形，中段较肥大，背部有1条不明显的断续黄色纵线，气门线黄色，每节的线上有2个黄斑。密布细小黑色毛瘤，各体节有4~5条横皱纹。蛹长18~21mm，纺锤形，体色有绿色、淡褐色、灰黄色等；背部有3条纵隆线和3个角状突起。头部前端中央有1个短而直的管状突起；腹部两侧也各有1个黄色脊，在第

图8-44　菜青虫成虫与幼虫

二、三腹节两侧突起成角。体灰黑色，翅白色，鳞粉细密。前翅基部灰黑色，顶角黑色；后翅前缘有1个不规则的黑斑，后翅底面淡粉黄色。

【习性与危害】菜青虫以蛹在菜地附近向阳的墙角、篱笆及枯枝落叶下越冬。翌年3月中下旬出现成虫。成虫产卵时对甘蓝类蔬菜有很强的趋性，卵散产于叶背面。幼龄幼虫受惊后有吐丝下垂习性，大龄幼虫受惊后有卷曲落地习性。4～6月和8～9月为幼虫盛期，也是危害盛期。

菜青虫在菜区和油菜区对瓜类影响较大。2龄幼虫啃食叶肉。形成半透明小凹斑；3龄幼虫可蚕食整个叶片，仅剩叶柄和叶脉。

【防治方法】

1.清除田间残枝落叶，及时深翻土地，减少虫源。

2.生物防治，用Bt乳剂或青虫菌液剂（每克含孢子100亿）500g加水750kg喷雾，温度在20℃、相对湿度85%以上喷施，杀虫效果最好，且有连锁反应杀虫效果。

3.注意天敌的自然控制作用，保护广赤眼蜂、微红绒茧蜂、凤蝶金小蜂等天敌。在绒茧蜂发生盛期用每克含活孢子100亿以上的青虫菌，或Bt可湿性粉剂800倍液喷雾。

4.药剂防治。可用0.2%甲维盐微乳剂1 500倍液或灭杀毙3 000倍液、25%灭幼脲胶悬剂1 000倍液等喷雾。隔10d喷1次，连喷2次。

十三、温室白粉虱

温室白粉虱又称小白蛾子，属同翅目粉虱科。危害西瓜、黄瓜、茄子等200多种植物。各地均有发生。

【形态特征】成虫体长1～1.5mm，淡黄色。翅面覆盖白蜡粉，停息时双翅较平展，翅端半圆状遮住整个腹部，翅脉简单，沿翅外缘有一排小颗粒；卵长约0.2mm，长椭圆形，基部有卵柄，淡绿色变褐色，覆有蜡粉；若虫体长0.3～0.5mm，长椭圆

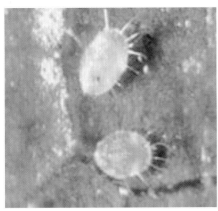

图8-45 温室白粉虱成虫与若虫

形，淡绿色或黄绿色，足和触角退化，紧贴在叶片上。

【习性与危害】温室条件下1年发生10余代。在自然条件下不同地区的越冬虫态不同，一般以卵或成虫在杂草上越冬。繁殖适温18～25℃，成虫有群集性，对黄色有趋性，营有性生殖或孤雌生殖。卵多散产于叶片上。若虫期共3龄。各虫态的发育受温度因素的影响较大，抗寒力弱。早春由温室向外扩散，在田间点片发生。

成虫、若虫聚集寄主植物叶背刺吸汁液，使叶片褪绿变黄，萎蔫以至枯死。成虫、若虫所排蜜露污染叶片，影响光合作用，且可导致煤污病及传播多种病毒病。除在温室等保护地发生危害外，对露地栽培植物危害也很严重。

【防治方法】

1. 农业防治

（1）培育"无虫苗"。育苗时把苗床和生产温室分开，育苗前对设施进行熏蒸消毒，消灭残余虫口；清除杂草、残株，通风口增设尼龙纱或防虫网等，以防外来虫源侵入。

（2）合理种植，避免混栽。避免与黄瓜、番茄、菜豆等白粉虱喜食的蔬菜混栽，提倡第一茬种植芹菜、甜椒、油菜等白粉虱不喜食、危害较轻的蔬菜。二茬再种西瓜、黄瓜、番茄。

（3）加强栽培管理。结合整枝打杈，摘除老叶并烧毁或深埋，可减少虫口数量。

2. 生物防治　采用人工释放丽蚜小蜂、中华草蛉和轮枝菌等天敌可防治白粉虱。当平均每株白粉虱成虫在0.5头以下时，每隔2周连续3次释放丽蚜小蜂每株共15头，可控制白粉虱的发生危害。

3. 物理防治　利用白粉虱强烈的趋黄习性，在发生初期，将黄板涂机油挂于田间，诱杀成虫。每667m²设置30～40块，每隔7～10d当白粉虱粘满时重涂一次。

4. 化学防治　药剂防治应在虫口密度较低时早期施用，可选用25%噻嗪酮（扑虱灵）可湿性粉剂1 000～1 500倍液或10%联苯菊酯（天王星）乳油2 000倍液、2.5%溴氰菊酯（敌杀死）乳油2 000倍液、20%氰戊菊酯（速灭杀丁）乳油2 000倍液、2.5%三氟氯氰菊酯（功夫）乳油3 000倍液、10%吡虫啉可湿形粉剂1 000倍液、25%灭螨猛乳油1 000倍液、灭扫利乳油2 000～3 000倍液等，每隔7～10d喷1次，连续防治3次。

十四、烟粉虱

烟粉虱又称棉粉虱，属同翅目粉虱科，是近年来我国新发生的一种虫害，危害西瓜、番茄、黄瓜、辣椒等蔬菜及棉花等众多作物。

【形态特征】雌虫体长（0.91 ± 0.04）mm，翅展（2.13 ± 0.06）mm；雄虫体长（0.85 ± 0.05）mm，翅展（1.81 ± 0.06）mm。虫体淡黄白色到白色，复眼红色，肾形，单眼2个，触角发达7节。翅白色无斑点，被有蜡粉。前翅有2条翅脉，第

图8-46　烟粉虱成虫与若虫

一条脉不分叉，停息时左右翅合拢呈屋脊状。足3对，跗节2节，爪2个。

【习性与危害】烟粉虱的生活周期有卵、若虫和成虫3个虫态，1年发生的世代数因地而异，在热带和亚热带地区每年发生11～15代，在温带地区露地每年可发生4～6代。田间发生世代重叠极为严重。在25℃下，从卵发育到成虫需要18～30d不等，其历期取决于取食的植物种类。成虫对黄色，特别是橙黄色有强烈的趋性。

烟粉虱直接刺吸植物汁液，导致植株衰弱，若虫和成虫还可以分泌蜜露，诱发煤污病的发生，密度高时，叶片呈现黑色，严重影响光合作用。另外，烟粉虱还可以传播病毒病。

【防治方法】

1. 农业防治　温室或棚室内，在栽培作物前要彻底杀虫，严密把关，选用无虫苗，防止将粉虱带入保护地内。在露地，换茬时要做好清园工作，在保护地周围地块应避免种植烟粉虱喜食的作物。

2. 物理防治　粉虱对黄色，特别是橙黄色有强烈的趋性，可在温室内设置黄板诱杀成虫。方法是用纤维板或硬纸版用油漆涂成橙黄色，再涂上一层黏性油（可用10号机油），每667m²设置30～40块，置于植株同等高度。7～10 d后，黄色板粘满虫或色板黏性降低时再重新涂油。

3. 生物防治　丽蚜小蜂（*Encarsia formosa*）是烟粉虱的有效天敌。许多国家通过释放该蜂，并配合使用高效、低毒、对天敌较安全的杀虫剂，能有效地控制烟粉虱的大发生。此外，释放中华草蛉、微小花蝽、东亚小花蝽等捕食性天敌对烟粉虱也有一定的控制作用。

4. 化学防治　西瓜定植后应定期检查，当虫口较高时要及时进行药剂防治。可用99%敌死虫乳油（矿物油）600～800倍液或植物源杀虫剂6%绿浪（烟百素）1 000～1 500倍液、40%绿菜宝1 500～2 000倍液、10%扑虱灵乳油1 000倍液、25%灭螨猛乳油1 500～2 000倍液、10%吡虫啉可湿性粉剂800～1 200倍液、1.8%阿维菌素乳油1 500～2 000倍液等喷雾。5～7d喷1次。

十五、瓜蓟马

瓜蓟马属缨翅目蓟马科，危害瓜类、茄子等多种植物。

【形态特征】成虫体长1mm左右，黄色，前胸后缘有缘鬃6根。翅细长透明，周缘有许多细长毛，前翅上脉基鬃7条，中部至端部3条，第八腹节后缘梳毛完整。卵长椭圆形，长0.2mm，淡黄色。若虫共4龄，体白色或淡黄色。

图8-47　瓜蓟马成虫及其危害症状

【习性与危害】瓜蓟马成虫对黄色和植株的嫩绿部位有趋性，爬行敏捷、能飞善跳、怕强光，当阳光强烈时则隐蔽于植株的生长点及幼瓜的茸毛内，迁飞都在晚间和上午。卵大多散产于寄主的生长点、嫩叶、幼瓜表皮下及幼苗的叶肉组织内，卵孵化都在白天，近傍晚时最多。初孵若虫有群集现象。1~2龄若虫多数在植株上部嫩叶或幼瓜的毛丛中活动和取食，行动活泼，少数在叶背危害，3~4龄分别进入预蛹和前蛹，自然落地入土，静伏发育为成虫。

以成虫、若虫锉吸心叶、嫩芽、幼瓜的汁液，使被害株心叶不能正常展开，生长点萎缩变黑枯焦而出现丛生现象。幼瓜受害毛茸变黑，出现畸形，严重时造成落瓜。成瓜受害后瓜皮粗糙，有黄褐色斑纹或瓜皮长满锈斑，使瓜的外观、品质受损，商品性下降。同时，瓜蓟马还能传播多种病毒病，加重损失程度。

【防治方法】

1. **农业防治**　清除杂草，加强肥水管理，使植株生长旺盛；进行秋耕、冬灌，消灭越冬虫源。

2. **药剂防治**　瓜苗2~3片真叶后，当单株心叶查见2~3头蓟马时应用药防治。若虫量大时，可用20%灭杀毙乳油2 000倍液或1.8%阿维菌素乳油2 000倍液、2.5%溴氰菊酯乳油3 000倍液、20%氰戊菊酯乳油4 000倍液、4.5%高效氯氰菊酯乳油3 000倍液等喷雾。每7~10d防治1次，连续防治3~5次。

十六、瓜实蝇

瓜实蝇又称瓜小实蝇、瓜蛆，属同翅目实蝇科，是地蛆的成虫。危害西瓜、黄瓜等葫芦科作物。

【形态特征】成虫为灰色或灰黄色小蝇，体长约5mm，全身被黑色刚毛。幼虫似粪蛆，乳白略带黄色。蛹略呈椭圆形，红褐色，长4～5mm，宽1.6mm。

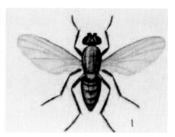

图8-48　种蝇幼虫与成虫

【习性与危害】1年发生3～4代。春季危害严重，夏季高温期危害较轻。以成虫或蛹越冬。早春成虫出现，取食未腐熟的厩肥、饼肥，并在其中产卵，或在土缝、基部叶片上产卵，孵化后幼虫钻入土中危害。

种蝇主要以幼虫（地蛆）危害。常群集危害瓜苗幼茎，或幼虫自根颈部蛀入，顺着茎向上危害，被害苗倒伏死亡后再转移至邻近的苗。因此，常出现成片死苗。

【防治方法】

1.春耕尽量提前，在种蝇羽化前翻耕，避免成虫产卵。

2.施用充分腐熟的农家肥。人粪、厩肥在堆积发酵过程中粪堆外要用泥封严，防止成虫聚集产卵。

3.药剂防治。卵和成虫可用90%晶体敌百虫1 000倍液喷洒床面和根部附近。防治幼虫可用上述药剂或50%敌敌畏1 000倍液喷浇根。

十七、蚂蚁

【形态特征】工蚁体长1.70mm左右。体黄褐色，头部和腹部色较深。体上直立毛简单，不形成叉。头部长大于宽，呈长方形，表面光滑无皱纹。触角12节，其上着生密毛，棒节3节，第三节为第二节的3倍稍短；第二棒节稍长于第一棒节，具触角沟。上颚咀嚼缘具4齿。胸部光滑，与头部等长。中胸背板具纵脊20条左右。胸腹节无刺。各足胫节具1简单距。腹部光滑，外露4节。腹柄2结节，第一结节长大于宽，前端有柄；第二结节呈横卵圆形，宽稍大于长，与第一结节之宽相等。

【习性与危害】蚂蚁在我国各地均有分布。但不同地区不同种类的蚂蚁对西瓜的危害有所不同。多数蚂蚁在田间土居生活。蚂蚁喜旱，高旱田块发生较重，菜园地蚁害最重，而水稻茬危害很轻。

蚂蚁有在作物伤口处取食的习性。主要危害播下刚萌发的种子及幼苗。对萌发

图8-49　蚂蚁及其危害症状

种子散发的香味敏感，喜将种子从土中搬出运回洞穴。对幼苗危害主要是蛀食根及茎部，导致幼苗死亡。

【防治方法】

1.水旱轮作，适时浇水，田间保持适当的湿度。

2.用90%敌百虫500倍液浸泡熟猪骨头置于田间诱杀，或用0.125%～0.15%灭蚁灵粉与食油、玉米芯拌匀成毒饵诱杀。

3.发现蚂蚁危害后及时用50%胺氯菊酯600倍液灌根。

十八、茶黄螨

茶黄螨属蜱螨目跗线螨科。危害西瓜、茄子、苦瓜等。长江流域及长江以南地区和内蒙古、北京等地均有发生。

【形态特征】雌成螨长约0.21mm，体躯阔卵形，体分节不明显，淡黄至黄绿色，半透明有光泽，足4对，沿背中线有1白色条纹，腹部末端平截；雄成螨体长约0.19mm，体躯近六角形，淡黄至黄绿色，腹末有锥台形尾吸盘，足较长且粗壮；幼螨近椭圆形，躯体分3节，足3对，若螨半透明棱形，是一静止阶段，被幼螨表皮所

图8-50　茶黄螨及其危害症状

包围。

【习性与危害】茶黄螨是喜温性害虫，发生危害最适气候条件为温度16～27℃，相对湿度45%～90%。浙江及长江中下游地区的盛发期为7～9月。江浙露地1年发生20代以上，保护地栽培可周年发生，但冬季危害轻，世代重叠。保护地3月上中旬初见，4～6月可见危害严重田块。露地4月中下旬初见，7～9月盛发。成螨通常在土缝、冬季蔬菜及杂草根部越冬。

茶黄螨虫体非常小，主要以成螨和幼螨集中在植株幼嫩部位吸取汁液危害，危害症状与西瓜病毒病症状相似，受害部位呈黄褐色或灰褐色，并具有油状光泽或呈油渍状，叶片边缘向叶背面卷曲。嫩茎受害后扭曲变形，重者顶部干枯，严重影响植株的生长。花蕾受害后不能正常发育开放。果实被害时，果柄及果皮变为黄褐色，木栓化。仔细观察受害部位，可见比针尖还小的黄白小点在移动。

【防治方法】

1. 农业防治

（1）消灭越冬虫源。铲除田边杂草，清除残株败叶，培育无虫壮苗。

（2）熏蒸杀螨。每立方米温室大棚用27g溴甲烷或80%敌敌畏乳剂3mL与木屑拌匀，密封熏杀16h左右可起到很好的杀螨效果。

（3）尽量消灭保护地的茶黄螨，清洁田园，以减轻翌年在露地西瓜上危害。

（4）定植前喷药灭螨。另外，可选用早熟品种，早种早收，避开螨害发生高峰。

2. 药剂防治　发生初期可用35%杀螨特乳油1 000倍液或5%尼索朗乳油2 000倍液、5%卡死克乳油1 000～15 00倍液、20%螨克1 000～1 500倍液、1.8%爱福丁乳油3 500～4 000倍液、20%的复方浏阳霉素1 000倍液等喷雾。一般每隔7～10d喷1次，连喷2～3次。喷药重点主要是植株上部嫩叶、嫩茎、花器和嫩果，注意轮换用药。

在温室和塑料大棚内，还可用硫黄粉掺锯末点火熏烟来防治。熏烟时须将大棚封闭，一个334m^{2}的大棚需硫黄粉0.6kg左右。

第九章

西瓜草害与鼠害的防治

近年来，笔者等采取了水旱轮作、地膜覆盖等措施对西瓜草、鼠害进行了综合防治，不但控制了草、鼠的危害损失，而且提高了西瓜的质和量，收到了较好的效果。现将综合防治技术分述如下。

第一节　西瓜草害及防治技术

一、杂草发生规律

西瓜田间杂草的种类很多，造成危害的杂草主要有藜、苋、凹头苋、反枝苋、马齿苋、野西瓜苗、铁苋菜、苍耳等阔叶杂草和马唐、狗尾草、稗草、牛筋草、画眉草等禾本科杂草。西瓜田间的杂草大多根系庞大，适应性强，繁殖快，传播广，寿命长，如不及时防除，容易与西瓜争阳光、肥水和滋生病虫害。西瓜田间杂草的发生有两个高峰期，第一个高峰期是随着西瓜瓜苗的出土，杂草也大量出土，这时出苗的杂草约占西瓜全生育期杂草出苗总数的60%；第二个高峰期在西瓜蔓长70cm左右时。

二、除草剂种类

除草剂分为非选择型和选择型两类，前者可以有效地防除所有种类的杂草，后者可有选择性地防除某一种或某一类杂草。无子西瓜栽培时，在第一个杂草发生高峰期，于播种后西瓜苗出土前可施用捕草净、除草醚、杀草净、胺草磷、克草死、抑草生等除草剂处理土表。在第二个杂草发生高峰期则应使用对西瓜安全的盖草能、精稳杀得、精禾草克等选择型除草剂，这些除草剂在禾本科杂草2~5叶期进行喷雾效果好，对西瓜苗安全。

无籽西瓜生产中常用的除草剂及其使用方法如下。

1. 48%氟乐灵乳油　防除马唐、牛筋草、稗、狗尾草、千金子、藜、蓼、苋等杂草。但对莎草和多种阔叶杂草无效。瓜苗移栽前，每667m²用药100~200mL，加水30~50L喷雾，施药后混土5~7cm深，3d后移栽瓜苗。

2. 72%都尔乳油　防除一年生禾本科杂草有特效，为瓜田常用高效安全除草剂。每667m^{2}用药100～150mL，对水30L，喷雾土壤，并作封闭处理，施药后覆膜移栽。露地施药，应增加用药量至150～200mL，加水50L喷雾地表。

3. 20%敌草胺　防除一年生禾本科杂草有特效。瓜苗移栽前或移栽后，每667m^{2}用药200～300mL，加水50L均匀喷雾。持效期长、高效，一次施药可保证西瓜整个生育期不受杂草危害。

4. 48%丁·异噁草酮可湿性粉剂　一种芽前除草剂，对西瓜田间一年生的禾本科杂草千金子和其他阔叶杂草等有较好的防效（达90%以上），每667m^{2}用药100～160g，优于50%敌草胺，安全性良好。

5. 50%大惠利可湿性粉剂　防除稗、马唐、牛筋草、野燕麦、看麦娘、狗尾草、马齿苋、反枝苋、藜、繁缕等。播种前每667m^{2}用药200～300g，加水30L，均匀喷于土表，混土5～7cm深，然后播种。

6. 48%地乐胺乳油　防除一年生禾本科杂草。播种前或移栽后，每667m^{2}用药150～250mL，加水30L，均匀喷雾，浅混土后播种或移栽。

7. 20%豆科威水剂　防除多种一年生禾本科杂草和阔叶草。播后苗前或移栽前，每667m^{2}用药610mL，加水均匀喷雾。干旱时施药后浅混土2～3cm深。

8. 10%氟硝草乳油　防除马唐、稗、狗尾草、牛筋草、藜、地肤等杂草。播后苗前每667m^{2}用药150～250mL，加水50L喷雾地表，干旱时浅混土2～3cm深。

9. 10.8%高效盖草能　防除一年生禾本科杂草，对瓜类安全，在禾本科杂草3～5叶期，每667m^{2}用药25～30mL，加水30L均匀喷雾。

10. 12%收乐通乳油　防除一年生和多年生禾本科杂草。出苗后或移栽后，禾本科杂草2～5叶期，每667m^{2}用药30～40mL，加水20～30L，在晴天上午均匀喷雾。

11. 10%草甘膦或41%农达水剂　灭生性除草剂。防除狗牙根、双穗雀稗、白茅、芦苇、田旋花、瓜列当等多年生恶性杂草。禾本科杂草2～4叶期和瓜列当开花前，每667m^{2}用10%草甘膦水剂800～1 200mL，或用41%农达水剂200～400mL，加水20～30L，把瓜秧笼罩起来或用带保护罩的喷雾器，对杂草定向喷雾。应在无风时施药。

三、除草剂使用技术

1. 非选择型除草剂　这一类除草剂若使用不当，容易对西瓜苗产生伤害，宜在西瓜播种后出苗前施用，适用于干籽直播田或育苗移栽前的大田。每667m^{2}可选用50%捕草净可湿性粉剂150～200g或25%除草醚可湿性粉剂500～750g、80%杀草净可湿性粉剂150～200g于播种后出苗前地表喷雾，防除一年生杂草。

2. 选择型除草剂　这一类除草剂适宜于西瓜生长期内使用，对一年生和多年生禾本科杂草防除效果好，但对阔叶杂草无防效，对西瓜不会造成药害。一般在禾本科杂草2～5叶期进行茎叶喷雾，每667m^{2}可选用12.5%盖草能乳油65mL或35%精稳杀得乳油70mL、10%精禾草克乳油65～100mL。若防除多年生禾草，用药量要加倍。

喷药3h后遇雨不影响药效。

3. 按种植方式选用药剂

（1）地膜覆盖栽培　可选用大惠利、仲丁灵、氟乐灵、二甲戊乐灵等除草剂，在西瓜播后苗前用药，因膜下墒情较好，可选择推荐用药的低限。

（2）大棚、拱棚栽培　选用大惠利最合适，没有回流药害，既安全又高效，每667m²用药量为150g左右。仲丁灵、氟乐灵、二甲戊乐灵都不能使用，因对西瓜均有回流药害。西瓜播种后，如使用上述除草剂，因田间小气候气温较高，喷在土壤表面的药液蒸发，遇见拱棚的膜面形成伴有药液的水滴，水滴滴落下来，若滴到生长点上，生长点坏死，滴到叶面上形成斑斑点点，这就是所谓的回流药害。保护地栽培时用药在品种选择上要格外慎重，在用量上，不管使用哪种农药，按实际喷药面积计算，用药量应适当减少，绝不能随意加大用量。

4. 适时用药　直播田在播种后应及时喷药盖膜，切忌在西瓜幼芽拱土期喷药。拱棚、大棚种植，可先喷药，待3d以后播种或移栽。生长期用药以在杂草2~4叶期最适宜。

5. 提高用药质量　稀释药液时，应先配制母液，进行2次对水，并在喷雾器内充分混匀。应用扇形喷头，做到不漏喷，不重喷，喷施均匀。掌握在16时以后、3级风以下喷施，这样药液蒸发少，不飘移，能充分发挥药效。

6. 其他措施　在应用好以上各项措施后，再做到精细整地，保证墒情，有利于发挥药效。拱棚、大棚种植要及时通风，有利于降低和减少药害，并能做到壮苗早发，丰产丰收。

四、使用除草剂注意事项

1.使用不夹带杂草的种子，施用腐熟有机肥料，合理密植。

2.根据土壤、气候合理实用除草剂。土壤有机质含量低或沙壤土施用除草剂比黏土见效快，但沙壤土浓度偏大易产生药害，故用药剂量要低；土壤有机质含量高或黏壤土施药后比较安全，用药剂量可高些。当春秋季气温不高时应适当增加用量，气温高（20℃以上）、墒性好，可适当降低用药量。土表干旱、整地质量差和盐碱较重的田块不宜施药。

3.收乐通、高效盖草能、精稳杀得、精禾草克、威霸和拿捕净等除草剂，在杂草茎叶期施药，可有效防除杂草，在气温较高、降水较多地区，于杂草幼嫩时施药，可适当增加用量。防除多年生禾本科杂草时，需适当增加用药量，干旱地区可灌水后施药。

4.严格把握除草剂施用剂量。直播田使用氟乐灵，易对瓜苗造成药害，不宜使用。保护地西瓜慎用氟乐灵。西瓜对乙草胺敏感，严禁使用。用过快杀稗的田不可种西瓜。

5.使用地乐胺除草应注意：在播后苗前施药时，施药后浅混土时，勿将瓜种耙出地面。施药后土壤要湿润，以形成药膜，保证药效。土壤有机质含量高、黏壤土或干旱情况下宜采用较高用量，反之采用低用量；覆膜不必混土，采用低用量；露地浅混土，采用高用量。如果出现药害，可用解害灵、赤霉素、细胞分裂素、解害霸、若尔斯稀土等解除。

6.草甘膦除草剂具有极强的杀伤性，常因使用不当引起药害，直接烂断根系，造成后果无法挽救，因此在西瓜地一般不主张使用。

五、除草剂药害

(一) 除草剂药害症状

西瓜对除草剂敏感，除草剂造成的西瓜药害因除草剂种类、受药部位不同表现不同症状，主要表现为灼烧和畸形（图9-1）。前者表现为叶片、茎蔓和果实表面出现大小不等、形状不规则的灼烧坏死斑。后者表现为受害部位节间缩短，叶片增厚变小、皱缩、扭曲或畸形，或幼嫩部位组织增生，幼芽密集，整体生长不正常。轻者生长受到抑制，影响心叶抽出，严重的表现为叶片枯黄，整株枯死。

图9-1　除草剂药害症状

(二) 几种除草剂对西瓜产生药害的症状描述

1. 取代脲类除草剂（异丙隆、绿麦隆）　取代脲类除草剂对西瓜最敏感，轻度表现为生长受抑制，第一张真叶中部叶肉组织坏死，呈淡褐色斑状块连片，叶脉与叶缘仍呈淡绿色；中度表现为第一张真叶由内向外枯黄；严重时表现为叶片枯黄，整株枯死。

2. 磺酰脲类除草剂（甲磺隆、绿磺隆）　磺酰脲类除草剂对西瓜敏感，其中大棚栽培较露地栽培症状表现更快。甲磺隆药害轻度表现为生长受抑制，叶色较正常偏淡，子叶，特别是第一真叶呈失水状萎蔫；中度表现为生长受严重抑制，停止生长，第一真叶由叶尖向叶基部失水枯黄，第二真叶从叶尖近半张失水发黄，另一半的叶色较正常偏淡；严重时表现为整株失水枯黄枯死。绿磺隆药害轻度表现为生长受明显抑制，植株矮小，叶片褪绿黄化；中度表现为生长受严重抑制，基本停止生长，叶片除叶脉保持绿色外，其他组织褪绿黄化明显；严重时表现为植株失水萎蔫枯死。

3. 苯胺类除草剂（施田补、氟乐灵）　苯胺类除草剂对西瓜敏感，大棚栽培较露地栽培症状明显，危害严重。轻度表现为生长较正常稍缓，第三真叶叶色较正常植株加深，叶脉生长受影响，引起明显皱缩；中度表现为生长受抑制，植株较正常偏小，特别是生长点不能展开；严重时表现为生长受严重抑制，叶色较正常加深，两片真叶小而呈勺状皱缩，生长点难伸展呈花椰菜状。部分严重受害植株失水萎蔫枯萎。

4. 有机杂环类除草剂（二氯喹啉酸）　有机杂环类除草剂对西瓜作物敏感，表现为较长时间停止生长，生长点小，难以展开，植株保持在两片真叶，叶色较正常偏深。

5. 酰胺类除草剂（都尔、丁草胺）　酰胺类除草剂对西瓜作物敏感程度一般，具体表现为生长较正常稍缓慢，严重时植株上部叶片皱缩较明显，其中都尔症状较丁草胺明显。

6. 有机磷类除草剂（草甘膦）　有机磷类灭生除草剂对西瓜作物极为敏感。表现为叶片枯焦，茎蔓由上而下出现褐色条状中毒斑，随后整个植株萎蔫失水枯死。

7. 苯氧羧酸类除草剂（2甲4氯）　苯氧羧酸类除草剂对西瓜作物敏感，表现为整个植株萎蔫失水瘫倒，之后植株枯死。症状为两片子叶呈水渍状枯黄，真叶呈失水状萎蔫枯死。

(三) 除草剂药害发生原因及其防治方法

造成除草剂药害的可能性主要有以下几点。

1.大棚西瓜在扣膜前施用除草剂，移栽瓜苗后棚内气温较高，没注意适当通风，药剂蒸汽冷凝聚结在膜上滴落到植株表面形成灼烧状药害。植株受除草剂气体熏蒸也可形成畸形症状。

2.其他作物田间化学除草时因刮风使药剂飘移造成瓜苗和瓜秧产生药害，特别是使用2,4-滴丁酯进行麦田除草时容易造成药害。

3.进行化学除草时施用药剂不当或施药方法、计量不当，或施药后管理不当使植株出现药害。

4.种瓜地块因上茬作物施用除草剂后形成农药残留致瓜苗受害，尤其上茬种植玉米使用阿特拉津后容易出现药害。

应根据药害症状，准确分析发生药害的原因后采取相应的防治措施，避免药害造成大的损失。若发现及时，植株药害症状尚未显现前，及时采取喷浇清水、加强管理等措施减轻药害。药害症状显现后应加强水肥及田间管理，尽可能减少生产损失，必要时喷施适宜的叶面肥以增强植株生长势。

第二节　西瓜鼠害及防治技术

鼠类俗称老鼠、耗子，具有广泛的适应性和强大的繁殖能力，是世界性分布最广的动物。在田间危害西瓜的鼠类主要有大仓鼠和黑线姬鼠等。主要盗食刚播下未萌发的西瓜种子和成熟的西瓜果实。在苗床和大田播种后均可受害，造成大量缺苗，有的甚至需重播。当果实八成熟以后，老鼠从果实下面咬成圆洞，啮食瓜瓤和种子，使整个果实腐烂，失去食用价值。其危害时间多在夜间，中午无人时也能危害。

一、大仓鼠

【别名】齐氏鼠、田鼠、灰仓鼠等。

【分布】广布于我国长江以北地区，主要分布于华北平原、东北平原、关中平原农作区及临近山谷川地。

【形态特征】成年鼠背毛灰褐色，背中部较两侧稍暗，腹部与前后肢内侧毛均为灰白色或略带黄色，尾的上下均为暗灰色，尾尖白色，后足背面白色。成年鼠体重100～280g，体长140～210mm。外形与褐家鼠近似，但尾巴较短，一般约为体长的

图9-2　大仓鼠

1/2。头短圆，有颊囊，耳壳短圆，有极窄的白边。后足粗壮，长22～25mm，一般小于褐家鼠后足长。雌鼠有乳头4对。

【生活习性】该鼠独居，不冬眠，栖住在田埂、坟地、乡间小路及荒地，喜居于土质干燥的地带。主要以夜间活动为主，白天也活动。以植物种子为主要食物。

【危害】大仓鼠对农业危害极大，具有局部集中危害的特点。大仓鼠危害西瓜主要在苗床，剥食已经发芽而未出土或直播未发芽的种子。

【防治方法】

1. 捕鼠　在苗床周围或大仓鼠经常出没的地方，放置自动连续捕鼠器进行捕杀，可大大减轻其危害。

2. 毒杀　可采用0.005%溴敌隆小麦毒饵毒杀。

3. 使用不育剂　采用不育剂与杀灭剂混合，配置不育杀灭毒饵，进行大面积投放，可在较长时间内控制其种群数量在5%以下。

4. 采取农业措施　冬灌和耕地对大仓鼠有一定的抑制作用，特别是增加耕地深度，更能增强抑制的效果。

二、黑线姬鼠

【别名】田姬鼠、长尾黑线鼠、黑线鼠、金耗儿。

【分布】主要分布于北纬25.5°线以北（台湾可分布到北纬23°），包括除海南和南海诸岛外的全国大部分地区。

【形态特征】成年鼠背毛棕褐色或略带红棕色，毛尖带黑，腹毛与四肢内侧毛均为灰白色，尾呈二色，上为黑

图9-3　黑线姬鼠

褐色，下为白色，鳞片裸露，尾环清晰。外形与家鼠近似，但体型比家鼠小。成年鼠体长65～110mm，尾巴长50～110mm。耳短，向前折不能达眼部。雌鼠有乳头4对，胸、腹部各2对。

【生活习性】栖息环境较广，栖居在农田、林地、沼泽及荒滩，喜居于潮湿有杂草的田埂、水沟旁等处。多在夜间活动，白天活动少，以黄昏为活动高峰。季节性迁移明显，常随着农作物的成熟而转移。以植物种子为主要食物，也食取瓜果及昆虫等。每年繁殖3～5胎，每胎4～7只。在我国中部和南部地区以春、秋两季为繁殖高峰。幼鼠约3个月发育成熟，自然寿命1～2年。

图9-4　黑线姬鼠危害西瓜幼果症状

【危害】常盗食多种农作物的幼苗、种子、果实，以及瓜、果和蔬菜。在瓜田经常啃食种子、小苗及幼瓜。在西瓜幼果期，啃食授粉后2～15d内的幼瓜，啃食过的幼瓜一般难以成瓜，

严重影响产量。同时也传播疾病，对人们健康危害极大。

【防治方法】

1. 毒饵诱杀　常采用网式投放毒饵，即沿田埂、渠道和荒坡，每隔5～10m左右投一小堆，天气好时可以撒投。黑线姬鼠最喜食小粒种子，因此以稻谷、麦粒等作毒饵为好，不宜使用大米。使用药剂有0.005%～0.007%特杀鼠2号或0.005%溴敌隆、0.1%敌鼠钠盐、0.0375%杀鼠迷等。也可将毒饵放入瓜田鼠洞附近或苗床内。

2. 捕鼠　在苗床周围或大田老鼠经常出没的地方，放置自动连续捕鼠器进行捕杀，可大大减轻其危害。

参 考 文 献

Todd C Wehner.2012.西瓜基因目录(2007).肖光辉,译.中国瓜菜,25(6):45-48.

Todd C Wehner.2013.西瓜基因目录(2007).肖光辉,译.中国瓜菜,26(1):45-50.

安水新,毛桂荣,李国申,等.1995.二倍体×四倍体生产当代无子西瓜研究.中国西瓜甜瓜(2):8-9.

巴拉诺夫,等.1958.植物多倍体.鲍文奎,等,译.北京:科学出版社.

柴兴容,王云鹤,魏华武.1993.三倍体黄皮无子西瓜的培育.中国西瓜甜瓜(1):7-8.

昌正兴,周泉.2004.岳阳地区无子西瓜产销现状与产业化发展对策.湖南农业科学(5):57-58.

常高正,荆艳彩,徐小利,等.2007.花皮无子西瓜新品种豫园翠玉的选育.中国瓜菜(2):16-18.

朝井小太郎,吴进义,陈璞华,等.1987.诱发染色体易位培育少子西瓜的研究.果树科学,4(2):31-32.

朝井小太郎,吴进义.1993.用染色体易位技术培育少籽西瓜.广东农业科学(5):19-22.

陈娟.2006.西瓜四倍体人工诱变及无籽西瓜主要数量性状遗传研究.合肥:安徽农业大学.

陈志明.2005.我国鲜榨果汁消费与发展趋势.农产品加工(1):12-14.

戴照义,邱正明,郭凤领,等.2004.黄瓤无子西瓜新品种鄂西瓜8号的选育.中国西瓜甜瓜(6):5-7.

戴照义,郭凤领,李金泉,等.2007.无子西瓜新品种鄂西瓜12号的选育.中国蔬菜(5):37-38.

范敏,许勇,张海英,等.2000.西瓜果实性状QTL定位及其遗传效应分析.遗传学报,27(10):902-910.

范守学,祁永胜.2005.无子西瓜新品种新乐1号的选育与栽培技术.农业科技通讯(12):45-46.

方中达.1998.植病研究方法.3版.北京:中国农业出版社.

房超,林德佩,张兴平.1996.西瓜多倍体育种新方法——利用组织培养诱导四倍体西瓜.中国西瓜甜
瓜(4):7-9.

高双成,刘征,李润.2002.转基因技术生产无子西瓜的新策略.植物学通报,19(1):49-55.

高新,林翔鹰,杨春燕,等.1983.无子西瓜无性系繁殖的初步研究.中国农业科学(2):7-9.

耿静.2004.西瓜贮藏保鲜期常见病害及防治.蔬菜(3):24.

龚宗俊.1993.西瓜多倍体育种的新进展.中国西瓜甜瓜(3):22-23.

古勤生,P Roggero,等.2002.北方地区小西葫芦黄花叶病毒的酶联检测和西瓜品种抗病性鉴定.果树学
报,19(3):184-187.

古勤生,等.2002.葫芦科作物病毒名录.中国西瓜甜瓜(1):45-47.

顾卫红,杨红娟,马坤,等.2004.西瓜品种资源的抗蔓枯病性状鉴定及其利用.上海农业学报(1):65-67.

顾卫红,张燕,郑洪建.2002.西瓜的瓤色遗传及其环境调控作用.上海农业学报,18(3):43-46.

郭绍贵,许勇,张海英,等.2006.不同环境条件下西瓜果实可溶性固形物含量的QTL分析.分子植物育种,
4(3):393-398.

何楠,刘文革.2004.郑抗无子五号西瓜瓜棉套种技术.长江蔬菜(12):25-26.

何水涛编译.2007.利用软X线照射花粉培育无子西瓜.中国瓜菜(1):53-56.

何毅,洪日新,樊学军,等.2005.优质中果型无子西瓜新品种桂系二号选育及栽培要点.中国农学通报

(9):332-333,351.

洪日新,李天艳,樊学军,等.2001.无子西瓜新品种广西3号的选育.中国西瓜甜瓜（1）：2-3.

侯坤,杜绍印,李宗华.2000.三倍体无子西瓜的生育特点及高产栽培要点.蔬菜(1):26.

湖南农学院遗传蔬菜教研室.1980.西瓜同源四倍体的诱导与细胞学鉴定.中国果树(1):58-63.

黄诚,庞杰.2004.西瓜保鲜技术.中国农村科技(6):33-34.

黄仕杰.1995.西瓜果皮黄色的遗传.中国西瓜甜瓜(3):15-16.

黄学森,张学炜,焦定量,等.1991.西瓜部分品种抗枯萎病特性在F_1代中遗传表现的初步探讨.中国西瓜甜
瓜(2):11-15.

黄学森,尹文山,谭素英.1993.西瓜、甜瓜优质高产技术问答.北京:科学普及出版社.

黄学森,赵福兴,王生有.2002.西瓜优质高效栽培新技术.北京:中国农业出版社.

黄学森,牛胜鸟,等.2004.西瓜转基因抗病毒病新材料BH-1.中国西瓜甜瓜(1):5-7.

黄学森,赵福兴,王生有.2005.西瓜优质高效栽培新技术.北京:中国农业出版社.

贾文海.1984.西瓜栽培.济南:山东科学技术出版社.

贾文海,刘桂英.1991.西瓜高产栽培技术问答.济南:山东科学技术出版社.

姜桃武,等.2003.无子西瓜三高栽培技术因子的研究与分析.中国西瓜甜瓜(3)：7-9.

蒋彩虹,童军茂,邓裕霄,等.2000.加工条件对西瓜果汁风味的影响.广州食品工业科技,16(4):33-36.

蒋有条.1986.西瓜果实鉴定方法.瓜类科技通讯(2):4-7.

蒋有条.2003.西瓜无公害高效栽培.北京:金盾出版社.

蒋有条,于惠祥,申宝根,等.1993.西瓜高新栽培技术.北京:农业出版社.

焦定量,段爱民,张艳宁,等.2003.无子西瓜新品种津蜜3号的选育.中国西瓜甜瓜(3):11-13.

焦定量,段爱民,张艳宁,等.2004.花皮中早熟无子西瓜新品种津蜜4号的选育.天津农业科学,10(2)：27-
29.

焦定量,段爱民,张艳宁,等.2006.无子西瓜新品种津蜜20的选育.中国瓜菜(3):16-19.

康国斌,周凤珍,周利辉.1996.西瓜花粉萌发的研究.北京农业科学(3):37-39.

李步勋,陶抵辉,阮万辉.1999.西瓜离体组织细胞染色体加倍技术的研究和应用.陕西农业科学(3):21-
24.

李谷香.1995.无子西瓜高产优质栽培技术研究.中国西瓜甜瓜(3)：17-20.

李怀方,等.2001.园艺植物病理学.北京:中国农业大学出版社.

李家慎,何承坤,林义章.1988.Co辐射诱发西瓜染色体的畸变.中国西瓜甜瓜(1):27-29.

李立志,何毅,等.2002.黄皮西瓜化学诱变及四倍体利用研究初报.中国蔬菜(3):8-11.

李庆孝.1999.西瓜甜瓜病虫草鼠防治手册.北京:中国农业出版社.

李生才,等.2001.果蔬无公害综合用药技术精要.北京:中国农业科学技术出版社.

李文信,冯以史,李天艳,等.1996.无子西瓜新品种广西5号的选育.中国西瓜甜瓜(3):11-12.

李文信,李天艳.1998.无子西瓜新组合选育研究.广西农业科学(2):66-68.

李云.2004.西瓜的贮藏与保鲜技术.农村实用技术(6):50-51.

梁亚宽,王启养.2001.海南西瓜生产概况与无子西瓜栽培技术.中国西瓜甜瓜(1):43-45.

梁耀平,王世杰,陈豫梅,等.2011.西瓜6个农艺性状的杂种优势及其遗传表现的分析.种子,30(8):84-86.

梁毅,谭素英,黄贞光,等,1998.四倍体西瓜低稔性胚胎发育研究.果树科学(3):243-251.

林德佩.2005.瓜类作物细菌性果实腐斑病(BFB)防治研究概述.中国瓜菜(4):35-36.

林尤胜,孙裕蕴,张世天.2005.无子西瓜新品种农优新1号的选育.中国西瓜甜瓜(1):11-12.

凌海波.1992.西瓜的贮藏保鲜.农业工程技术.温室园艺(4):13.

刘德先,周光华,邹明富.1990.西瓜生产技术大全.北京:农业出版社.

刘德先,周光华.1998.西瓜生产技术大全.北京:中国农业出版社.

刘君璞,徐永阳.1997.无子西瓜优质高产栽培技术.郑州:中原农民出版社.

刘君璞,许勇,孙小武,等.2006.我国西瓜甜瓜产业"十一五"的展望及建议.中国瓜菜(1):1-3.

刘君璞,马跃.2000.西瓜栽培二百题.北京:中国农业出版社.

刘世琦,邢禹贤,王冰林.2003.外源激素诱导西瓜单性结实的研究.中国农业科学,36(9):1071-1075.

刘文革.1998.二倍体授粉品种对三倍体西瓜主要性状的影响.果树科学,15(4):336-339.

刘文革.1999.无子少子西瓜研究进展综述.北方园艺(2):35-37.

刘文革.2003.实现西瓜无子的技术和策略.中国西瓜甜瓜(6):17-20.

刘文革.2005.提高无子西瓜档次,科研生产协作发展:全国无子西瓜科研与生产协作回顾与展望.中国瓜菜(2):19-20.

刘文革.2007.我国无子西瓜科研和生产的现状与展望.中国瓜菜(6):57-59.

刘文革,王鸣.2002.西瓜甜瓜育种中的染色体倍性操作及倍性鉴定.果树学报,19(2):132-135.

刘文革,阎志红,张红梅,等.2002.不同倍性西瓜发芽种子成苗过程中的耐盐性研究.中国西瓜甜瓜(3):1-2.

刘文革,王鸣,阎志红.2003.不同倍性西瓜花粉形态观察.园艺学报(3):328-330.

刘文革,阎志红,王鸣.2003.不同染色体倍性西瓜植株光合色素的研究.中国西瓜甜瓜(1):1-3.

刘文革,王鸣,阎志红.2004.西瓜二倍体及同源多倍体遗传差异的AFLP分析.果树学报,21(1):46-49.

刘文革,谭素英,阎志红,等.2006.黑皮大果无子西瓜新品种郑抗无子5号的选育.中国瓜菜(3):12-15.

刘文革,阎志红,赵胜杰,等.2007.流星雨无子西瓜新品种的选育.中国瓜菜(6):17-19.

刘重桂.胡永德.2003.浅议无子西瓜生产中的"三低"问题及应对措施.江西农业科技(11):12.

柳福炎.1998.西瓜保鲜剂常温贮藏西瓜技术.长江蔬菜(9):15.

柳李旺,陈崇顺,陈锋,等.2004.生物技术在西瓜遗传育种研究中的应用.果树学报,21(5):472-476.

马国斌,陈海荣,谢关兴,等.2004.矮生西瓜的研究与利用.上海农业学报,20(3):58-61.

马长生,刘军,张洁,等.2002.西瓜新品种豫艺甘甜无子的选育.中国西瓜甜瓜(4):10-11.

马长生,刘军,刘廷志,等.2004.黑皮黄瓤西瓜新品种豫艺菠萝蜜无子的选育.中国西瓜甜瓜(6):3-5.

孟祥春,高子祥,蒋依辉.2008.鲜切水果加工工艺及保鲜技术研究.保鲜与加工,48(5):4-7.

乜兰春,陈贵林,赵丽丽.1999.西瓜嫁接苗生长发育特性的研究.中国西瓜甜瓜(1):7-10.

裴新澍.1964.多倍体诱导与育种.上海:上海科学技术出版社.

皮相鹏,等.1997.西瓜栽培技术.长沙:湖南科学技术出版社.

皮相鹏,等.2004.西瓜丰产栽培技术.长沙:湖南科学技术出版社.

企田久男.1980.西瓜的基础生理和应用.郑州:瓜类科技通讯编辑部.

钱丽芳,陈舟霞.2007.西瓜贮藏保鲜技术.农技服务(8):40.

邱强,等.2000.原色西瓜甜瓜草莓病虫与营养诊断图谱.修订本.北京:中国科学技术出版社.

全国农技推广中心.2002.国家审定西瓜品种推广应用指南.北京:中国农业出版社.

全国无子西瓜科研协作组.2001.无子西瓜栽培与育种.北京:中国农业出版社.

全国西瓜科研协作组编.2006.1987—2005全国西瓜甜瓜科研生产协作组会议活动总结纪要.

邵阳市农科所经作室.1987.四倍体杂交西瓜新组合雪峰少籽1号和雪峰少籽2号.湖南农业科学(6):30-31.

沈慧.2006.西瓜常温贮藏保鲜效益高.保鲜与加工(4):36.

石晓云,中书兴,张成合,等.2002.利用组织培养进行四倍体西瓜育种.河北农业大学学报,5(25):125-128.

宋红梅,李位华,王长娜.2007.鲜切果蔬常见的质量问题及控制研究.北方园艺(11):221-222.

宋宗森.1980.从离体花药诱导西瓜植株.科学通讯(25):474-475.

孙小武,王坚,蒋有条,左蒲阳.2001.精品瓜优质高效栽培技术.北京:金盾出版社.

孙小武,张显,马跃,等.2009.中国无子西瓜研究与应用.北京:中国农业出版社.

谭素英.1992.我国无子少子西瓜科研生产及其协作的回顾与展望.中国西瓜甜瓜(1):8-10.

谭素英.2005.三倍体无子西瓜的奥秘.中国西瓜甜瓜(1):40-41.

谭素英,黄秀强,刘济伟.1993.提高西瓜四倍体诱导率的研究.华北农学报,8(4):12-15.

谭素英,黄秀强,刘文革.1994.三倍体无籽西瓜的优越性及系列无籽西瓜新品种.中国西瓜甜瓜(4):22-23.

谭素英,黄贞光,刘文革,等.1998.同源四倍体西瓜的胚胎发育研究.中国西瓜甜瓜(1):2-5.

童莉,王欣.2000.三倍体无子西瓜新品种红宝石的培育及栽培要点.新疆农业科学（1）:34-36.

王成荣,武继承,王金召.2007.花皮无子西瓜新品种昌蜜6号的选育.中国瓜菜(1):18-21.

王凤辰,王浩波,谢启名,等.2007.黄瓤无子西瓜新品种晶瑞无子的选育.中国瓜菜(6):23-25.

王广印.1995.双氧水浸种对无子西瓜种子活力的影响.种子科技(1):33-34.

王汉明,孙志强,王惠章.1998.西瓜、甜瓜优质高产栽培.郑州:河南科学技术出版社.

王坚,蒋有条.1992.西瓜栽培技术.北京:金盾出版社.

王坚,蒋有条,马双武.1993.瓜粮间套作配套栽培技术.北京:中国农业出版社.

王坚,蒋有条,林德佩,等.1993.西瓜栽培与育种.北京:中国农业出版社.

王坚,等.2000.西瓜.北京:科学出版社.

王坚,等.2002.中国西瓜甜瓜.北京:中国农业出版社.

王杰,张大伟,戴生贤.2002.无子西瓜嫁接技术及其对病毒病抗性的研究.安徽农业科学,30(5):662-663.

王丽艳,梁国鲁.2004.植物多倍体的形成途径及鉴定方法.北方园艺(1):61-62.

王鸣,杨鼎新.1981.染色体和瓜类育种.郑州:河南科学技术出版社.

王鸣,张兴平,张显,等.1988.用γ射线诱发染色体易位选育少籽西瓜的研究.园艺学报,15(2):125-130.

王世杰,陈豫梅,梁耀平,等.2006.无子西瓜新品种花脸的选育.长江蔬菜(8):51-52.

王叶筠,黎彦,蒋有条,王坚.1999.西瓜甜瓜南瓜病虫害防治.北京:金盾出版社.

王叶筠,等.2002.西瓜甜瓜南瓜病虫害防治.北京:金盾出版社.

王永平,贾瑞存.1989.组织培养快速繁殖无子西瓜无性系问题与展望.甘肃科技情报(2):14-17.

王志宜,张峰,等.2012.漂浮育苗对无籽西瓜幼苗生长的影响.作物研究(1):47-49.

魏晓明,王文华,魏达.2005.四倍体少籽西瓜栽培特点和技术要求.北方园艺(2):29.

邬树桐.1992.瓜类实用新技术.济南:山东科学技术出版社.

肖光辉.2012.西瓜形态学性状基因和抗性基因综述.湖南农业大学学报:自然科学版,38(6):567-573,封2.

徐锦华,羊杏平,高长洲,等.2006.四倍体西瓜种质资源的抗枯萎病性鉴定及其遗传规律初探.江苏农业
    学报,22(2):141-144.

徐锦华,羊杏平,高长洲,等.2006.无子西瓜枯萎病抗性的遗传分析.中国蔬菜(6):19-21.

徐坤,康立美,邢海荣.1999.嫁接无子西瓜光合特性研究.西北农业学报,8(2):73-76.

徐坤,等.2002.绿色食品蔬菜生产技术全编.北京:中国农业出版社.

许勇,王永康,等.1997.西瓜幼苗耐低温研究初报.华北农学报,12(2):93-96.

许智宏,卫志明,刘桂云.1979.用离体培养无性繁殖三倍体无籽西瓜.植物生物学报,5(3):245-251.

晏春耕.2007.植物多倍体及其应用.生物学通报,4(4):14-17.

杨安平,王鸣,等.1996.非洲西瓜品种资源苗期抗旱性研究.中国西瓜甜瓜(1):6-9.

杨香诚.1979.利用激素生产无子西瓜.甘肃农业科技(3):55-62.

叶新才,邓云龙,金则安,等.2007.无子西瓜新品种超1号的选育.中国蔬菜(5):35-37.

易克,徐向利,卢向阳,等.2003.利用SSR和ISSR标记技术构建西瓜分子遗传图谱.湖南农业大学学报:自
    然科学版,29(4):333-337.

易克,许勇,卢向阳,等.2004.西瓜重组自交系群体的AFLP分子图谱构建.园艺学报,31(1):53-58.

尹文山.1985.提高三倍体西瓜采种量的几个途径.果树科学(2):43-44.

于利,徐润芳,赵有为.1995.西瓜品种抗枯萎病遗传研究.江苏农业学报,11(1):45-48.

俞正旺.2003.优质高档西瓜生产技术.郑州:中原农民出版社.

虞轶俊.2003.西瓜甜瓜无公害生产技术.北京:中国农业出版社.

张帆.2004.西瓜品质性状及遗传的初步研究.北京:中国农业大学.

张其安,方凌,董言香,等.2005.优质无子小西瓜迷你红的选育.安徽农业科学,33(1):27-28.

张全美,张明芳.2003.园艺植物多倍体诱导研究进展.细胞生物学杂志,4(2):23-28.

张仁兵,易克,许勇,等.2003.用重组自交系构建西瓜分子遗传图谱.分子植物育种,1(4):481-489.

张素芬,田纯浩,尚文英.2002.西瓜贮藏技术.农业科技通讯(9):36.

张兴平.1996.生物技术在西瓜甜瓜遗传改良中的应用.园艺学年评(2):107-129.

张友军,等.2003.农药无公害使用指南.北京:中国农业出版社.

张云起,刘世琦.2003.耐盐西瓜砧木筛选及其耐盐机理的研究.西北农业学报,12(4):105-108.

赵家英.1987.无子西瓜扦插无性繁殖研究成功.瓜类科技通讯(2):15-16.

赵晓梅,江英,吴玉鹏.2005.西瓜贮藏保鲜技术研究进展.中国果菜(2):35.

郑高飞,等.1993.不同葫芦砧木对西瓜生长及产量的影响.中国西瓜甜瓜(2):19-20.

郑高飞,张志发.2004.中国西瓜生产实用技术.北京:科学出版社.

中国农业科学院郑州果树研究所.2000.中国西瓜甜瓜.北京:中国农业出版社.

中国农业科学院郑州果树研究所.中国西瓜甜瓜杂志,1989(1)-2004(4).

周长久.1996.现代蔬菜育种学.北京:科学技术文献出版社.

周泉.1993.全缘叶四倍体QB-3西瓜选育初报.中国西瓜甜瓜(2):6-8.

周泉,等.1996.洞庭1号无子西瓜的培育与栽培.中国西瓜甜瓜(2):35.

周泉,朱别房.2004.中小果型黄皮黄瓤无子西瓜新品种洞庭7号和洞庭8号的选育.中国西瓜甜瓜(1):8-10.

周泉,等.2006.优质黄皮黄瓤无子西瓜新品种博达隆1号选育研究.湖南农业科学(2)：14-15，17.

周泉,马陆平,等.2007.洞庭1号无子西瓜套种棉花高产高效模式的研究与应用.中国瓜菜(6)：14-16.

周泉，朱别房，等.2013.中小果型无籽西瓜新品种黑童宝的选育.湖南农业科学（9）：103-105.

周树彬,汪泉.2006.无子西瓜新品种新优35号的选育.中国蔬菜(9):33-34.

周树彬,汪泉.2007.无子西瓜新品种新优40号的选育.中国瓜菜(4):14-16.

周维玉.1992.无子西瓜栽培与制种技术.长沙:湖南科学技术出版社.

朱忠厚.1994.无子西瓜大田直播栽培技术操作规程.中国西瓜甜瓜(2):23-24.

Hashizume T, Shimamoto I, Harushima Y. et al. 1996. Construction of a linkage map for watermelon ［Citrullus lanatus(Thunb) Matsum and Nakai］ using RAPD. Euphytica, 90: 265-273.

Hashizume T, Shimamoto I, Hirai M. 2003. Construction of a linkage map and QTL analysis of horticultural traits for watermelon ［Citrullus lanatus (Thunb.) Matsum & Nakai］ using RAPD, RFLP and ISSR markers, Theoretical and Applied Genetics,106(5): 779-785.

Hawkin L K, Dane F, Kubisiak T L, et al. 2001. Linkage mapping in a watermelon population segregation for fusarium wilt resistance. Journal of American Society for Horticultural Science, 126(3): 344-350.

Hopkins D L，Thompson C. M. et. 1993.Resistance of watermelon seedlings and fruit tothe fruit blotch bacterium. Hort Sci，28(2)：122-123.

IPGRI. 2003.Descriptors for Melon(Cucumis melo L.)International Plant Genetic Resources Institute，Rome，Italy.

Levi A, Thomas C E, Joobeur T, et al. 2002. A genetic linkage map for watermelon derived from a testcross population: (Citrullus lanatus var. citroides × C. lanatus var. lanatus) × Citrullus coloccynthis. Theoretical and Applied Genetics, 105(4): 555-563.

Levi A, Thomas C E, Trebitsh T, et al. 2006. An extended linkage map for watermelon based on SRAP, AFLP, SSR, ISSR, and RAPD markers. Journal of American Society for Horticultural Science, 131(3): 393-402.

Levi A, Thomas C E, Zhang X P, et al. 2001. A genetic linkage map for watermelon based on RAPD markers. Journal of American Society for Horticultural Science, 126 (6): 730-737.

Navot N,Zamir D. 1986. Linkage relationships of 19 protein coding genes in watermelon. Theor Appl Genet, 72: 274-278.

Nihat Guner，Todd C. 2003.Wehner. Gene list for watermelon. Cucurbit Genetics Cooperative

Report(26)：76-92.

Nonald N，Maynard. 2001.Watermelons characteristics，production，and marketing. ASHS Horticulture Crop Production Series.

Suvanprakorn K, Norton J D.1980.Inheritance of resistance to race 2 anthracnose(caused by coletotrichum lagenarium)in watermelon. J Am Soc Hort Sci,105(6)：862-865.

UPOV.1993.Guidelines for conduct of tests for distinctness，homogeneity and stability，watermelon. International Union for the Protection of New Varieties of Plants.

Yi Ren, Hong Zhao, Qinghe Kou,et al. 2012. A high resolution genetic map anchoring scaffolds of the sequenced watermelon genome. PLoS ONE, 7(1) : e29453.

序号	中文名	拉丁名
1	节节麦	*Aegilops tauschii* Coss.
2	紫茎泽兰	*Ageratina adenophora* (Spreng.) King & H. Rob. (= *Eupatorium adenophorum* Spreng.)
3	水花生（空心莲子草）	*Alternanthera philoxeroides* (Mart.) Griseb.
4	长芒苋	*Amaranthus palmeri* Watson
5	刺苋	*Amaranthus spinosus* L.
6	豚草	*Ambrosia artemisiifolia* L.
7	三裂叶豚草	*Ambrosia trifida* L.
8	少花蒺藜草	*Cenchrus pauciflorus* Bentham
9	飞机草	*Chromolaena odorata* (L.) R.M. King & H. Rob. (= *Eupatorium odoratum* L.)
10	水葫芦（凤眼莲）	*Eichhornia crassipes* (Martius) Solms-Laubach
11	黄顶菊	*Flaveria bidentis* (L.) Kuntze
12	马缨丹	*Lantana camara* L.
13	毒麦	*Lolium temulentum* L.
14	薇甘菊	*Mikania micrantha* Kunth ex H.K.B.
15	银胶菊	*Parthenium hysterophorus* L.
16	大藻	*Pistia stratiotes* L.
17	假臭草	*Praxelis clematidea* (Griseb.) R. M. King et H. Rob. (= *Eupatorium catarium* Veldkamp)
18	刺萼龙葵	*Solanum rostratum* Dunal
19	加拿大一枝黄花	*Solidago canadensis* L.
20	假高粱	*Sorghum halepense* (L.) Persoon
21	互花米草	*Spartina alterniflora* Loiseleur
22	非洲大蜗牛	*Achatina fulica* (Bowdich)
23	福寿螺	*Pomacea canaliculata* (Lamarck)
24	纳氏锯脂鲤（食人鲳）	*Pygocentrus nattereri* Kner
25	牛蛙	*Rana catesbeiana* Shaw

（续）

序号	中文名	拉丁名
26	巴西龟	*Trachemys scripta elegans* (Wied-Neuwied)
27	螺旋粉虱	*Aleurodicus dispersus* Russell
28	橘小实蝇	*Bactrocera* (*Bactrocera*) *dorsalis* (Hendel)
29	瓜实蝇	*Bactrocera* (*Zeugodacus*) *cucurbitae* (Coquillett)
30	烟粉虱	*Bemisia tabaci* Gennadius
31	椰心叶甲	*Brontispa longissima* (Gestro)
32	枣实蝇	*Carpomya vesuviana* Costa
33	悬铃木方翅网蝽	*Corythucha ciliata* Say
34	苹果蠹蛾	*Cydia pomonella* (L.)
35	红脂大小蠹	*Dendroctonus valens* LeConte
36	西花蓟马	*Frankliniella occidentalis* Pergande
37	松突圆蚧	*Hemiberlesia pitysophila* Takagi
38	美国白蛾	*Hyphantria cunea* (Drury)
39	马铃薯甲虫	*Leptinotarsa decemlineata* (Say)
40	桉树枝瘿姬小蜂	*Leptocybe invasa* Fisher & LaSalle
41	美洲斑潜蝇	*Liriomyza sativae* Blanchard
42	三叶草斑潜蝇	*Liriomyza trifolii* (Burgess)
43	稻水象甲	*Lissorhoptrus oryzophilus* Kuschel
44	扶桑绵粉蚧	*Phenacoccus solenopsis* Tinsley
45	刺桐姬小蜂	*Quadrastichus erythrinae* Kim
46	红棕象甲	*Rhynchophorus ferrugineus* Olivier
47	红火蚁	*Solenopsis invicta* Buren
48	松材线虫	*Bursaphelenchus xylophilus* (Steiner & Bührer) Nickle
49	香蕉穿孔线虫	*Radopholus similis* (Cobb) Thorne
50	尖镰孢古巴专化型4号小种	*Fusarium oxysporum* f.sp. *cubense* Schlechtend (Smith) Snyder & Hansen Race 4
51	大豆疫霉病菌	*Phytophthora sojae* Kaufmann & Gerdemann
52	番茄细菌性溃疡病菌	*Clavibacter michiganensis* subsp. *michiganensis* (Smith) Davis et al.

附录2　西瓜病害防治合理使用农药参照表

防治对象	农药 通用名	农药 商品名	剂型及含量	每次稀释倍数	施药方法	每季最多使用次数	安全间隔期（d）	实施要点说明
苗期病害 猝倒病 立枯病	甲基立枯磷	利克菌、立枯灭	20%乳油	1 000	整株喷雾	2~3	10	8~10d喷1次
	苗菌净	苗菌净	99%可湿性粉剂	400~600	浇营养土	1		播种前
	多氧霉素	宝丽安	1%水剂	600~800	叶面喷雾	2~3	生物杀菌剂	不与碱性农药混用
	甲霜灵锰锌	雷多米尔·锰锌	58%可湿性粉剂	500~600	叶面喷雾	2~4	7~10	7~14d喷1次
	甲基硫菌灵	甲基托布津	70%可湿性粉剂	600~1 000	叶面喷雾	3~5	5~7	5~7d喷1次
	多菌灵	棉萎灵	50%可湿性粉剂	300~800	叶面喷雾	2~3	5	7~10d喷1次
	多菌灵	多福	40%可湿性粉剂	400~600	叶面喷雾	2~3	5	7~10d喷1次
	恶霉灵	绿亨1号、	30%水剂	1 200~2000	叶面喷雾	2~3	7~10	7~10d喷1次
	代森锰锌	大生M-45	80%可湿性粉剂	400~600	叶面喷雾	发病初期3~5	7~10	5~7d喷1次
炭疽病 叶枯病 蔓枯病	农用抗菌素120	农抗120	2%水剂	800~1 000	叶面喷雾	2~3	抗生素	10~15d喷1次
	咪鲜胺锰络合物	施保功	50%可湿性粉剂	800~1 500	叶面喷雾	2~3	7~10	5~7d喷1次
	溴菌腈	炭特灵	25%可湿性粉剂	500~800	叶面喷雾	2~3	5~7	5~7d喷1次
		世高	10%水分散粒剂	2 000~2 500	叶面喷雾	2~3	10~12	7~10d喷1次
	嘧菌酯	阿米西达		1 500	叶面喷雾	6~8	安全、环保	药效期长达25d
病毒病	吗胍·乙酸铜	病毒A	20%水剂	1 000~1 200	叶面喷雾	2~4	5~7	7~10d喷1次
		病毒K	5.1%乳油	1 200~1 400	叶面喷雾	2~4	5~7	7~10d喷1次
	菌必清	菌必清、菌必净	5%可湿性粉剂	400~500	叶面喷雾	2~3	5~7	7~10d喷1次

（续）

防治对象	农药			每次稀释倍数	施药方法	每季最多使用次数	安全间隔期（d）	实施要点说明
	通用名	商品名	剂型及含量					
枯萎病	农用抗菌素120	农抗120	2%水剂	130~200	灌根	3~4	抗生素	隔5d灌1次
	氯溴异氰尿酸	杀菌王	41%乳油	1 200~1 500	叶面喷雾	2~3	5~7	5~7d喷1次
		根病净	30%可湿性粉剂	800~1 000	灌根	2~3	7~10	7d灌1次
	多·福·锌	绿亨2号	80%可湿性粉剂	600~800	灌根	2~3	7~10	5d灌1次
枯萎病	克菌丹	盖普丹	80%可湿性粉剂	400~600	叶面喷雾	2~3	7~10	5~7d喷1次
	多效霉素	多效霉素	1%水剂	400~500	灌根	3~4	微生物杀菌剂	隔5d灌1次
	恶霉灵	西瓜重茬宝	30%水剂	400~600	灌根	2~4	7~10	5d灌1次
	恶霉灵	绿亨1号	30%水剂	600~800	灌根	3	5~7	5d灌1次
	敌克松	地克松	75%可湿性粉剂	500~700	灌根	2~4	12	5~7d灌1次
细菌性角斑病 细菌性叶斑病	噻菌铜	龙克菌	20%悬浮剂	500~700	叶面喷雾	2~3	14	7~10d喷1次
	中生霉素	克菌康	3%可湿性粉剂	1 000~1 200	叶面喷雾	3~4	7~10	7~10d喷1次
叶斑病	农用链霉素	细菌清	72%悬浮剂	200μg/g	叶面喷雾	2~3	3~5	5~7d喷1次
	新植霉素		1 600万单位/小包	4 000	叶面喷雾	2~3	3~5	5~7d喷1次
	波尔多液		硫酸铜、生石灰、水	1∶1∶200	叶面喷雾	1~2	7~12	7~10d灌1次
菌核病 灰霉病	菌核净	纹枯利、环丙胺	40%可湿性粉剂	800~1 000	叶面喷雾	2~3	10~12	10~12d喷1次
根腐病 立枯病	木霉菌	特立克、灭菌灵、生菌消	微生物		灌根、喷雾		于阴天或下午4时后使用	

（续）

防治对象	通用名	商品名	剂型及含量	每次稀释倍数	施药方法	每季最多使用次数	安全间隔期（d）	实施要点说明
	百菌清	达科宁	75%可湿性粉剂	600~800	叶面喷雾	2~3	7~10	5~7d喷1次
	氰霜唑	科佳	10%悬浮剂	800~1 200	叶面喷雾	2~3	5~7	5~7d喷1次
	恶霜锰锌	杀毒矾	64%可湿性粉剂	400~600	叶面喷雾	2~3	10	10~12d喷1次
绵腐病疫病	霜脲锰锌	克露	72%可湿性粉剂	800~1 000	叶面喷雾	2~3	7~10	7~10d喷1次
	氟吗锰锌	灭克	60%可湿性粉剂	700~800	叶面喷雾	2~3	7~10	7~10d喷1次
	三乙膦酸铝	疫霜灵	40%可湿性粉剂	200~300	叶面喷雾	3~5	7~10	7~10d喷1次
	扑海因	异丙定、咪唑霉	50%可湿性粉剂	1 000	叶面喷雾	2~3	10~12	7~10d喷1次
		翠贝	50%干悬浮剂	2 000~4 000	叶面喷雾		全生育期内均可用	7~14d喷1次
霜霉病	霜霉威	普力克	72.2%水剂	600~800	叶面喷雾	3	10~12	7~10d喷1次
	丙森锌	安泰生	70%可湿性粉剂	800~1 000	叶面喷雾	2~3	7~10	7~10d喷1次
	甲霜灵	瑞毒霉、雷多米尔	25%可湿性粉剂	800~1 000	叶面喷雾	2~3	10~12	10~12d喷1次
	斑绝	敌力脱、必扑尔	25%乳油	1 500~2 000	叶面喷雾	1~2	12~15	15~20d喷1次，早期禁用
白粉病锈病	戊唑醇	好力克、菌力克	43%乳油	5 000~6 000	叶面喷雾	1~2	10~12	7~10d喷1次
	粉锈宁	三唑酮、百菌酮	20%乳油	1 000~1 500	叶面喷雾	1~2	35	10~15d喷1次

附录3 西瓜虫害防治合理使用农药参照表

防治对象	农药			每次稀释倍数	施药方法	每季最多使用次数	安全间隔期(d)	实施要点说明
	通用名	商品名	剂型及含量					
红蜘蛛	螨危		240g/L悬浮剂	4 000~5 000	喷雾	1	30~40	
	阿维菌素	爱福丁	1.8%乳油	2 000~3 000	喷雾	2~3	5~7	7~10d喷1次
	甲氨基阿维菌素苯甲酸盐	甲维盐	1%微乳剂	1 500~2 500	喷雾	2~4	5~7	10~12d喷1次
	卡死克		5%乳油	1 000~1 500	喷雾	2~3	7~10	施药10d表现效果
	噻螨酮	尼索朗	5%乳油	2 500	喷雾	2~3	10~15	最好与爱福丁混用
	唑螨酯	霸螨灵	5%悬浮剂	2 000	喷雾	1~2	10~15	不与强碱农药混用
	达螨灵		乳油	1 000~1 500	喷雾	1~2	15	上午10时前或下午5时后施药最佳
	浏阳霉素		10%乳油	1 000~2 000	喷雾	2~3	5~7	下午5时后施药最佳
	光滑霉素		2.5%可湿性粉剂	500	喷雾	2~3	5~7	上午10时前施药最佳
青菜虫 斜纹夜蛾 甜菜夜蛾	苦参碱		2.0%	2 000~2 500	连续喷雾	3~5	5~7	5~7d喷1次
	苏云金杆菌	Bt	每克含孢子100亿	250~300	喷雾	3~5	5~7	5~7d喷1次
	甲氨基阿维菌素苯甲酸盐	甲维盐	2.5%微乳剂	2 500~4 000	喷雾	2~4	5~7	10~12d喷1次
	氯马乳油	灭杀毙	21%乳油	1 500~3 000	连续喷雾	2~3	14	隔10d喷1次
	一氯苯脲	灭幼脲	25%胶悬剂	1 000	连续喷雾	2~3	7~10	总与速效性杀虫剂混配
种蝇	敌百虫		90%晶体	1 000	喷雾根部	2~3	14	隔10d喷1次
	敌敌畏		50%	1 000	浇根	2~3	14	隔10d浇1次

（续）

防治对象	农药 通用名	农药 商品名	剂型及含量	每次稀释倍数	施药方法	每季最多使用次数	安全间隔期（d）	实施要点说明
	阿维菌素	定击	5%乳油	3 000～4 000	喷雾	2～3	5～7	7～10d喷1次
	氰马乳油	灭杀毙	21%乳油	1 500～3 000	喷雾	2～3	14	隔10d喷1次
烟粉虱 白粉虱	噻嗪酮	扑虱灵	25%可湿性粉剂	1 500～2 500	喷雾	2～3	14	隔10d喷1次
	灭螨猛		25%可湿性粉剂	1 000	喷雾	2～3	14	隔10d喷1次
	分扑菊酯	灭扫利	20%乳油	2 000～3 000	喷雾	2～3	14	7～10d喷1次
	吡虫啉	金点子	10%可湿性粉剂	4 000～6 000	喷雾	3～5	14	7～10d喷1次
	丙炔螨特	克螨特	73%乳油	2 000～3 000	喷雾	2～3	10	7～10d喷1次
茶黄螨	灭螨猛		25%可湿性粉剂	1 000	喷雾	2～3	14	隔10d喷1次
	硫黄粉		200～325目	每667m² 1.2kg	熏烟	2～3	7～10	大棚封闭
	灭蝇胺	环丙氨嗪	75%可湿性粉剂	3 000～4 000	喷雾	2	12	7～10d喷1次
潜叶蝇	敌敌畏		80%乳油	2 000～3 000	喷雾	2～3	14	7～10d喷1次
	敌百虫		90%晶体	1 000	喷雾	2～3	14	7～10d喷1次
蝼蛄小	敌百虫		90%晶体	30	毒饵诱杀	每667m²棉仁饼毒饵2～20kg，2～3d再用1次		
地老虎 蝼蛄	顺式氰戊菊酯	来福灵	5%乳油	3 000	喷雾	2～3	14	7～10d喷1次
	菊马合剂	灭杀毙	20%乳油	1 500～3 000	喷雾	2～3	14	7～10d喷1次

（续）

防治对象	农药 通用名	农药 商品名	剂型及含量	每次稀释倍数	施药方法	每季最多使用次数	安全间隔期（d）	实施要点说明
瓜绢螟	阿维菌素	爱福丁	1.8%乳油	2 000~3 000	喷雾	2~3	5~7	7~10d喷1次
	青虫菌粉	蜡螟杆菌2号	每克含孢子100亿	500~1 000	喷雾	3~5	7~10	7~10d喷1次
	敌敌畏		80%乳油	2 000~3 000	喷雾	2~3	14	7~10d喷1次
	杀螟松	速灭虫	50%乳油	1 000	喷雾	2~3	10	7~10d喷1次
	顺式氯戊菊酯	来福灵	5%乳油	3 000	喷雾	2~3	14	7~10d喷1次
	卡死克		5%乳油	1 000~1 500	喷雾	2~3	7~10	施药10d表现效果
	抑太保	定虫隆	5%乳油	1 000~2 000	喷雾	2~3	7~10	施药5d表现效果
黄守瓜	毒死蜱	乐斯本	48%乳油	1 000~2 000	喷雾	2~3	14	7~10d喷1次
	氯氰·毒死蜱	农青乐	55%乳油	1 500~2 000	喷雾	2~3	14	7~10d喷1次
	鱼藤酮	鱼藤精	5%乳油	1 000~1 500	喷雾	3~5	5~7	5~7d喷1次
	顺式氯戊菊酯	来福灵	5%乳油	3 000	喷雾	2~3	14	7~10d喷1次
	菊马合剂	灭杀毙	20%乳油	1 500~3 000	喷雾	2~3	14	7~10d喷1次
棉铃虫	苏云金杆菌	Bt乳剂	每克含孢子100亿	250~300	喷雾	2	5~7	对3龄前幼虫
	杀螟松	速灭虫	50%乳油	1 000	喷雾	2~3	10	7~10d喷1次
	氯氰菊酯	灭百可	10%乳油	2 000	喷雾	2~3	12	7~10d喷1次
	顺式氯戊菊酯	来福灵	5%乳油	3 000	喷雾	2~3	14	7~10d喷1次

（续）

防治对象	农药 通用名	农药 商品名	剂型及含量	每次稀释倍数	施药方法	每季最多使用次数	安全间隔期（d）	实施要点说明
蚜虫	白僵菌乳剂		每克含孢子50亿	300	连续喷雾	3~5	5~7	5~7d喷1次
	苦参碱		2.0%	2000~2500	连续喷雾	3~5	5~7	5~7d喷1次
	吡虫啉	金点子	10%可湿性粉剂	4000~6000	喷雾	3~5	14	7~10d喷1次
	三氟氯氰菊酯	氯氟氰菊酯	2.5%乳油	4000	喷雾	2~3	14	7~10d喷1次
	抗蚜威	辟蚜雾	50%可湿性粉剂	3000~5000	喷雾	2~3	10	7~10d喷1次
	毒死蜱	乐斯本	48%乳油	1000~2000	喷雾	2~3	14	7~10d喷1次
根结线虫	阿维菌素	爱福丁	1.8%乳油	每667m²300mL	灌根	2~3	5~7	7~10d灌1次
	苦参碱		2.0%	1000~1500	灌根	2~3	5~7	5~7d灌1次
	棉隆	必速灭	98%颗粒剂	667m²15kg	撒施深耙	1	盖膜6d再通风5d	拌50kg干细土
	克线丹		10%颗粒剂	666m²1.5kg	沟施	1	40	结合整地使用
瓜蓟马	菊马合剂	灭杀毙	20%乳油	1500~3000	喷雾	2~3	14	7~10d喷1次
	阿维菌素	爱福丁	1.8%乳油	2000~3000	喷雾	2~3	5~7	7~10d喷1次
蚂蚁	敌百虫		90%晶体	500	田间诱杀	1~2	14	浸泡熟猪骨
	敌敌畏		80%乳油	2000~3000	喷雾	2~3	14	7~10d喷1次
	胺氯菊酯		50%	600	灌根	1~2	14	7~10d灌1次

附录4 国家明令禁止使用的23种农药

中文通用名	英文通用名	备注
六六六	BHC	
滴滴涕	DDT	
毒杀芬	camphechlor	
二溴氯丙烷	dibromochloropane	
杀虫脒	chlordimeform	
二溴乙烷	EDB	
除草醚	nitrofen	
艾氏剂	aldrin	
狄氏剂	dieldrin	
汞制剂	Mercurycompounds	
砷类	arsena	农业部第199号公告（全面禁止生产、销售与使用）
铅类	acetate	
敌枯双	Bis-ADTA, Bis-A-tda,N,N'-Bis(1,3,4-thiadazol-2-yl)methane diamine	
氟乙酰胺	fluoroacetamide	
甘氟	Gliftor	
毒鼠强	tetramine	
氟乙酸钠	sodiumfluoroacetate	
毒鼠硅	silatrane	
甲胺磷	methamidophos	
甲基对硫磷	parathion-methyl	包括5种高毒有机磷农药及其混配制剂
对硫磷	parathion	农业部第274号公告（自2004年6月30日起严禁销售、使用）
久效磷	monocrotophos	
磷胺	phosphamidon	

附录5　国家明令限制使用的19种农药

中文通用名	英文通用名	限制使用的对象
甲拌磷	phorate	
甲基异柳磷	isofenphos-methyl	
灭线磷	ethoprophos	
甲基硫环磷	phosfolan-methyl	
治螟磷	sulfotep	
内吸磷	demeton	
克百威	carbofuran	蔬菜（含食用菌）、果树（含瓜果）、茶叶、中草药材（农业部第199、632、806号公告）
涕灭威	aldicarb	
苯线磷	fenamiphos	
硫环磷	phosfolan	
蝇毒磷	coumaphos	
地虫硫磷	fonofos	
氯唑磷	isazofos	
特丁硫磷	terbufos	蔬菜（含食用菌）、果树（含瓜果）、茶叶、中草药材、甘蔗（农业部第194号公告）
三氯杀螨醇	dicofol	茶树（农业部第199号公告）
氰戊菊酯	fenvalerate	
氧化乐果	omethoate	甘蓝（农业部第194号公告）
丁酰肼	daminozide	花生（农业部第274号公告）
氟虫腈	fitronil	自2009年10月1日起，除卫生用、玉米等部分旱田种子包衣剂外，在我国境内停止销售和使用用于其他方面的含氟虫腈成分的农药制剂（农业部第1157号公告）